정부 에너지 정책에 따른 뉴-스테이

살아 갈수록 맛이 나는

친환경 집 이야기

김 종 원 저

건축의학을 고려한
에너지를 절약하는
준패시브 하우스를
짓고, 도시의 아파트
에서 산간으로 가서
살아 가는 이야기

기 문 당

2월 서리꽃이 핀 팔음산 자락

이 책을 쓰면서

어릴 때 살던 시골마을을 생각하면서 도시의 소음을 떠나 언젠가는 시골로 돌아가리라 생각해 왔는데, 최근 많은 사람이 전원생활에 대한 염원과 꿈을 꾸고 있음을 볼 수가 있다. 건축을 전공했고 오랜 건설현장생활로 젊은 시절을 보냈기 때문에 누구보다 현장의 속성을 잘 아는 사람임에도 막상 실현은 쉽지 않았다. 막연하게 생각해오던 전원생활에 대한 꿈을 실현하기로 결심하게 된 동기는 아파트의 층간 소음에서 벗어나고 싶다는 충동에서 시작되었다.

우선 집짓기의 소재 선택은 콘크리트, 경량기포콘크리트, 벽돌조, 목구조(흙벽돌을 이용한 목구조, SIP를 이용한 목조주택, 경골목조주택), 흙집 등 심지어는 스트로베일하우스 같은 다양한 구조를 검토하였고, 결국 각 재료들이 가지고 있는 장점보다는 단점을 기준으로 선택의 기준을 좁혀갔다. 보통사람들이 바라는 저렴한 비용으로 저에너지의 친환경주택을 지어서 전원에서 생활할 수는 없을까? 하는 염원에서였다.

(사)한국패시브건축협회에서 발표한 주택에너지등급을 기준으로 완벽한 단열구조와 시스템을 갖춘 에너지 제로하우스인 1.5L 이하의 패시브하우스로 짓는 경우를 생각해 보기도 하고, 3.0L~7L의 저에너지하우스를 짓는 경우와 2001년 이후 우리나라의 표준인 17L주택을 짓는 경우까지 생각해 보았다. 패시스브하우스는 비용이 너무 많이 들었다. 여유가 있고 미래를 내다보고 짓는다면 초기 투자가 많아도 좋

을 것이다. 그러나 여러 현실을 무시할 수 없어 어떻게 하면 보통사람들이 살 수 있는 에너지를 최소화하는 주택을 지을 수 있을까? 하는 방향으로 선회하면서 그 다음 단계인 저에너지주택(3.0~7L)을 짓기로 하고 다음과 같이 범위를 좁혀 보았다.

첫째로 주택으로 사용되는 주재료가 가능하면 장기 내구성이 있고 재료 자체가 단열성과 축열성을 가지고 있어 에너지 효율이 높을 것.

둘째로 공사기간이 빠르고 저렴한 가격으로 건축이 가능하며 내구성능이 높아 하자 발생이 적을 것.

셋째로 친환경 소재로서 건식작업이 가능하고, 될 수 있으면 연소하기 쉬운 내장재를 사용하지 않고 마감이 단순할 것.

이러한 것을 만족시키는 것이 경량기포콘크리트라는 재료였다. 남들보다 앞서 경험한다는 것이 쉬운 일은 아니지만 경량기포콘크리트로 집을 지은 많은 이들이 손사랫짓하며 부정적이었다. 많은 사람들이 전원생활에 대한 꿈을 실현해보려고 준비하고 있는데 무심고 내뱉는 사람들의 한마디에 엉터리 재료로 둔갑하는 것에 반감이 생겼다고 할까.

재료에 대해 어느 정도 이해하고 있었던 나로서는 그런 반감에 대한 이해가 되지 않아 그 원인을 찾아보기 위함과 적당한 땅을 구할 겸해서 주택을 짓고 있는 시공현장을 찾아 동서남북으로 여행을 시작했다. 나름대로 잘한다고 자랑들을 했지만 사실은 공사의 내용을 올바르게 이해하고 시공하는 사람들을 거의 찾아 볼 수 없음을 알고 실망하였다.

또 내·외장 재료의 적합성 등이 결여되어 문제가 되고 있음도 알게 되었다. 주택을 짓는 구조재로는 다양한 것이 있지만 이들 중 내구성과 단열성이 좋은 친환경 에너지절약형 주택을 짓겠다는 바람은 모두들 가지고 있지만, 경량기포콘크리트의 경우 소재 공급에서 공사관리까지 어떻게 하면 올바르게 짓는 것인지 알 수 없는 경우가 많아 혼란스러움을 겪는 이들이 많은 것도 알게 되었다. 대부분 재료와 공법에 대해 잘 이해하지 못하고 보통의 시멘트 벽돌이나 블록구조처럼 공사하면 되는 것쯤으로 알고 있는 것이 일반적이었다.

이 책을 쓰려고 한 것은 에너지절약은 더 이상 선택이 아닌 필수지만 주택을 짓고 있는 현장을 찾아다녀 보면 구조적인 잘못과 공사방법 외에 에너지와 환기에 대한 이해가 부족함을 알게 되었고, 한편으로는 건축을 전공했던가, 전공하지는 않았지만 경량기포콘크리트에 관한 많은 서적을 탐구하고 실습하여 건축을 전공한 사람보다 더 많은 지식을 갖추고 완벽한 공사에 임하는 광팬들도 만나게 되었다.

그 대표적인 업체가 (주)alcmate의 조정현 대표이사, 카페를 운영하면서 건축주 직영공사(직영공사지만 공사비의 10%를 별도로 지불해야 함)로만 하고 있는 '바다' 또는 '산바다' 라는 닉네임을 가진 김근하 씨, 전문도급공사를 하고 있는 박용우 씨 등이 대표적인 사람들이며, 또 내 · 외장 재료를 독일로부터 수입공급하는 '스토-하오스' 의 양현수 씨, 그 외 독일에서 수학까지 하여 경량기포콘크리트로 패시브하우스를 전문으로 짓는 사람, 대리점을 운영하면서 주택사업을 겸하고 있는 몇몇 업체, 내신구조보강 등을 개발하여 시공하는 분들이 있었으나 개인적으로 깊은 친분이 없어 이름을 일일이 올리지 못하는 것을 양해 바란다.

이 책은 많은 분의 도움과 집을 직접 지어본 필자가 친환경 에너지 절약형 주택 또는 보통의 주택을 짓고자 하는 많은 이에게 참고가 되도록 하기 위해서이다. 첨언하자면 시멘트 벽돌이나 블록을 쌓듯이 아무렇게 공사하거나 건축구조를 무시하고 짓는 사람들이 너무도 많다. 이런 사람들에게 경량기포콘크리트로 만드는 주택을 맡기려면 차라리 다른 소재로 주택을 지을 것을 권하고 싶다.

주택을 지을 결정을 한 후 자료를 수집하여 설계에 착수하였다. 건축사들 또한 경량기포콘크리트주택에 관한 전문지식을 갖추지 못한 경우가 많은 것을 알게 되었다. 기본적인 기초구조설계를 안 하는 경우는 말할 것도 없고 통상 집장사들이 하고 있는 정도의 평면, 입면,

주요단면 한 장으로 주택설계가 완료되고 있었다. 그래도 경량기포콘크리트에 대한 전문지식을 가지고 설계하고 있는 건축사 박홍배 씨 같은 이들도 있다는 것도 알게 되었다.

책의 내용이 딱딱한 이론서처럼 될 소지가 있어 가능한 한 집을 직접 지은 경험을 근거로 하여 배경과 규정, 시공법, 발생된 하자, 공사에서의 문제점 등 살면서 경험한 내용을 "친환경 재료로 만든 에너지 절약형 주택"에 대한 이해를 쉽게 하려고 이야기 형식으로 펼쳐 보았다. 중간부의 '실행하기'에서 기술적인 내용은 건축주들이 반드시 알아야 할 재료의 물성과 시공지식이므로 가능한 이해하기 쉽도록 설명하였다. 전원의 꿈을 이루기 위해 우리집을 다녀간 관심을 가진 많은 분들의 요청에 의해 필자가 경험한 기회가 조금이나마 도움이 되었으면 하는 마음에서 이 책을 내기로 한 것이다.

또 자료를 제공하고 조언을 해주신 많은 선 · 후배, 'Sto-HAOS', '(주)에이엘씨메이트', '한국패시브건축협회', 경량기포콘크리트로 집을 짓고 사는 사람들, 그리고 언제나 아낌없는 지원을 해주시는 도서출판 기문당의 강해작 사장님께 감사드리며 전원생활의 꿈을 이루고자 하는 사람들의 보금자리로서 '경량기포콘크리트로 짓는 친환경 저에너지하우스'가 많은 사람으로부터 주목받기를 바란다.

2016
저 자

I. 프롤로그(Prologue)

Chapter 1

환경

암자에 오르다

아직도 곳곳에 남은 눈으로 인해 칼바람이 귓전을 치고 지나간다. 3월에 들어섰지만 산골의 바람은 차디차다. 마음이 울적하고 누군가를 죽도록 미워하고 싶으면 조용히 암자를 찾아서 오르는 것이 버릇처럼 되었다. 여기저기서 따따따따… 딱따구리가 벌레 잡는 소리가 들리고 때로는 숲에서 뚝뚝… 뚝하고 죽은 나무가 막 쓰러지기라도 할 것처럼 둔탁한 소리를 낸다. 빈산엔 노랑꽃이란 장돈식의 산방일기가 생각난다. 치악산 골짝에 들어와 10년을 살면서 자연에서 배운 것을 산문으로 기록한 책이 있었다.

3월이 되면 가장 먼저 피는 어린 풀꽃들이 노랑꽃이라 했다. 벌레나 곤충들의 눈에 잘 보이는 색이 노란색이란 것이다. 그래서 봄이 오는 길목에는 언제나 노랑꽃들이 피나보다. 장갑을 잊고 나와서 스틱을 잡은 손이 벌써 시려져 조금씩 아려온다.

암자까지 도달하려면 아직도 한참을 올라가야 하는데…….

깊은 상처는 흔적이 오랫동안 남는다.

아파트 지을 허가받은 부지를 구입했는데, 현장과 설계도가 상상도 할 수 없이 너무 다르다는 것을 공사를 하면서 알게 되었다. 울창한 숲으로 덮여 있는 가파른 땅을 허가를 받기 위해 절토량을 속여서 만든 도면을 믿고 시작했던 것이 문제였다. 약 10만 입방미터 정도의 절토량이 36만 입방미터로 늘어난 것이다. 악덕 개발업자와 짜고 설계한 설계업자에, 무책임한 행정당국이 저질러 놓은 결과이다. 보통의 토질로 설계되었지만 암반을 발파해야 하는 일에 봉착했고, IMF라는 것이 오면서 사람들의 삶을 급변하게 만들어 놓았다. 죽음의 문턱까지 갔다가 살아난 탓인지 요즈음 가끔 멍해지는 경우가 있다.

바쁘게 앞만 보고 살아오던 내가 퇴직하고 보니 별다르게 할 일도 없고 하여 남은 생을 어떻게 보낼까. 살기에 바쁘다는 핑계로 하고 싶은 일을 해보지도 못하고 하루 하루 분주하게 살아오다 뭘 남기고 갈 것인가를 생각하다가 오랫 동안 정리하지 못하고 있던 기록들을 정리하기로 했다.

논문과 몇몇 개간지에 보냈던 산문들을 비롯하여 현장에서 경험했던 기록들을 정리하면서 보내기 시작했다. 무엇이든 한 가지 시작하면 강한 집념을 가지는 습관이 있어 하루 종일 컴퓨터 앞에 앉아서 수많은 파일을 정리하기 시작하느라 외부로 나가는 일은 거의 없어졌다. 그러나 신경이 날카롭게 변하기 시작한 것은 살고 있던 아파트의 바로 위층에 어린아이가 둘 있는 젊은이가 이사를 오면서부터였다. 밤낮을 가리지 않고 층간소음을 발생시킨 것이다.

처음에는 이사온 후라 그럴 것이라 생각했다.

새벽부터 늦은 밤까지 밤낮을 가리지 않고 쿵쿵쿵! 쿵쿵쿵! 드르럭! 드르럭! 끼익끽! 울리고 끌리는 반복해서 들리는 소리는 정말이지 미칠 것 같았다. 할 수 없이 낮에는 외부로 나갔다가 저녁이 되어 돌아와 밤에 자료들을 정리하기 시작하면 어느새 자정이 넘는 경우가 허다했다.

하루의 피로를 풀기 위해 잠자리에 누우면 천장에서 아이가 뛰는 소리, 물건을 떨어뜨리고 의자를 끄는 소리로 잠을 못자게 방해했다. 그런 날이 매일 같이 지속되었지만 행여나 하는 마음으로 1년을 넘게 참아왔다. 그러던 어느 날, 참는 데 한계를 느끼게 되어 골프채로 애꿎은 천장을 쿡쿡 찔러 두드려 보면 일시적으로 조용해지는 듯하다가 얼마가 지나면 또 계속된다. 참아낸다는 것이 한계에 이르러 처음에는 인터폰으로 경비실에 알려 조용히 시켜달라고 부탁했다. 그래도 안 되면 다음은 관리실을 통해 방송안내를 부탁해 보기도 했지만 어느 날부터인가 방송도 차단되었다. 그래도 해결이 안 되어 다음은 위층으로 올라가서 조용히 해달라고 부탁도 해본다. 그러는 동안 나도 모르는 사이 우울증을 앓게 되어 조용한 암자를 찾아가는 것이 일상이 된 것이다.

'층간소음으로 인해 돌이킬 수 없는 불행한 사건들이 이래서 일어나는구나!' 하고 오히려 가해자를 이해하게 되었다. 그러던 어느 날 밤 도저히 참을 수 없어 꽹과리를 마구 두드렸더니 단지 내에서 난리가 났다. 왜 그렇게까지 해야 하는 것인지는 알아 보지도 않고 소음을 발생시킨 나에게 악담소나기를 퍼부었다.

그런 일이 있은 후 늦은 밤. 한 번 신경이 곤두선 후로는 아주 작은 소리도 더 크게 들린다는 것을 알게 되었다. 신경쇠약 증세까지 나타나기 시작하여 더이상 참는 것도 어렵게 되었다. 결국 높은 소리가 났고 항의하는 전화로 격한 소리가 오가기도 했다. 그런데 얼마 후 현관문을 두드리는 소리가 났다. 위층에 사는 사람이란다.

사과의 말을 하러 온줄 알았는데, 대뜸 "나이 먹은 놈이 혼 좀 나보겠어~!"라고 한다. 아~ 하~ 칼질, 총질하는 이유가 이래서였구나~~!

이런 생활을 계속하게 되면 정신이 돌아버려 아파트 난간에서 뛰어내릴 수도 있을 것 같다는 생각이 들었다. 무작정 집을 나서 암자를 찾아가는 이유가 여기에 있었다.

땅을 찾아서

대학을 졸업하고 한때 신학을 공부하는 동안 집을 지어주러 다녔던 때가 있었다. 그러다가 선배들을 만나면 나중에 돈을 조금 벌지는 몰라도 겨우 "집장사 김씨 아닌가!"하고 놀렸다. "허어~ 참 아까운 사람 하나 버렸군!"하고 내뱉기도 했다. 계속되는 그런 비아냥거림에 충격을 받아 돈을 벌어서 건축설계업을 하려던 나는 반대로 건축공사현장으로 뛰어들었고 그로부터 현장을 관리하는 것이 본업이 되었다. 우리음악을 즐기며 그림에 취미를 가진 사람이었지만, 35년이란 긴 세월이 넘는 동안 건설업에 종사하면서 국내 · 외로 이곳저곳 현장을 누비고 다녔고 십 수년 동안의 교직생활로 아무것도 하지를 못했다.

'무엇이든 사랑할만 하고 배울만한 가치가 있으면 그것을 구하는 데 최선을 다한다'라는 지표로 열심히 살아왔지만 1997년 IMF가 오면서 잘나가던 일상도 끝이 났다. "일인전허(一人傳虛), 만인전실(萬人傳實)"[1]이라더니, 건설업을 한 죄뿐인데 별달리 지은 죄 없이 이런

주 1) 한 사람이 거짓을 퍼트리니, 많은 사람이 진실인 것처럼 떠들어 댄다.

저런 일에 얽혀 긴 시간을 검찰로 법정으로 들락거리며 곤욕을 치르기도 했다. 그후로는 건설업으로부터 발을 끊었다. 몇몇 대학을 오가며 강의해 왔던 탓에 규모가 그리 크지 않은 대학교에 자리를 얻어 강의와 집필로 시간을 보내다가 정년이 왔고, 남기고 갈 것이 어떤 것인가를 정리하다가 현장생활에서 기록해 두었던 많은 자료들을 정리하기 시작하면서부터 원고를 쓰며 몇몇 교육기관으로 강의를 다니기도 했고, 공학교육 개선을 위한 대학평가위원으로 활동도 했다.

당뇨성 질환 때문에 컴퓨터 작업으로 눈에 피로가 쉽게 왔고, 내 생의 남은 시간의 문이 저 만큼 앞에 보이기 시작하는 것 같아 더 늦기 전에 조용한 산간으로 떠나 다른 사람이 아닌 오직 나만의 생활을 해야겠다고 결심하게 된 충격적인 동기가 아이러니하게도 아파트 층간 소음으로 인한 피해였다. 가끔 위 아래층 사람들이 다투다가 돌이킬 수 없는 불상사를 내거나 당하는 것을 보면 얼마나 참기 어려웠으면 저 지경이 될 때까지 이르렀을까 하는 마음을 이해할 수 있게 된 것이다. 당해보지 않은 사람은 모른다고 했다.

앞만 보고 열심히 달려온 내 영혼과 육신을 위해 남기고 갈 것들을 정리하면서 즐기고 싶은 음악과 그림을 그리며 살만한 곳을 찾아 엄청난 비용을 지불하면서 자동차로 전국을 유랑삼아 다녔다. 그러다가 집 짓는 현장을 보게 되면 다가가서 한동안 지켜보는 재미로 보냈지만 주택을 짓는 것을 보고 있으면 한때 그 바닥 큰물에서 놀던 내 눈에는 흡족하리만큼 마음에 들지 않았다. 경제발전과 더불어 살만큼 성장했고 긴 시간이 흘렀지만 집짓는 곳들은 아직도 예전의 내가 목수를 대동하고 집을 지어주러 다니던 그때 그 수준을 벗어나지 못하고 있었다. 내가 마지막으로 짓고 싶었던 집은 흙으로 만든 친환경적인 집이었다. 하지만 흙이라는 재료가 가지는 구조적 한계성 때문에 내가 원했던 일정규모의 주택을 짓기에는 무리가 있었다.

실제로 집을 지으려고 공사기간과 비용이 어느 정도 소요되는지를 알아보기 시작했으나 한동안 공사현장을 떠나 있던 탓으로 해답을 찾는데 답답하기만 했다. 집지을 부지를 구하러 전라도 남단 진도, 완도를 시작으로 서해안 일대 무안, 부안, 군산, 서천, 부여, 구례, 곡성, 남원을 거쳐 당진으로, 다시 경기도 파주까지 가서 다시 강원도 인제, 홍천 등지로, 경상북도 안동, 청송을 거쳐, 다시 남해 일대 삼천포를 거쳐서 하동, 고령, 성주, 상주시, 김천시 일대, 충청도 제천, 단양, 보은 등 집지을 땅을 구하러 돌아다니면서 주택을 짓는 곳이 있으면 현장을 기웃거리고 다녔다. 특히 경량기포콘크리트로 짓는 현장을 만나면 면밀히 주시했으며, 자동차를 몰고 다니면서 남한 일주를 한 셈이다. 곳곳에서 부동산업을 하는 사람들도 많이 상대해 보았다. 발품을 팔아야 한다고 해서 발품을 팔고 다니는 동안 두 번째 겨울을 보내고, 다시 이른 봄이 되자 포기해야겠다고 결론을 내려야 했다.

전국에 널려 있는 수많은 땅이 내가 생각했던 것과는 많은 차이가 있었고 세상도 많이 변해 있었다. 이쯤에서 내 생각을 바꿔야 할 때가 된 것 같았다. 내가 남은 삶으로 농사일을 생업으로 하거나 펜션 같은 서비스업을 할 것이 아니었기 때문에 가능한 기후가 온화하고 풍지가 좋으면서 토지가격이 저렴한 곳을 찾아 다녔는데, 정작 풍치 좋고 전망 좋은 곳은 발 빠른 이들이 이미 점령해 있었고 부르는 게 값이라는 것을 알게 되기까지 2년이나 걸렸다.

구입한 건축 부지

토지구입에 대한 많은 서적을 읽어보니 모두가 옳은 소리였고, 거기서 한 말들을 정리해보면 내가 토지를 구하는 것은 현실적으로 맞지 않는 것이라 여겨졌다. 한 번은 계약하기로 하고 찾아갔는데, 엊그제 건너편 못생긴 땅이 내가 사려고 한 땅보다 훨씬 나은 값으로 팔렸다고 그 보다 더 높은 가격을 요구하는 탓에 그만 돌아서야 하는 일도 있었다.

건축의학적인 면에서 내가 원하는 토지를 선택하는 기준은 다음에서처럼 피할 곳과 심신과 뇌를 활성화시키는 토지를 구해야 하는 것이었다.

1) 자연환경이 좋은 곳에서 산다.
2) 적절한 기복이 있는 토지가 좋다.
3) 도로보다 낮은 토지나 저지대는 피해야 한다.
4) 큰 길이나 교차로 근처 토지에는 집을 짓지 않는다.
5) 주변에 있는 모서리가 집을 향해 있는 곳은 좋지 않다.
6) 뒤쪽이 높고 앞쪽이 낮은 토지는 안정성이 높다.

7) 삼각형의 토지는 반드시 피해야 한다.

8) 좁고 긴 형태의 토지에는 가급적 살지 않는다.

9) 정방형에 가까운 토지에 사는 것이 가장 좋다.

10) 커브 길이 있는 바깥쪽에는 집을 짓고 살지 않는다.

11) 배수가 나쁜 토지에 살면 건강이 좋지 않다.

12) 막다른 T자형 도로에 있는 토지는 스트레스가 많이 생긴다.

13) 주변에서 악취가 나는 주택에 살면 뇌에 손상을 일으킨다.

14) 옆에 묘지가 있는 토지에 살아서는 안 된다.

15) 자장(磁場)이 비정상적인 토지에서는 뇌호르몬 분비가 이상하게 된다.

산천에 널린 게 땅인데 내가 집 짓을 땅 한 뼘 구하기가 쉽지 않다는 것을 안 것은 보다 많은 시간이 더 흐른 후였다. 산골이라도 인근의 도시인들이 벌써 구입해 두었고, 묵히고 있는 땅이 아니면 투기꾼들이 사둔 땅이거나 원하는 면적보다 두 배 이상 넓은 땅이 대부분이었다. 시골마다 빈집은 왜 그리도 많은지 싸늘하고 스산한 기운이 느껴지는 빈집을 구하려 해도 부르는 게 값이었다. 그리고 현지인이 소유한 땅이라도 이미 그 지역에서 되팔은 땅이 주변에 있으면 그 보다 더 받으려는 것이 사람의 마음이었다.

부동산입자들 또한 상낭수가 값을 뻥 튀겨 불렀고, 팔려고 내놓지 않은 땅을 구하려면 부르는 대로 값을 주어야 한다는 것이다. 땅도 없이 계획 · 실세부터 해서 들고 다녔으나 쓸만한 땅이 나오면 진입로가 없는가, 그나마 있어도 길이 좁아서 레미콘 차량(애지테이터) 진입이 어려워 공사가 불가능하든가, 물 사정이 좋지 않든가, 콘크리트로 포장된 길이 있어도 시골법(?)이란 것이 있어 통행하려면 문제를 삼든가, 배수시설을 위해 주변 토지 소유주에 사용승낙을 받아야 하는 등등의 이유가 숨어 있었다. 누구나 쉽게 구하는 것처럼 보였지만 땅 구하기는 '하늘의 별따기' 라는 것을 알게 되었다.

바다나 강이 보이거나, 도로여건이 좋고 산세가 수려한 곳은 모두 임자가 있었고 땅은 부르는 게 값이었다. 그래도 땅 구하기를 시작하면서 나만의 기준을 정하여 찾아 다녔다.

첫째로 구입할 토지가격은 입지여건에 따라 공시지가의 2~3배를 넘지 않는 곳을 찾기로 했는데, 보통 공시지가의 4~7배, 심지어 10배 넘게 요구하는 경우가 허다하였다.

무슨 혁신도시가 생긴다고 하는 인근의 시골 땅은 부르는 것이 값이었고 투기성이 있어 보이지 않는 사람이든가, 작은 땅을 찾는다면 대꾸도 하지 않았다.

둘째로 지대가 약간 높고 진입이 원활하고 주변에 혐오시설이 없어야 하고 배수시설을 수월하게 할 수 있던가, 타인의 토지를 이용하지 않고 배수라인을 연결할 수 있는 개울이나 작은 계곡이 있으면 더욱 좋겠지만 남의 눈을 의식하지 않고 내 눈높이에 맞는 곳일 것

시골에는 소, 돼지, 닭을 키우는 곳이 무분별하게 많다. 그들 대부분이 매일 방출하는 배출수는 하수처리시설도 없이 밖으로 내보내어 주변을 오염시키고, 여름철이면 악취에 왕파리떼까지 설친다.

셋째로 인터넷 및 통신시설이나 전기시설이 200m 이내로 가설이 가능하고, 의료시설이나 은행 등의 행정기관과 물건을 구입하는데, 걸리는 거리가 10km 이내에 있을 것. 가능한 남향받이 토지로 하루 종일 햇빛을 받을 수 있는 땅으로 지하수개발이 가능한 곳일 것

마지막으로 마을로부터 200m 정도가 떨어져 서로 살아온 삶으로 인해 불편을 야기하지 않으면서 교류가 가능한 곳이라야 한다고 정해 놓고 다녔다.

다시 땅을 구하는 사람의 유형을 보면 첫째, 비싸고 좋은 땅을 사서 좋은 집을 짓는 사람, 두 번째는 반대로 땅은 비싸고 좋은 곳을 사서 집은 대강 싸게 짓는 사람, 세 번째는 저렴한 땅을 사서 집짓는데 더 많은 돈을 들여서 짓는 경우, 마지막으로 싼 땅을 사서 간단하고 저렴한 집을 짓는 경우일 것이다. 정리한다면 나는 세 번째 유형에 해당되는 듯하다.

즉 땅값은 싸고, 진입도로의 조건과 통신시설이 좋고, 토지는 도로보다 약간 높든가 단차이 없이 진입이 가능한 곳일수록 좋다는 생각이었다. 그리고 마을로부터 적정한 거리를 둔 곳이라야 했으니 쉽게 구할 수 있었겠는가. 어떤 부동산에서는 값싸고 좋은 땅이 있기는 하니요? 하고 빈정거리듯 되묻기도 했다. 포기하려는 나의 속내를 알아차린 이가 대전 인근에 사는 친구들을 동원하여 무주군, 금산군, 영동군의 용산면과 옥천군 청신면, 안내면 지역을 소개해 주었다. 안내면 지역은 1급 수질보호지역으로 건축조건이 까다로웠다. 결국 보은군 삼

승면과 옥천군 청산면으로 좁혀졌지만 축사나 묘지가 있든가 포장이 안 된 도로 등으로 망설이게 했었다.

지금의 이곳도 몇 차례 내 눈을 스쳐 갔지만 비어 있는 땅을 구하기는 쉽지 않았는데, 우연히 용산면의 법화리와 청산면의 법화리가 이름이 같아 용산면 법화리로 간다는 것이 청산으로 가게 된 것이 지금의 이 땅과 인연을 맺게 된 것이지만, 내가 원했던 땅과는 다소 거리가 있어 망설이고 있었다.

옛말에 '땅 임자는 따로 있는 법' 이라 하지 않았던가. 주변을 돌아보니 속리산 남단 팔음산을 끼고 마을 주변 지형이 소가 엎드려 있는 듯하다고 하여 '우복동(牛伏洞)' 이라 하고 '복우실(伏牛實)' 이라고도 부르고 있었다.

주변이 모두 상수도보호구역에 가축사육금지지역으로 혐오시설이 없는 청정지역이라 3년이란 긴 시간을 보낸 후 결국 이곳에 터를 마련하기로 했다. 결점이 없는 땅은 없다고 했다.

토담 담장이 있는 마을 길

동학과 풍류가 있는 청산

지금은 충청북도 옥천군에 속해 있지만 청산면은 원래 경상도 상주관아 소관인 청산현으로 현감이 관리하던 곳이었다.

이곳 문바위골은 동학의 2대 교주이자 오늘날 천도교 시조인 해월 최시형 선생이 살면서 경상도, 전라도, 충청도를 거점으로 활동하던 동학군을 교육 · 훈련하던 곳이며, 동학민들이 삼방리를 거쳐 팔음산을 거점으로 상주, 보은, 옥천, 영동, 공주, 영월 등지로 오가며 세를 넓혀가던 곳이다. 그러한 연유로 인한 탓인지 옥천에는 중봉 조헌 선생 같은 의병장이나 시인 정지용, 그 외 김문기, 송시열 등이 활동하였고, 이곳에도 언론인이자 독립운동가, 정치가였던 조동호 선생을 비롯하여 김철수, 김인수, 최남석 등의 독립운동과 문학을 하는 이들이 많았다.

졸업식 때마다 부르는 '빛나는 졸업장을 타신 언니(형님)께....' 라는 노래를 지은 정순철의 출생지도 이곳 청산이다(원래 '형님' 으로 작사되었는데 소파 방정환 선생이 '언니' 로 고치는 것이 좋겠다고 하여 고친 것이라 함).

해월은 하루에 약 200리 길을 걸어서 전국을 다니면서 동학운동을 하고 다녔다는데, 해월에게는 첫째 손씨 부인, 둘째 김씨 부인, 그리고 다시 셋째 손씨 부인이 있었다고 한다. 둘째 김씨의 소생으로 속이 깊고 총명한 최윤이라는 딸이 있었고, 김구 선생이 해월을 찾아 이곳 청산에 들렀을 때 해월의 딸 최윤을 만나 정표를 주고 떠났지만, 청산 현감(김응조 씨의 천도교비화에서는 청산군으로 표현하고 있음) 박정빈이 해월을 잡기 위해 딸을 감옥에 잡아 넣고 무자비한 고문을 일삼다가 박정빈이 19살짜리 옥졸이었던 정주현에게 18살되는 해월의 딸 최윤을 인질로 늑가(억지로 한 혼인)시키면 해월과 연락이 될 것이라 여겨 감시하도록 했고, 역적의 딸이라고 시집 식구들로부터 모진 시집살이로 인해 목숨을 잃을 뻔 했던 최윤은 그 후로 김구 선생과는 만나지 못했다고 한다.

지금의 장터는 수만 명의 동학인들의 함성이 울리던 곳이다

최윤은 정주현과 시어미로부터 온갖 패악과 갖은 고초를 당하면서도 아버지를 만나야 한다는 집념으로 견디면서 음식솜씨, 바느질솜씨, 어른을 대하는 태도 등 나무랄 데 없는 행동을 했고, 밤에도 호롱불을 켜놓고 책을 읽든가 바느질을 하여 돈을 벌기도 했다고 전해졌다.

청산에는 수만 명의 동학민이 모여 집회를 하기도 했던 곳이다. 해월이 "내 죽음을 슬퍼하지 말고 아무 염려하지 말 것이며, 열심히 수행하여 포덕에 힘쓰라. 내 주검은 내가 벗고 가는 옷일 뿐이니 그것을 가지고 기릴 것도 없다"는 말을 남기고 딸 최윤에게 편지 한 통을 남기고 교수형에 처해졌다고 전해지고 있다.

아버지 해월이 돌아가자 무술년(1898년) 5월에 최윤은 "바람 지나가고 비 지나간 가지에, 바람 비 서리 눈이 또 오네. 바람 비 서리 눈이

정순철 생가터

[참고자료] : 〈해월의 딸, 용담할매〉, 고은광순, 도서출판 모시는사람들
〈정순철 평전〉, 도종환, 정순철 기념사업회, 도서출판 고두미

모두 지나간 후, 한 나무에 꽃이 피면 온 세상이 봄이 될지니……."를 읊고 지내다가 윤이 남편인 정주현에게 마음을 열고 낳은 아들이 바로 동요작곡가 '정순철'이라고 했다.

이처럼 청산은 풍류와 동학운동의 거점지로 수많은 사람이 모여 살던 곳이었는데, 행정개편으로 청산현이 없어지고 경상도에서 충청북도 옥천군으로 편입되면서 옥천군 청산면으로 된 곳인데, 청산은 북으로 삼승산, 동으로 팔음산, 남으로 천금산, 남서편으로는 천관산에 둘러싸인 곳으로 옥천, 영동과 보은의 중앙 지점에 있다.

최근에는 동학을 빙자한 무리들이 장터에 나타나 현 정부가 무기를 많이 사들여 왔기 때문에 북한의 '김정은'이 핵실험을 하도록 빌미를 주었고, 미사일을 발사하면서 위협한다며 동학운동의 의미와는 다르게 정부를 비방하며 타도해야 한다고 시위를 벌이는 이들도 보인다. 선거철이 가까이 왔나보다.

청산면사무소

청산면 현황도

칠보단이 있는 지금의 청산 거리풍경

푸른 산 맑은 물이 있는 마을

'나는 수풀 우거진 청산에 살으리라, 나의 마음 푸르러 청산에 살으리라, 이 봄도 산허리에 초록빛 물들었네. 세상 번뇌 시름 잊고 청산에서 살리라. 길고 긴 세월동안 온갖 세상 변하였어도, 청산은 의구하니 청산에 살으리라.'

나는 애당초 오지의 전원생활을 계획하고 부지를 찾아다녔다. 그러나 시간이 흐르면서 내 생각이 잘못되었다는 것을 알게 되었고, 멀지 않은 곳에서 사람들과 쉽게 접할 수 있는 곳이 선택되기를 원했다. 지금의 산골 땅도 투어 중에 부동산업자의 소개로 건너편 마을에 있는 도로변의 땅을 보러 갔던 일이 있었다. 인근에 땅을 팔겠다고 하는 것 같다는 소리를 들었지만 지목이 논이었으므로 그때는 관심을 끌만한 곳이 아니었다. 논(沓)으로 되어 있는 땅은 사려고 했던 땅에서 아예 제외시켜 두었기 때문이다. 그후로 보은의 삼승면 땅을 사기로 하고 왔다가 도로와 묘지 문제로 실망하고 대전에서 소개했던 그 마을에 한 번 가보자 하고, 용산면 법화리로 가다가 청산으로 들어갔던 것이 결정적이었다.

습기 없이 마른 땅이 도로와 같은 평지에 흙을 메울 필요도 없고, 진입도로는 2차선 도로에서 약 300미터 들어오는 아스팔트로 포장된 도로로 연결되어 있었고, 마을버스가 다니고 있었다. 포장도로 옆으로 맑은 개울물이 흐르는 곳인데 지목이 논이라고 팽개쳤던 토지는 사실은 산자락을 깎아 밭(田)으로 사용되고 있었는데, 밟고 서 있으니 생각이 달라졌다. 또 마을사람들을 만나보니 배타적인 인상은 받지 못했고, 원래는 태안박씨 집장촌이었으나 지금은 박씨는 찾기 어려울 정도로 각 성(各姓)을 가진 마을로 반기는 모습이 우호적이며 땅의 내력에 대해 상세하게 설명해주었다. 예전 개울 옆 산자락을 조금씩 개간하여 밭으로 사용해 왔는데, 도로가 생기고 개울 뚝을 축조하다 보니 장비의 힘으로 더 넓게 개간하여 한참 벼농사를 독려하던 시기에 논으로 지목을 만들었다가 밭으로 사용해 왔다는 것이다.

원래 땅을 소유했었던 할머니도 그 마을에 살고 있었고, 6 · 25전쟁터에 가서 죽었거나 다친 사람 없이 모두 돌아온 마을이라고 했다. 팔려는 사람이 어떤 사람인지 잘 아는 사이냐고 물었더니 수년 전 자신의 땅을 아들이 아는 사람한테 팔았는데, 급히 되팔아야 할 형편이라 처분하려고 한다는 소리를 들었다는 것이다. 부동산업계에서 흔히들 급히 팔아야 하는 땅은 싸게 살 수 있다는 말이 있다. 땅은 임자가 있기 마련이라 그 사람하고는 인연이 끝났나보다 생각하면서 가격을 알아보라고 했더니 가격도 적당했다. 몇 년간 부동산을 상대하면서 겪었던 일과 인터넷을 통하여 알게 되었던 사람들 사이에 있었던 많은 일이 떠올랐다. “아무도 믿지 말라”는 말은 아직도 머릿속을 맴돌고 있다.

계약하기로 마음을 굳혔는데 지리산에서 시골생활을 먼저 시작한 지인으로부터 연락이 왔다. 그 땅 사지 말고 꼭 시골로 가려면 근처 동네에 방 하나 얻어서 일년 정도 살아보고 환경에 적응해 본 다음에 결정하라고 몇 차례나 전화로 당부를 한다. 덜렁 집지어 놓고 나서 후회하지 말라고 몇 차례나 조언을 했다. 일년을 이곳에서 아무렇게 지낸다는 것이 말처럼 그리 쉬운 일인가. 층간소음으로 견디기 어려운 처지에 더 망설이고 있을 형편이 아니었다. 도시의 아파트에서 50년이나 되도록 살아오면서 누구나 참고 견디며 살아온 피해 중 하나가 층간소음일 것이다. 나도 그 피해자 중 한 사람이다. 층간소음으로 우울증세까지 생겨 고생한 때를 생각하면 망설일 이유가 없었다.

지금도 아이들의 뛰는 소리, 의자가 끌리는 소리, 물건을 떨어뜨리는 소리가 쿵, 쿵, 쿵 하고 들려온다. 잠을 설치던 일, 원고를 쓰고 앉아 있으면 위층의 소음으로 인해 집중되지 않던 일 등의 일상이었던 것들이 머릿속에서 되살아난다. 사실 층간소음으로 고민하는 사람들을 돕는다고 정부에서 무슨 기관인지 단체인지 만든 층간소음 신고를 하는 곳이 있지만 아무런 도움이 되지도 않았다. 나는 층간소음으로 인해 위 아래층 사람들이 다투는 끔찍한 뉴스를 듣고 보면 그 심정을 이해할 수 있는 처지이다.

해서 모든 번뇌 시름 잊고 여생을 청산에서 살리라는 결심을 하게 되었다. 나는 이런 경로를 거쳐 속리산 법주사에서 약 30km 남단 팔음산(八音山 : 762.3m)을 중심으로 경북 상주시와 충북 보은으로 나눠지는 접경지 산간마을 청산의 복우실(伏牛實)로 오게 되었다.

선유동과 효자고개

우복동(법동의 예전 명칭)은 원래 예곡리에 속했으나 옥천으로 행정구역이 바뀌면서 원래는 '윗예실', '아랫예실'이라 하여 숙종 6년에 광산김씨 김광노 선생(충의위)과 식솔들이 모여 살았고, 영의정 우암 송시열 선생이 풍류를 즐기던 곳인데 분리되어 지금의 예곡리(藝谷理), 그리고 우복동인 법동과 숫골의 화동을 합쳐 법화리(法禾理)로 부르게 된 마을이다.

또 고려시대에 팔음산 장누골이라는 곳에 〈청량사〉라는 유명한 사찰이 있었고, 주변 법동(法洞) 일대(지금의 복우실(伏牛實[2]))를 선유동(仙遊洞)이라 하여 많은 선비가 모여 살았다고 한다. 그런 연유인지 대

복우실 입구 바위에 새겨져 있는 선유동

주 2) 구음으로 전해오던 탓에 '보구실' 또는 '버구실'이라고도 부른다.

한민국의 한학자, 역사학자, 금석학자, 서예가였던 청명 임창순(任昌淳) 옹이 바로 복우실에서 태어나 조부 임경호로부터 천자문을 배웠고, 지곡서당을 설립하여 군자삼락(君子三樂)이 일락을 즐겼다. 지금이 '태동고전연구소'를 주축으로 한 지곡서당파 교수들이 그들이다.

선유동은 옛부터 물이 맑고 경치가 좋아 신선이 내려와 놀던 곳이라 하여 붙여진 이름이라 한다. 오래 전 청량사는 소실되어 없어졌다.

1974년 1월 22일. 섣달그믐, 폭설이 내리는 가운데 경북 상주시 화서면에 사는 재수의 아버지는 설을 쇠기 위해 열 살짜리 재수만 데리고 고향인 옥천군 청산면 법화리로 가기 위해 길을 나섰다. 보은군 마로면에 이르렀을 때쯤 눈보라가 더욱 기승을 부려 아버지는 잠시 쉬어 가려고 길목 술집에 들어갔는데 거기서 아는 사람들을 만나 술을 꽤나 마시게 되었다. 사람들은 극구 말렸으나 술이 많이 취한 정씨는 술기운에 추위도 모르고, 설을 쇠기 위해 꼭 고개를 넘어야겠다는 생각만으로 눈보라 속에 길을 떠나고 말았다.

그 다음날 사람들은 고갯마루에서 놀라운 장면을 발견하였다. 어진 정재수 군이 자기의 외투를 벗어 아버지를 덮어주고 자기의 몸으로 아버지를 꼭 끌어안은 채 죽어 있는 것이었다. 아버지가 눈길에 쓰러져 일어나지 못하자 어린 아이가 아버지를 일으켜 세우려고 발버둥치다가 이내 자기 옷을 벗어 술에 취해 쓰러진 아버지를 덮어주고, 꼭 껴안고 있다가 그대로 동사하고 만 것이다.

그때부터 옥천군 청산면 법화리 숫골에서 보은군 마로면 사이의 고개를 정재수 효자고개라고 부르고 있다. 지금은 아스팔트로 포장된 2차선 도로가 되어 있다.

Chapter 2

어떤 집을 지을 것인가

무엇으로 지을 것인가

식자우환[識字憂患]이란 말이 있다. 흔히 이런 저런 많은 지식을 가지고 있는 것이 도리어 근심을 일으키게 된다는 말로 쓰이는 말이다. 건축설계를 했고 건설업으로 현장을 누비고 다니다가 학교로 가서 건축과 관련된 연구와 강의를 해오던 사람이 자신의 집을 지으려니 이런 저런 생각이 너무나도 많았다.

보여주기 위한 주택을 배제하고 주택의 규모를 정하려고 하니 가진 것 중 버릴 것을 버려도 별달리 귀중한 것들도 아닌데, 남는 것이 너무 많다. 가진 것들이 많으면 규모가 커질 수밖에 없는 것이다. 주택 규모를 정하려니 가진 것을 정리하는 일부터 시작했는데, 우선 책을 한 트럭 분 버려야 했다. 규모를 줄일 방법을 찾는다는 것이 애꿎은 책만 버렸다.

시골집은 크면 안 된다는 주변 사람들의 조언에 맞추려고 애를 쓴 것이다. 가만히 생각해 보니 후닥닥 집지어 팔고 나가는 사람들의 입장에서 보면 독이지만 지금까지 살아오면서 필요에 의해 모으고, 준비해 두었던 것들이고 이제 남은 여생 동안 살아가야 할 집이자 작업장인 주택을 필요해서 짓는 것인데 왜 반드시 그 법칙을 따라야 할까?

특별한 이유가 무엇일까? 사고파는 일로 보통의 구매자를 찾는 것 외에는 아무런 이유가 없어 보였다. 그동안 모형으로 지었다가 부순 집만 해도 여러 채가 된다. 내가 필요로 하는 집은 멋은 없어도 단열이 잘 되어야 하고, 난방효율이 좋아야 하는데, 모든 여건을 만족시키려면 공사비가 만만치 않다. 최적의 비용으로 집을 지으려니 모든 것을 만족시키기가 어렵다.

많은 건축재료 중에서 왜 경량기포콘크리트로 집을 지을 생각을 했는가? 첫째는 경량기포콘크리트가 친환경소재로서 내구성이 좋다는 것이고, 목재 등의 여타 재료보다는 단순구조방식에 건식공법이 가능하여 하자가 적고, 유지관리비용 발생이 적을 것이라는 것 외에 경량기포콘크리트만이 재료 자체에 축열성이 있기 때문이다. 나아가 여러 자재를 복합적으로 많이 사용하지 않는 단순공사를 원했고, 주거환경 내에 가능한 유해물질은 배제되어야 한다는 생각 때문이었다.

청정마을인 복우실

단지, 벽두께를 '패시브하우스'의 규정에 맞도록 하려면 적어도 경량기포콘크리트만으로는 벽두께를 50cm 이상 요구하게 되어 외벽두께 30cm로는 사실상 요구하는 단열계수를 맞추기는 불가능하다. 추후에 패시브하우스 규정에 맞는 외벽단열을 해야 할 필요성이 있다면 지금의 벽두께 위에 '외단열공법'을 추가로 설치하면 되겠지만, 현재의 단열규정과 우리나라의 기후에 적절하게 누릴 수 있다고 생각되는 3.5L하우스를 목표로 설정하였다.

모든 것이 단열수치로 계산되어 만들어져야만 하는 것은 아니다. 또 건축비용을 줄이려면 건축면적을 줄이든가, 비용이 적게 드는 간략한 구조로 집을 짓든가, 재료비가 적게 드는 집을 지어야 하겠지만 모든 것을 만족시킨다는 것이 쉽지는 않은 듯 했다.

버릴 수 있는 것은 모두 버리고 다시 계획해보자!

디자인은 화려한 모습은 배제하고 주변 자연환경에 맞추어 시골정서에 맞게 심플한 모양에 유지관리상 하자가 적은 방법을 선택하기로 했다. 건식공법으로 작업공 수를 줄여 공사비를 절약하는 방법을 택하고, 단열이 잘 되는 재료로 짓는 것에 만족하기로 하고 기본설계를 했으나 전국을 돌아다니면서 알게 된 사실은 경량기포콘크리트를 올바르게 공사하는 전문업체가 그리 흔치 않다는 점이었다.

몇몇 업체를 제외하고는 '건축학회 규정'에 맞추어 경량기포콘크리트로 제대로 공사하고 있는 업자를 찾기는 쉽지 않았다. 또 외국산 재료를 주로 사용하는 전문회사가 거의 완벽한 공사를 하고 있었지만 내가 짓기로 한 것과는 요구조건이나 가격대가 너무 많은 차이가 나서 포기했다.

직접 지을 생각으로 고민도 해봤지만 노년기에 접어든 나이에 직접 집을 짓는다는 것은 대단한 모험일 수밖에 없었다. 눈빛만 봐도 척척 알아서 해주던 직원이나 조직이 있는 것도 아니고 지금은 아무런 조직도 함께 해줄 사람도 없는 처지다. 집을 짓기로 마음먹고 많은 자료를 뒤져본 것에 의하면 경량기포콘크리트의 장점으로는

첫째 단열성이 우수하다.(열손실이 적어 난방비용이 절감된다)
둘째 공사기간이 빠르다.(부재의 단위면적이 크고 건식공법으로 공징이 간소하다)
셋째 친환경적이며 가격이 저렴하다.(통기성이 좋고, 건물의 자중을 감소시키고, 내화성능을 가지고 있는 무기질재로 유해가스나 유독물질을 배출하지 않으며 원적외선을 방출한다)라고 되어 있다. 또 그것을 여태껏 성서처럼 믿고 있었다.

집을 지으려는 사람에게 이보다 더 좋은 조건이 어디 있는겠가? 금상첨화[錦上添花] 아닌가? 그런데 경량기포콘크리트로 전문적으로 집을 짓는다는 사람들, 영업장인 카페라는 곳을 통해 여러 정보를 얻어보면 어디에도 위 세 가지를 만족스럽게 설명한 곳과 올바른 공사방법에 대한 구체적인 자료는 없고, 친위부대로 여겨지는 댓글만 무성했다. 현실은 콘크리트 블록이나 시멘트 벽돌을 쌓듯이 아무렇게 쌓고 있는 것이 다반사였다.

대리점을 운영한다는 곳도 재료만 판매하는 것이 아니라 집짓는 일을 겸하는 곳도 있었는데, 협의할 만한 곳이 흔치 않았다. 반면, 여러 매체와 현장을 통해 알게 된 것들은 나를 더욱 놀라게 했다.

'경량기포콘크리트라는거요? 그거 못써요~!'
'곰팡이 생기지...,'
'습기나 차고....'

골치 아프다는 소리가 상당 부분을 차지했고 실제로 곰팡이가 피어 흉측한 모습을 보이고 있는 주택도 많이 보고 다녔다. 어떤 재료보다 싼값에 집을 지을 수 있다는 말은 어디에서도 들어 보지 못했다. 이처럼 불량재료라는 것과 하자가 많다는 말들만 했지, 경량기포콘크리트가 주택재료로서 좋다는 이야기를 하는 사람들이 드물었기에 재료에 대해 조금 이해하고 있다는 나도 마음이 흔들리기 시작했다.

실제 현장을 다녀보니 별별 이상한 방법들이 많았다. 경량기포콘크리트 주택을 짓는다고 하여 가서 보면 샌드위치패널로 외벽과 지붕을 덮고 내벽을 블록으로 칸벽을 막은 것뿐인데, 경량기포콘크리트로 짓는 단열주택이라 했고, 보통은 외벽두께 200mm(외벽을 두께 150mm으로 공사하는 주택도 있었다)에 시멘트 사이딩을 붙여서 마감하든가, '드라이비트' 위에 스타코로 마감하는 경우나 붉은벽돌로 덧붙여 쌓는 경우, 보통 시멘트 블록이나 벽돌 정도로 여겨 공사하고 있는 경우가 허다하였다.

턴키공사로 하는 '에이엘씨메이트'에서 짓고 있는 주택만이 100%

경량기포콘크리트로 만드는 주택이란 것을 알게 되었다. 그러다가 경량기포콘크리트로 주택을 지을 것을 포기하고 단열성이 우수하고 열교가 적은 제품이라는 SIP[3]패널을 이용한 목조주택으로 바꾸기로 하고 기본설계를 다시 하여 SIP전문업체를 만났고, 현장도 다녀봤다. 그러나 대부분 건축에 대한 전문지식을 갖춘 사람들이 아니고 도입된 연한이 짧기 때문에 장기 내구성에 대한 확신을 주지 못했다.

건축물의 내구성을 강조해 왔기 때문에 고민을 거듭하다가 인터넷 물색을 통하여 우연히 발견하게 된 것이 경량기포콘크리트로 전원주택을 짓는다는 곳이었다. 전주에 가면 국내산 전용미장재 공사현장을 볼 수가 있다고 하여 현장으로 달려가다가 충청도 서산 근처에서 또 다른 주택을 짓고 있는 중이라는 말을 듣고 그 공사현장으로 찾아갔다. 그곳에서 내 눈을 의심했다.

이처럼 규정에 맞추어 완벽하게 집을 짓는 팀을 보게 되다니.....!

건축주 말로는 특정카페 회원들이 모여 직영하는 공사라는 말을 듣고 더욱 의아해하며, 서울에서 먼 거리인 현장을 건축주의 허락을 받고 사나흘이 멀다하고 얼굴에 철판을 깔고 현장을 들락거리며 벽체, 슬래브 패널공사, 지붕 패널공사로부터 창호공사, 내 · 외부 미장공사를 비롯해 내부 목공사, 도장까지의 전 과정을 관찰해보면서 2년이 넘는 동안 전국을 돌아다니며 봐왔던 다른 공사팀들과 비교해 보았다.

주 3) SIP-양면 OSB합판 사이에 우레탄폼을 충전압축시킨 패널제품

작업하는 이들에게 질문을 해보면 그들만의 어떤 규칙이 있는지 대꾸를 해주는 이는 아무도 없었다. 이렇게 하여 함께 우리 집을 지을 전문공사팀을 만나게 된 것이다.

공사방식은 모두 직영이라고 했다. 앞에서 언급했지만 직영공사는 나이든 내가 감당하기에는 힘들다는 생각을 하고 있었다. 또 직영공사란 재사용할 자재의 임대 또는 구입 등을 하다보면 비용이 더 발생하게 되는 경우가 허다하기 때문이다. 내가 원했던 것은 구체공사를 제외하고는 전체를 도급주는 방식으로 했으면 하고 계획하고 있었다. 하자 없는 완벽한 공사를 추구해오던 예전의 현장생활을 생각하면서 전문공사팀을 만났으니 보물을 찾은 듯했다. 이미 허가를 받아놓은 건축도면을 재료에 맞도록 다시 수정하여 의문이 되는 문제점을 문의해보았으나 그곳에서 명쾌한 답을 얻기에는 어려움이 많았다(나중에 알고 보니 경량기포콘크리트로도 가능한 것이 많았다).

1980년대 중반에 기숙사공사를 경량기포콘크리트로 공사해 본 경험이 있었으나 재료에 대한 특성만 알았지 전반적으로는 무지했고, 세부적으로 재료의 적합성 등에 대한 지식이 부족한 상태에서 미장재로 인해 실패한 경험을 가지고 있었던 탓으로 가공과 마감재에 대한 적합성과 최근 공법에 대한 세세한 기술적 내용을 현장 경험이 없어 이해하지 못해 설명을 들어도 선뜻 알아듣기가 쉽지 않은 점도 있었으나 올바른 공사를 하는 팀을 찾은 이상 다시 경량기포콘크리트로 짓기로 마음을 바꾸기로 했다.

친환경 재료의 주택을 고집하는 이유

주택을 짓는 데 이용되는 재료는 공법과도 밀접한 관계를 가지고 있다. 사용되는 재료가 그 집을 특징짓는 명칭이 되기 때문이다. 나무로 지으면 나무집, 흙으로 지으면 흙집, 돌로 지으면 돌집이 되고, 경량기포콘크리트로 지으면 경량기포콘크리트 주택이 된다. 종전에는 이들 중에서 우리나라는 나무와 흙이 가장 보편적인 소재로 지어져 왔다. 돌도 흙과 같이 부분적으로 사용되어 왔지만, 우리의 전통건축은 대부분 나무와 흙이라는 두 가지 소재가 주류를 이루었고, 이 두 가지 소재를 조합하는 방식에 따라 명칭이 결정되기도 했다.

대표적인 주택들을 유형별로 보면 한옥이 있다. 한옥은 벽체의 단열성이 R-1 이하이므로 최근에는 흙벽돌로 변형된 한옥을 짓는 경우도 있지만 단열과 기밀성이 좋은 주택으로는 부족하고, 진흙집은 집을 짓기 위해 진흙으로 두껍게 만든 벽돌을 사용하지만 단열성 역시 R-5 정도에 집을 짓는 과정이 너무 복잡하며 이와 유사한 것이 포대망 속에 흙을 넣어 짓는 집이 있다. 우리나라에서 요즘 많이 짓고 있는 경량철골구조인 스틸하우스와 경골목구조주택(Light Frame Wood structures House: 미국식 주택과 캐나다식 주택이 주를 이룸), 그리고 '스트로베일하우스' 건축 등이 있으나 장기내구성을 유지하는 데는 어려움이 있다고 보았다.

얼마 전 가까운 곳에 사는 어느 스님의 토굴을 찾아갔던 일이 있었다. 두 평쯤이나 되어 보이는 토굴을 살펴보니 이집트의 마을에서 사용되던 방법인 둑집방식으로 지은 것이었다. 나무를 이용하여 목구조 뼈대를 구성하고 벽을 흙으로 막으면 뼈대(목구조)집이 되고, 3면을 담으로 쌓고 전면과 지붕틀만을 나무로 구축하면 담집이 되는데, 이처럼 흙으로 짓는 집은 보통 두 가지로 나누는데 그 중 하나가 둑집이고, 이와 비슷한 것을 토담집이라고 한다.

우리 마을에도 50년 전에 쌓았다는 토담 담장을 볼 수가 있다. 또 나무를 옆으로 뉘어 홈을 파고 쌓아서 벽체를 구성하고, 그 빈 공간에 흙으로 메워서 짓는 집을 귀틀집이라고 하는데, 강원도 산간지방에 많이 있었다.

담집의 담을 어떤 재료와 방법으로 쌓는가에 따라 다시 둑집과 토담집으로 나누어지는데, 둑집은 거푸집을 세우고 생흙을 다져 넣어 벽체를 만드는 방식을 사용하는 반면, 토담집은 벽체를 담장쌓는 방법처럼 돌과 흙을 교대로 쌓아 올라가는 방식인데, 돌이 풍부한 냇가나 제주도에서 많이 지어졌다. 요즘은 둑집방식을 그냥 담틀집이라고 부르거나 토담집이라고 부르기도 한다. 최근에는 통나무를 한 자(30cm) 정도 되게 토막을 내어서 토담 쌓듯이 한 단 한 단 쌓는 통나무 토막집도 있다. 통나무 토막집은 벽체가 단순한 직선이 아닌 둥근 원형으로 만들 수 있는 장점이 있어 흙집을 짓는 데 많이 이용되고 있다.

스님의 토굴집은 황토로 만든 둑집이었는데 벽두께가 무려 1m나 되었다. 거기에 통나무를 걸고 흙을 부어 지붕을 만들고 그 위에 비가 세지 않도록 덮어 씌워 놓았다. 그뿐만이 아니다 상당히 공학적인 개념이 들어 있었다. 하부측에서 작은 2중창을 만들어 공기가 들어오도록 하고 천장 밑으로 강제환기 구멍을 만들어 방 안 공기가 아래에서 위로 순환되도록 해 놓았고, 또 난방은 구들을 놓아 약 5m가 넘는 긴 고래를 통하여 들어온 뜨거운 열기가 다시 부채꼴모양의 고래를 타고 열이 분사되어 방바닥 아래에서 돌도록 만든 온돌난방으로 되어 있었다.

이렇게 스님은 두꺼운 황토벽을 만들어 자신이 지향하는 생태적인 건축을 실현시켜 단열집을 지어놓았다. 그러나 보통의 사람들이 생활에 필요한 넓은 공간을 확보하고 살림집으로서 이런 생태적인 주거를 짓는다는 것은 대단히 어려운 일이다. 간혹 친환경생태주택을 지으면서 작은 공간을 둥글게 만들어 여러 개를 곁붙여서 흙집을 짓는 경우가 있기도 하다. 여기서는 주로 토담방식을 사용하는데, 통나무를 잘라서 군데군데 섞어서 흙과 함께 쌓아가면서 벽을 만들고, 그 위에 나무를 길쳐서 시붕을 축조하는 방식이 주로 이용되기도 한다.

예전의 농촌주거는 대부분 이런 흙집인 반면에 보통의 민가는 목조로 가구한 한옥 중에서 살림집으로는 보통 민도리집(기둥이나 벽체 윗부분의 도리와 장여 사이에 소로 없이 도리와 장여로만 된 한식 주택)을 많이 지었다. 짓기도 쉽고 실용적인 민도리집은 전문적인 수련을 쌓지 않은 중급 정도의 목수도 지을 수 있었기 때문이다. 따라서 전문목수들은 민도리집을 잘 지으려고 하지 않았다고 한다. 가구식 목구조주택이 지어지면서 벽체로는 맞벽(심벽)을 많이 쳤다. 맞벽을 치기 위해서는 기둥과 기둥 사이에 건너지르는 나무수장을 지르고 수장에 의지해 중깃(벽의 틀을 만들 때, 수숫대나 싸리 따위를 대고 얽기 위해 듬성듬성 세우는 가는 나무)을 세우고 외를 엮는데, 외는 물푸레나뭇가지나 싸리가지, 신우대를 가로지르고 새끼로 묶었다. 여기에 안팎으로 흙을 바르는데 흙은 보통 진흙을 사용했다. 진흙은 점력이 강하기 때문에 마르면서 갈라지게 된다. 갈라짐을 방지하기 위해 흙을 이길 때 짚을 짧게 썰어 넣었다. 맞벽은 보통 한 번으로 끝나지 않고 초벽친 뒤에 다시 한 번 흙으로 바르는 재사작업을 걸치게 된다. 맞벽은 작업을 잘못하면 벽이 무너지는 경우도 있다.

맞벽을 치는 일이 힘들고 벽이 무너지거나 시간이 지나면서 벽체가 부서지는 현상이 발생하자 흙으로 벽돌을 찍어 사용하게 되었다. 흙벽돌을 사용하면 맞벽보다도 작업의 양이 상당히 줄어들고 시간이 경과하면서 흙이 갈라져서 떨어지는 현상을 방지할 수 있었다. 흙으로 벽돌을 만들어 사용하는 방식은 일반적으로 일제강점기 때 벽돌 찍는 기계가 도입되고서부터라고 한다.

서울에서도 1960년대 중반까지 언덕배기에 집을 짓는데 이 흙벽돌이 사용되었다. 지금도 시골에서는 흙벽돌이나 흙벽으로 만든 담배 건조장 등을 쉽게 볼 수가 있다. 흙벽돌은 틀을 만들어 손으로 찍기도 하고 기계를 이용해서 유압으로 압축성형하기도 하는데, 전래의 심벽구조는 벽체두께가 10cm 정도 밖에 되지 않아 단열에 문제가 많았다. 흙벽돌은 찍는 틀의 크기에 따라 벽체의 두께를 조정할 수 있어 단열이 어느 정도 가능한 두께로 벽체를 쌓을 수 있다. 흙벽돌을 찍어내거나 기성품을 구입해서 사용할 때는 소성시키지 않은 흙벽돌을 사용해야 하는데, 요즘은 흙벽돌을 구워 소성시켜 열을 가해 만들어지고 있는데, 이렇게 하면 흙이 가지고 있는 통기성을 읽어 버리게 되고 유효한 박테리아가 모두 사멸하게 된다.

친환경 생태주택을 짓기 위해 사용되는 재료들은 나무, 흙, 돌 같은 자연소재 이외에 가공제품으로는 유일하게 경량기포콘크리트가 있다. 흙과 나무는 주위에서 쉽게 구할 수 있고 내구수명이 다한 다음에도 특별한 폐기과정을 거치지 않고도 자연스럽게 자연으로 환원된다. 그러나 흙과 나무가 아무리 자연소재라고 해도 건축소재로 준비하는 과정에서 세심한 주의를 기울이지 않으면 안 된다. 흙이 사람의 건강에 유익하다고 하지만 오염되지 않은 좋은 흙을 찾기는 쉽지 않다.

나무는 자연상태로는 어떠한 유해 성분이 발생하지 않지만 가공하는 경우가 많아졌다. 나무가 80년이 넘으면 본연의 기능을 제대로 발휘하지 못하기 때문에 보통은 30년생 이전에 간벌한 간벌목과 성장이 끝난 80년생 이상의 나무를 사용하고 적절한 식목을 통해 산림을 유시하면서 지속적으로 건축소재를 생산하고 있다. 30년 이하를 어린나무, 30년 이상을 늙은나무로 분류하고, 나무가 가장 활발한 광합성작용을 하는 시기도 30년에서 80년 사이의 것이라고 한다.

여기서 흙집이나 돌집에서는 습기로부터 보호받는 데 어려움이 있고, 실내에 못을 박을 수 없기 때문에 생활습관과 구조를 바꾸어야만 한다. 또한 돌집이나 흙집은 지진 등의 진동에 약하기 때문에 돌집의 경우에는 진동이 발생하면 돌무덤으로 변할 수도 있다.

지진을 고려한 것으로는 제주도의 토담집처럼 나무로 집의 골조를 가구한 다음에 돌과 흙을 교대로 쌓아서 벽체를 구성하는 것이다. 이처럼 최근에 이르러서 다시 친환경생태건축에 관심을 갖는 사람들이 많아지고 있는 이유는 무엇일까? 큰 주댁이 아닌 작은 살림집 성노라도 개인이 스스로 집짓기를 원하지만 친환경생태주택을 지을 수 있는 전문건축업자의 도움 없이는 어렵고 또 업자를 만나기도 쉽지 않은 현실에서 전문지식을 가진 사람이라도 자신이 구현하는 생태적 주택을 짓기 위해 납득시켜 가면서 자신의 이상을 실현한다는 것은 지극히 어려운 일이다.

목재와 함께 한 예전의 우리나라 흙집들이 긴 수명을 유지하게 된 것은 구들을 이용한 온돌난방을 사용했기 때문이라는 이야기도 있다. 아무튼 온돌난방방식은 우리가 구들을 사용했던 것으로 인한 것인데, 산업화가 되면서 아궁이에 불을 피우지 않고 온수보일러로 물을 데워서 바닥에 설치한 파이프를 통해 난방하는 방식인 지금의 온수난방으로 발전한 것이다.

이것도 알고 보면 대단히 아이러니하다. 일본 동경의 제국호텔(데이꼬꾸호텔)을 설계한 미국의 유명한 건축가 '프랭크 로이드 라이트(Frank Lloyd Wright : 1867년 6월 8일~1959년 4월 9일)' 가 우리나라를 방문했을 때 온돌난방을 접하고 나서 파이프에 온수를 통과시켜 물을 데우는 방식으로 개량시킨 현대화된 바닥 난방방식을, 구들을 이용한 온돌난방의 원조인 우리가 역수입한 것이라고 한다. 확실한 근거가 있는지는 모르겠으나 지면보다 높게 설치된 구들에 예전처럼 불을 지펴서 난방을 할 때는 불을 지필 때 생기는 그을음이 목재에 서식하는 해충과 곰팡이를 제거해주고 바닥에는 습기가 머물지 못하게 하는 구조 덕분에 수명이 오래 갔지만, 온수난방으로 개조한 주택들의 바닥에 묻힌 부분이 대부분 심하게 부식되고 기둥의 밑동이 썩어 있다고 한다.

구들을 이용하는 경우에는 환기에 주의해야 한다. 창문은 창호지를 발라서 자연환기가 이루어지도록 했고, 단열효과를 높이기 위해 창문에 덧문을 설치하여 적당한 외풍인 자연환기가 공급되도록 하여 갈라진 틈새로 불완전연소된 가스가 들어와도 가스중독이 되지 않도록 되어 있었다. 만약 현재의 단열구조에 구들을 설치한다면 매우 위험하게 된다. 갈라진 바닥 틈으로 들어온 불완전연소 가스가 들어와 가스중독을 일으키게 되는 것이다. 간혹 벽난로를 사용하는 단열이 잘 된 저택에서 벽난로의 연소로 산소부족 현상이 생겨 새벽에 응급실로 실려 가는 것도 이와 유사한 현상이라 할 것이다.

한옥이 아닌 서양식 목조건축방식이 도입되어 나무로 짓는 목조건축방식은 지금은 수입된 자재에 부속자재들까지 많이 들어와 있으나 자재의 결합방식과 전문공사기술의 문제점, 부속자재의 국내생산 부재, 누수, 단열공사 등의 난해한 점이나 건축물의 수명에도 영향을 미치게 되어 점차 시멘트를 이용한 콘크리트 건축이 대중성을 띠게 되었다.

벽돌을 병합한다든지 콘크리트만으로 축조하는 경향이 많았는데, 경제사정이 좋아지고 생활이 안정되면서 사람들은 다시 친환경적이면서 생태적인 건축방식에 관심을 갖게 되었다. 시멘트는 암을 유발하는 물질인 6가크롬을 함유하고 있으나 치장재 등으로 인해 급격한 반응은 나타나지 않으나 서서히 생명을 위협하는 물질이란 것을 알게 되고, 아토피 등의 새로운 피부질환들이 발생하면서 더욱 친환경적인 건축소재를 갈구하게 되면서 경량기포콘크리트가 각광을 받게 된 것이다. 폐기할 잔재가 발생하지 않으며(남은 것은 가루로 만들어 비료 대용으로 사용 가능), '라돈' 등이 거의 함유되지 않으며 재료 자체가 통기성을 가진 유일한 무기질재료이기 때문이다. 친환경주택을 짓는 데 있어 현재 생산중인 최적의 소재임에도 불구하고 수년간을 망설이고,

조사해야 했던 것은 앞에서도 이야기했듯이

첫째로 대부분 올바른 공사가 되고 있지 않다는 점

둘째로 통기성을 유지하면서 건물의 외피와 내부를 보호하는 재료(외피 미장재)가 명확하지 않다는 점

셋째로 값싸고 공정이 빠른 것이 장점이라고 했는데, 제조사가 광고한 것처럼 값싸지 않고, 양생기간 때문에 예상보다 공기가 길어진다는 점이었다.

세월이 지나 좋은 부수 자재가 국내산을 비롯하여, 생산 또는 수입, 공급되고 있고, 몇몇이 경량기포콘크리트 매력에 푹 빠져 있는 사람들로 인해 올바른 공사를 하고 있는 것을 알게 된 후로 장기내구성을 가진 친환경 주택을 짓기 위해서라면 '값싸고 빠른' 이라는 말은 버리기로 하고 단일재료만으로 마감이 가능하며 단열성이 우수한 친환경소재인 동시에 축열성이 있고 유지관리가 좋은 경량기포콘크리트로 집을 짓기로 결정했던 것이다.

끝으로 건축주가 자신이 살고 있는 건물에 대한 지식이 없으면 친환경소재를 이용해 지은 주택을 제대로 관리할 수 없게 된다. 반드시 전문설계자의 도움과 전문적으로 공사하는 사람을 찾아서 선택할 것을 조언한다. 기름 10드럼 이상이 드는 주택을 지을 것인가, 패시브하우스를 지을 것인가, 아니면 3드럼 정도가 드는 '에너지를 절약하는 친환경 주택' 을 지을 것인가는 여러분의 몫이다. 친환경 주택을 짓기 위해서는 사용되는 공법과 재료에 대한 이해가 반드시 필요하다.

주택 기본설계를 위한 조건

설계사무소에 가보면 첫마디가 '어떻게 멋지게 집을 뽑아드릴까요?' 라고 한다. 주택전시장마다 즐비하게 늘어져 있는 전원주택 공사업체들이 제공하는 것도 보면 건축의학을 중요시하는 경우는 찾을 수 없고 모양만을 중요하게 여기는 스타일들이 많았다.

한 번은 어떤 이가 지금 자신이 살고 있다는 주택 평면도를 가지고 왔는데, 보는 순간 '이 집에 사는 사람은 건강에 문제가 있겠구나!' 하는 생각이 들었다. 건축의학적으로 기피해야 할 평면구성이 되어 있었기 때문이다. 자연과 함께 하는 환경주택을 만들기 위해서는 '숨 쉬는 건축자재' 를 이용한 건강한 주택이어야 한다. 주택에서 좋은 건축이 건강을 만든다고 주장하는 이들이 많이 늘고 있는데, 대표적인 사람이 미국의 애리조나대학교 의과대학 앤드류 와일 박사와 일본의 건축의학협회 마쓰나가 슈가쿠 박사 등이다. 범죄와 병은 집으로부터 온다고 연구해온 사람들이다. 건축의학을 바탕으로 한 우리집의 건축기본설계를 위해 결정해야 할 사항들을 나열해 보았다.

부지조건

650여 평이나 되는 농지 중에서 환지예정인 대지가 297평이고 나머지는 농지로 남겨 두었다. 건축면적은 1층 45평, 2층 작업공방 10평에 기타 다락 및 부속실 10평 정도로 계획하였다.

구조와 외벽마감재

기초 부분은 철근콘크리트 연속기초에 매트구조(동결심도 1.0m)인 복합구조로 하고, 구체는 경량기포콘크리트에 철근보강구조(블록 및 패널)로 외벽두께는 320mm(구조250+단열재 및 마감재70), 내벽의 기본두께는 200mm(이상 0.5품), 2층 바닥 슬래브는 패널두께 200mm, 지붕 역시 패널두께 200mm(이상 0.6품)를 현장에 맞추어 길이별로 공장 주문제작하여 사용하고 추가로 지붕단열공사를 하기로 했다.

내 · 외벽 마감재는 독일 수입산(외장미장재-'알씨톱', '스토릿 K', 내부미장재-'인택 S', '스토 레벨 노보' 등)이 가장 우수한 마감재라는 것을 현장 조사결과 알게 되었지만, 가격문제로 국내산 경량기포콘크리트 전용 미장재를 사용해 보기로 하고 내 · 외부면에 어떠한 치장재도 사용하지 않고 단순한 디자인으로 계획하였다(국내산 미장재에 대한 내구성은 확인할 수가 없었다. 단지, 제조사나 시공자의 말을 믿기로 한 것은 가격 때문이었다).

기초 동결심도

종전의 주택건축물 동결심도는 중부지방을 기준으로 1.0m 이상으로 되어 있었으나 2008년 구조기초설계기준에서 단순히 동결선 이하로 되어 있으며, 「건축구조기준(KBC-2009)」에서 기초의 저면은 온도변화에 의해 체적변화를 일으키지 않도록 규정하고 있다.

따라서 지역의 동결지수에 따라 택지의 지반상태를 고려하여 산정하는 것이 옳다고 판단되어 다음 식에 의한 결과로 최악의 경우를 고

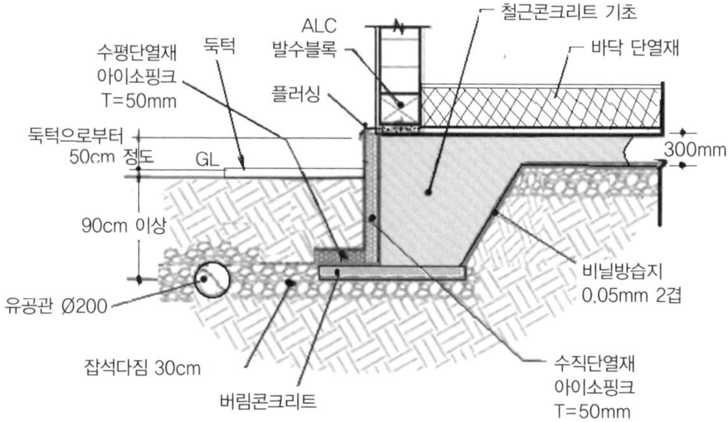

려하여 IRC(International Residential Code)의 FPSF(Frost Protected Shallow Foundation) 정의에 따라 계획하였다. 동결심도는 건축사가 결정할 것이다.

$Z = C\sqrt{F}$ Z : 동결심도 C : 정수(3~5) F : 동결지수(℃일)

외벽의 단열계수

국내 건축 단열기준은 외벽의 경우 열관류율(U값, W/㎡·K)을 중부지방의 0.36 이하로 설계하도록 규정하고 있다. 대부분의 재료를 제조하는 업체에서 제공하는 열전도율은 건조된 기건상태일 때 시험한 데이터이므로 현장에 반입된 습기가 높은 재료의 열전도율은 설계 수치보다 높게 된다(경량기포콘크리트의 경우 보통 습윤율이 15~25%라고 알고 있지만 실제는 25~30% 정도인 경우도 있다).

따라서 건조되지 않은 제품이면 당초 설계수준 이하로 단열성이 상당히 떨어진다는 것을 의미하게 된다. 그러므로 주택의 단열계수 확보는 주택을 짓는 과정에서부터 완전히 건조되는 데까지 사용하는 외벽두께에 따라 좌우되지만 가능한 지속적으로 건조시켜야 한다.

통계수치에 의하면 경량기포콘크리트가 자연건조로 평균습도를 유지하기까지는 통상적으로 2년 정도 소요된다고 한다. 이는 곧 시간이 지남에 따라 주택의 단열성능이 점점 높게 회복된다는 의미이다. 그러므로 주택 외벽의 건조조건을 만족시키기 위해서는 발수성능과 투습성능을 갖고 있는 전용 마감재를 사용해야 하는 이유가 여기에 있다. TIP 6 에서 설명한 것과 같이 열관류율을 참고하면 외벽을 300mm 두께로만 할 경우 패시브하우스의 단열 규정에 맞추어 단열계수를 비교하면 거의 50%에 불과한 것을 알 수 있다.

이처럼 외벽 단열계수의 부족으로 경량기포콘크리트만으로는 패시브하우스 규정에 맞추기 어렵기 때문에 외단열을 추가로 해야만 한다. 그러나 중부지방의 경우 외벽의 열관류율을 0.36 이하로 하고 있어 0.317인 경량기포콘크리트가 장기내구성을 갖는 에너지절약형 주택으로는 손색이 없다고 생각되었다. 지금은 건축법 개정으로 중부지방의 경우 약 30%가 강화되어 열관류율이 0.27 이하, 남부지방 0.34 이하로 변경되었다.

따라서 외벽 두께 350mm 또는 외단열공법을 병행하고 있다. 만약 경량기포콘크리트 벽두께 300mm 정도로 마감된 것이라면 살면서 패시브하우스처럼 높은 단열을 요구해야 하는 이유가 생기면 독일의 '알세코(alsecco)사' 가 개발한 전용 외벽단열재인 '미네럴울에어로

(Mineral wool Aero)' 단열재인 '에코민(ecomin)시스템' 또는 독일 '스토(Sto-)사' 가 개발한 '스토 썸 미네럴(Sto-Therm mineral)시스템' 등으로 기존의 외벽에 외단열 시스템으로 보강하면 패시브하우스 이상의 단열계수를 충족시키는 외벽단열을 갖추게 할 수 있을 것이다.

지붕 구조

벽구조를 제외한 바닥과 지붕은 '패시브하우스' 단열 규정을 기본으로 하여 시공하려고 노력하였다. 슬래브 패널두께 200mm(ALC 0.6품) 위에 목조서까래(2′×6~10′)를 방습지를 깐 받침틀에 긴결시키고, 단열재 R-11(89mm)+R-19(159mm) 또는 R-30(241mm)을 이중으로 밀실하게 서까래 사이에 다져 넣은 후 다시 방습지 Tyvek을 덮고, 그 위로 공기층을 만든 다음, 다시 OSB합판으로 덮은 위에 또 다시 자체 점착성이 있는 방습지로 덮고 기와걸이를 부착한 후 국내산 평판 오지기와를 설치하여 마감하기로 했다.

실내 내부에는 목재를 걸어 일정한 공간(300mm 이상)을 두고 방습지 Tyvek+9mm석고보드+9mm석고보드를 이중으로 천장을 마감하기로 했다.

지붕의 단열성능을 높이려면 지붕공사는 비용이 많이 소요되는 곳이다. 따라서 단열성능에 따라 지붕서까래를 2′×6′(단열두께 89+89mm)나 2′×8′(단열두께 89+159mm), 2′×10′(단열두께 89+241mm)로 하는 경우도 있다. 여기서 간략하게 지붕의 단열계수를 편의상 공간이나 기와 등을 제외하고 계산해보면 대략 다음과 같은 수치를 얻는 것을 알 수 있다.

[서까래 2′×8′일 때 지붕단열계수를 확인해 보자]

· 내부석고보드 9+9mm=18mm / 열전도율 0.18이므로

0.018÷0.18=0.1

· 내부실내공간 300mm－무시함=0.0

· ALC 지붕 슬래브 패널 두께 200mm / 열전도율 0.10이므로

0.2÷0.10=2.0

· 외부단열재(R11－89mm+R19－159mm) /

열전도율(W/m · K)=두께(m)×(U)값

= 0.089×0.52=0.046이므로

따라서 열저항은 총두께 0.248m÷0.046=5.39

· 외부OSB합판 12mm / 열전도율 0.13이므로

0.012÷0.13=0.092

· 기와 및 기타－무시함=0.0

· 실내표면전달저항(상수값)=0.11

· 실외표면전달저항(상수값)=0.043

따라서

열관류율은=1 / 0.1+2.0+5.39+0.092+0.11+0.043=1/7.735

= 0.129 < 0.15W/m²K 이하, O.K[독일 패시브하우스 지붕단열계수]

(한국 패시브하우스 지붕단열계수 : 0.12)

건축단열계획 설정

패시브하우스 규정에 맞춘 고단열건축을 할 경우 높은 건축비용이 소요되므로 현실에 적합한 난방에너지 절약형 주택을 경량기포콘크리트(ALC)를 이용하여 싯기로 하고 다음과 같이 설정하였다.

· 기밀시험 예상성능 : 0.6회/h

· 온수공급 : 일반 등유보일러 이용

· 실내 공기질 개선 : 기밀주택으로 인한 열회수 환기장치 시설

· 바닥 단열두께 :

1층 – 압출스티로폼(아이소핑크 1종 1호) T=200mm

2층 – 압출스티로폼(아이소핑크 1종 1호) T=50mm

(일반적으로 주택에서 바닥의 단열을 중요시하지 않는데 대단히 잘못된 생각이다)

기초 – 복합매트기초로 바닥 슬래브 두께는 300mm에 철근콘크리트구조에 내력벽 부분은 보를 보강하고, 동결선 이하로 했다.

바닥 – 바닥 슬래브 위 고름모르타르에 방습지+압출스티로폼(아이소핑크 1종) 200mm+방습지+모르타르 80mm+마감재 10mm

지붕 – ALC패널(0.6폼) T=200mm+(토대(2′×4′) 및 서까래(2′×8′)단열재 R11(89mm) 및 R19(159mm)충전+방습지+공기층 50mm+합판 11.5mm위 자체접착성이 있는 방습지 부착+기와걸이 및 오지기와=총두께 600mm 이상

천장 – 천장 목구조 틀 위+방습지+석고보드 9mm+9mm 2중 붙이기

[바닥 단열계수를 확인해 보자]

· 기초콘크리트 T=300mm/열전도율 1.73이므로 열저항은 0.3÷1.73=0.173

· 바닥단열재 T=200mm(아이소핑크 1종 1호 50mm×4단)/열전도율 0.028, 열저항은 0.2÷0.028=7.142

· 방습필름-열저항 : 무시함=0.0

· 바닥시멘트모르타르 T=80mm/열전도율 1.40이므로 열저항은 0.08÷1.40=0.057

· 마루판 T=10mm/열전도율 0.13/열저항은 0.01÷0.13=0.076

· 실내표면전달저항(상수값)=0.086(최하층 거실바닥)

· 실외표면전달저항(상수값)=0.015(외기에 간접 면한 경우)

따라서 열관류율=1/0.173+7.142+0.057+0.076+0.086+0.015=1/7.549=0.13<0.15 W/m² · K 이하. O.K[독일 패시브하우스 바닥단열기준]

국내 바닥단열 규정 두께 : 중부지방일 때

건축물 부위 \ 단열재 등급			단열재 등급별 허용두께(mm)		
			가	나	다
최하층에 있는 거실의 바닥	외기에 직접 면하는 경우	바닥난방인 경우	175	205	235
		바닥난방이 아닌 경우	150	175	200
	외기에 간접 면하는 경우	바닥난방인 경우	115	135	155
		바닥난방이 아닌 경우	105	125	140
바닥 난방인 층간 바닥			30	35	45

에너지성능평가 설정

독일 설계기준에 의하여 저에너지주택(에너지절약형 주택)을 설명한다면 건축물의 에너지성능평가는 1m²당 1년 동안에 사용되는 난방등유의 양으로 결정하고 있다. 예를 들어 10리터(L) 주택이라면 연면적 1m²당 1년에 10리터의 등유를 사용하는 주택을 말한다. 따라서 건물 전체 면적이 100m²(약 30평) 규모의 주택이라면 100m²×10ℓ=1,000ℓ를 사용함으로써 200리터(1드럼)로 나누면 연간 5드럼을 사용한다는 의미이다. 건축계획은 외벽으로 사용할 전체 벽두께 320mm가 가신 단열의 한계로 초기 비용이 많이 소요되는 독일기준 1.5ℓ 주택의 패시브하우스가 아니라 3~4L/m² 저에너지하우스 건축에 맞추어 일정한 저유지비용으로 운용이 가능한 주택을 실현하기로 했다.

다음 그림은 독일 건축물 설계기준에 의한 주택 에너지 등급 구분을 나타내고 있다.

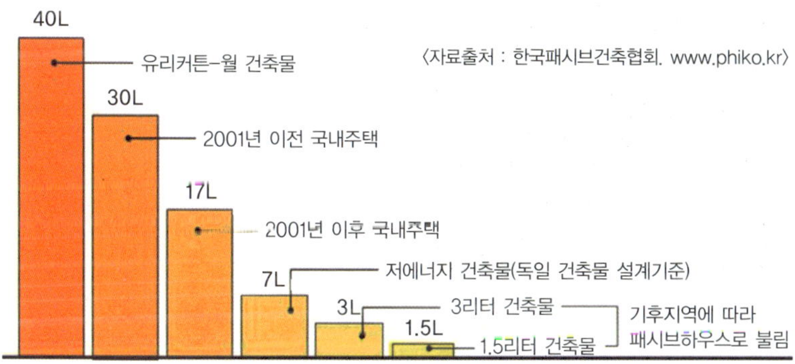

〈자료출처 : 한국패시브건축협회. www.phiko.kr〉

건축물의 에너지 등급 구분

[TIP 1]

[발열량을 유지할 수 있는 단열 및 기밀 충족조건]

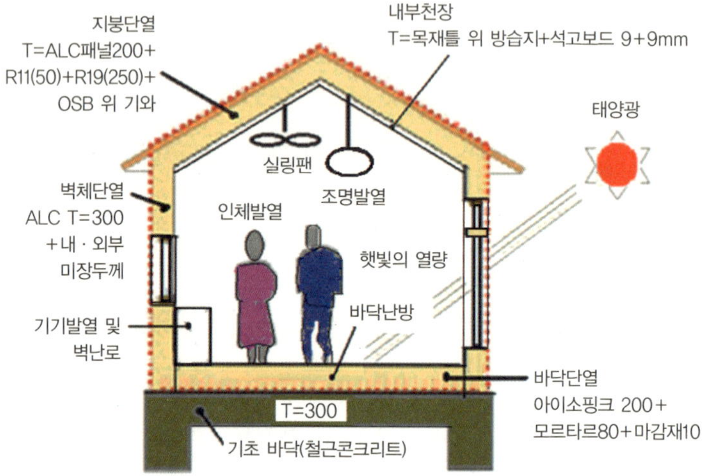

[TIP 2]

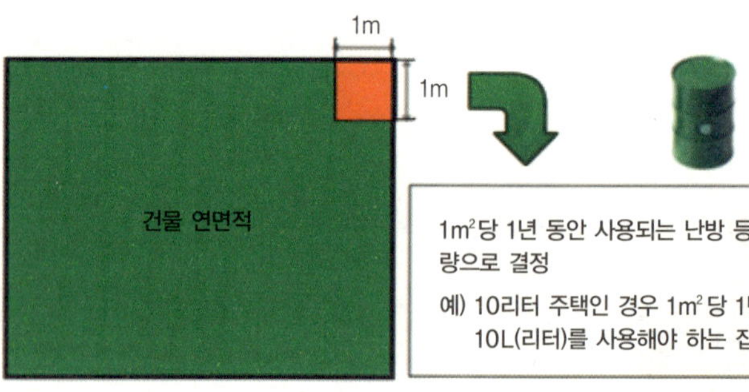

1m²당 1년 동안 사용되는 난방 등유의 사용량으로 결정

예) 10리터 주택인 경우 1m²당 1년에 등유 10L(리터)를 사용해야 하는 집을 말함.

연면적이 150m²일 때 10리터 주택이라면 연간 1,500L의 기름을 사용하게 된다. 즉 드럼당 200L라면 7.5드럼을 사용한다는 의미이다. 소요 유류비가 @1,000원/L이라 가정하면 한해 동안 소비하는 난방용 기름값이 1,500,000원이 든다는 결론이다.

에너지 사용량 목표 설정

방대한 에너지 사용으로 미래의 에너지 고갈 위기에 대응하기 위하여 유럽에서는 Home Energy Rating System(HERS)으로 주택에너지 등급 관리를 해오고 있다. HERS 최선의 저에너지 고효율주택은 제로에너지(Zero Energy : ZEH)인 패시브하우스(Passive House)이지만 이에 근접한 저에너지하우스로 보조난방으로 벽난로 설치와 일정 규모의 등유보일러 사용으로 투자 대비 최적의 효율을 갖는 주택으로 목표를 설정하였다.

따라서 기존 17L 국내 주택 난방에너지의 약 20% 이내로 운영할 목표로 하고 건축 소요비용을 산출하기로 하였다.

[TIP 3]

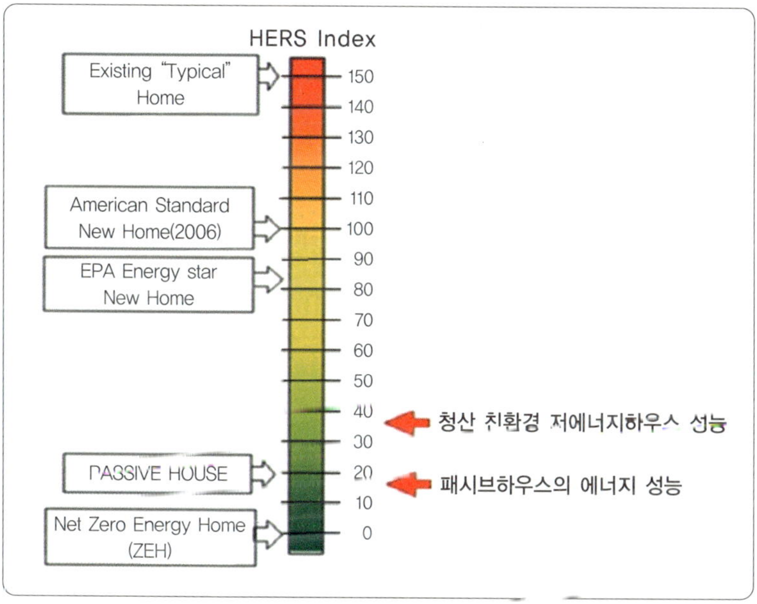

기밀성과 환기 설정

주택의 기밀성에 따라 통풍성이 좋은 재래식 한옥과 현재까지 지어져 오고 있는 일반주택을 구분하면 기밀성이 없는 주택, 약기밀주택, 기밀주택, 고기밀주택으로 분류할 수 있다.

단열성이나 기밀성이 높다는 것은 냉난방 효율면에서는 좋은 조건인 반면에 방바닥의 온도나 습도 차이가 커지기 쉽다는 결점이 있다. 이 온도차에 의한 결로에 먼지가 흡착되고 곰팡이가 발생하면서 건축자재의 성능저하 등이 발생하기 쉬우므로 고기밀주택을 계획한다면 그에 알맞은 주거방식을 취할 필요가 있다.

실내공기질의 중요성

· 생활습관

· 건축물의 밀폐화

· 오염공기에 의한 질환 유발 제거

환기의 역할

· 실내공기를 신선하게 유지시켜 습도 조절, 곰팡이 발생 억제, 유해물질의 배출 및 생성 방지, 냄새 제거

· 실내공기의 조절 정화, 냉 · 난방과 제습 또는 가습 효과

· 환기로 인한 열 로스 감소를 위해 열회수 장치로 쾌적감 증대

열회수 환기장치 선정 기준 설정

· 하절기 냉방부하는 야간에 외기의 자연환기로 대체

[TIP 4]

[환기흐름 기본개념도 설정]

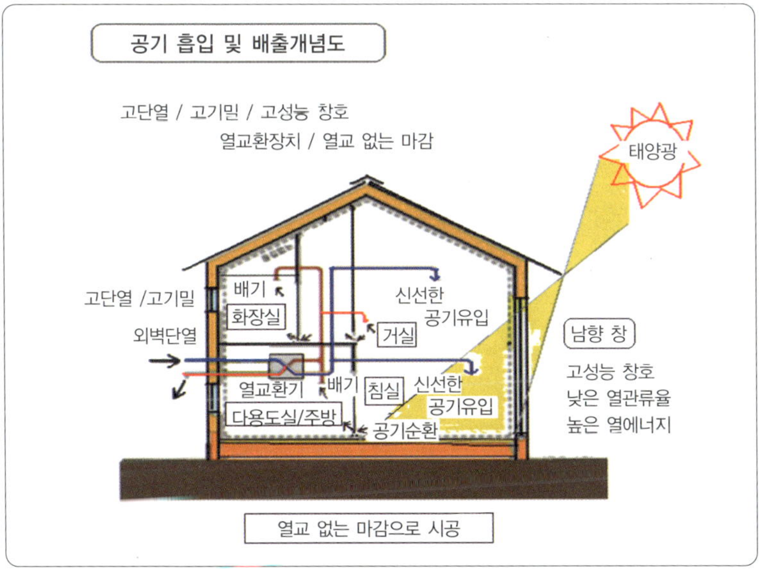

[TIP 5]

[공기유입 및 배출량 최대치]

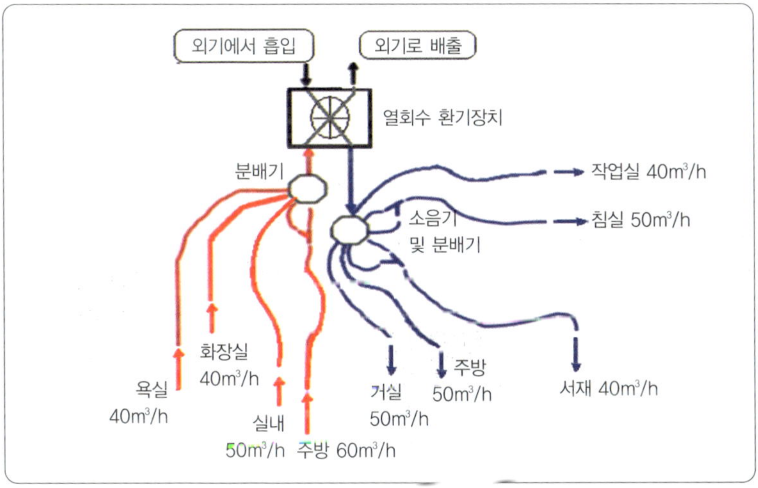

· 동절기 난방부하는 잠열의 부하가 적으므로 현열 위주로 열회수 조건을 검토

· 선정기준 : 국내 생산 고효율 기자재인 정제품으로 열회수효율이 높은 기종으로 하고, 동절기 혹한에도 충분한 성능을 발휘할 수 있도록 동결방지기구를 내장한 제품 사용

· 사용하는 필터는 패시브하우스 인정품으로 필터교환에 전문지식이 없는 보수인력으로도 쉽게 교환이 가능하고 구입이 용이한 것으로 선택

· 보일러실을 이용한 천장매립 및 벽부착형으로 하고 팬동력 0.45kWh/m^2 이하의 작은 전력을 소비하는 제품으로써 판형 열교환기와 로터리식 열교환기 중에서 회수효율 85% 이상을 적용

· 디퓨저는 환기장치 전용 플렉시블 호스를 연결 천장에 설치

· 가용인원 1인당 공급 기준을 패시브하우스 기준인 30~35m^3/인으로 함.

판형 열교환기 구조

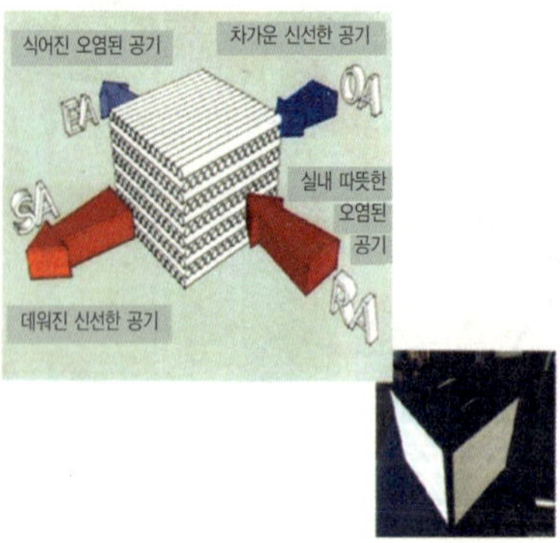

로터리식 열교환기 구조

〈이미지 출처 : blog.naver.com/strawbaler, www.phiko.kr〉

평면구성 계획

집이란 본질이 무엇인가? 기본적으로 가족이다. 가족의 온기가 상실되면 그곳은 이미 집이 아니다. 집이란 가족이 형성된 장이기 때문이다.

맛, 향기, 모양 등의 다양한 요소가 얽혀 맛있고 영향가 있는 요리가 되듯이 주택도 좋은 소재(토지의 입지와 상태, 건축자재)에 좋은 요리사(설계자, 공사업자, 건축의학에 맞는 디자인)가 필요하다. 일반 주택의 평면을 보면 주거의 안락성, 편리성, 디자인에 대한 무관심한 것들이 많다. 사람의 심신은 주거와 공명하고 있다고 한다. 사람의 신체 부위와 방이 생명장(生命場)과는 대응관계에 있어 어느 방의 생명장이 비정상적이 되면 특정 질환이 발생하기 쉽고 생명장이 조화롭게 이뤄지면 대응되는 부위의 장기가 건강을 유지하게 된다고 한다.

그 예는 거주하는 각 장(場)별로 살펴보면 현관은 사람의 얼굴과 뇌에 해당한다고 한다.

현관과 문

현관과 문은 인체에서 얼굴과 뇌를 의미한다고 한다. 문과 현관은 그곳을 출입할 때마다 사람의 생체자장(磁場), 특히 뇌의 자장에 영향을 준다고 한다. 또 대외적인 활동력에도 커다란 영향을 미치는 곳이다. 현관에서 나쁜 냄새가 나는 집은 100% 문제가 있다는 통계가 있다. 또 현관이나 거실에서 보이는 곳에는 화장실 출입문을 설치하지 않는 것이 좋다.

침실

신체 중 심장에 대응하며 체력, 기력 등과 관계가 있다. 또 부부관계에도 영향을 준다. 침실의 색상은 옅은 핑크나 부드러운 파란색 계열이 여유로움을 주고 회복을 빠르게 한다.

잠을 자는 위치는 건강과 중대한 관계가 있다. 부부의 침실은 가장 기를 많이 받는 동남향쪽이 좋다. 건축의학적으로 침실이 불안정하고 어질러져 있으면 불면증이나 심장병에 걸리기 쉽다.

거실

거실은 건축의학에서 간의 기능과 대응하고 있다. 넓고 여유로운 거실이 있는 것만으로 피로를 해소시킬 수 있다. 현관으로부터 들어서서 바로 거실이 펼쳐지면 신체회복력이 좋은 주거공간이 되고 부모자식과의 관계도 좋게 한다. 밝은 색이 활력 증진에 도움이 된다.

거실이 추우면 심신의 부조화가 생기기 쉽다. 또 좁은 거실은 사람을 신경질적인 사람으로 만들고 2층으로 올라가는 계단은 거실을 통하여 설치하는 것이 좋다. 난로를 설치하면 심신이 평온함과 안정감이 생긴다.

주방 및 식당

주방은 소장 및 소화기, 심장 등과 대응하고 있다고 한다. 가족의 건강과 가장 깊은 관계가 있는 곳이다. 식당은 신체에서 위, 소화기계통과 대응한다고 한다. 가정의 화목과 부모와 자식과의 관계, 체력, 감

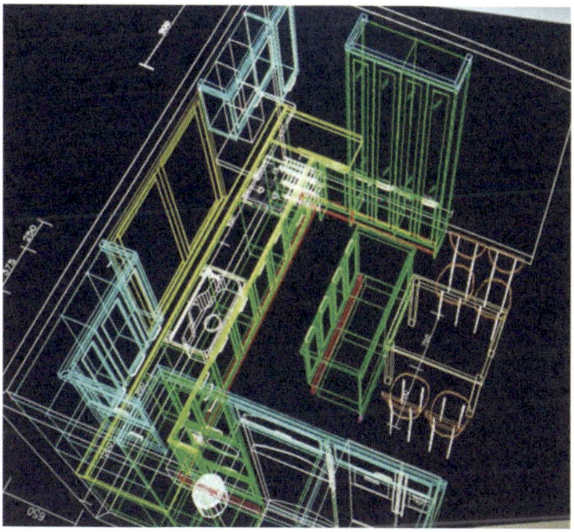

주방가구 배치계획

정에 영향을 미치는 곳이다. 밝은 색상은 식성을 증진시키며, 어두운 감색계열은 폭식을 조절하기도 한다. 주방과 식당은 거실과 접하도록 배치하기로 했다.

화장실 및 욕실의 장

건축의학적으로 인체에서 신장 및 비뇨기계를 의미하고 영향을 미친다. 화장실이 음침하고 냄새가 난다거나 추운 느낌이 들면 당뇨병이나 자궁병에 걸리기 쉬우며, 추운 욕실에서는 사망하는 경우도 생긴다. 인간 내면이 기능을 좌우하는 작용을 하는 곳이다.

또 욕실은 인체의 자율신경계통과 대응한다고 한다. 화장실이 주택의 중앙부에 있으면 가족 전체의 면역력이 저하되므로 양측면으로 배치했다.

서재와 책상의 위치

사고능력이나 결단력과 관계가 있으며, 사람의 좌뇌 및 전두엽과 대응하고 있다고 한다. 서재가 없는 집에 사는 사람은 사고능력이 저하될 수 있어 결단력이 떨어지는 사람이 되기 쉽다.

아이들의 방

아이들의 성장능력, 지능, 부모자식 관계와 관련되어 있다. 따라서 아이들 방은 그 가족의 장래와도 관계가 있다.

천장 높이

인체에서 폐의 기능, 호흡기계통과 대응되고 있다. 또 폐의 기능이 향상되면 뇌의 활동도 깊이를 더하게 된다고 한다. 그러므로 천장이 낮은 집에 사는 사람은 폐나 호흡기를 압박하여 뇌의 활동을 활성화되지 못하게 한다. 기본 천장높이는 2.8m로 계획했다.(시공중에 일부를 제외하고 2.7m로 되었음)

주거 디자인의 수준

사람의 감성, 감수성, 창조성과 대응하고 있다고 한다. 디자인이 좋은 주거는 사람의 향상심을 높여 생활기능을 향상시키고 합리성도 창출하므로 디자인은 그 집에 사는 사람의 정신성과 대응한다고 한다.

빛과 조명

지성, 인간성과 대응하므로 사랑을 표현한다. 형광등은 인간미를 뺏는 반면 백열등은 따뜻함을 갖게 한다. 형광등의 전자파는 백열등보다 강해서 인체세포를 느슨하게 하고 사고능력을 빼앗아 버린다. 빛과 그림자의 대비는 우뇌의 발달을 도우며, 인간성과 정신성을 향상시킨다고 했다. 눈으로 보아서 불안전해 보이는 것은 반드시 사고를 수반한다고 했다. 눈으로 보기에 좋지 않은 것은 그것이 무엇이든 뇌에도 나쁜 영향을 미치는 것이다. 전력소모가 적은 LED(Light-Emitting Diode)등으로 조명을 설계한다.

이처럼 집에 있어서 중요한 것은 멋있는 집이 아니라 주거방식이다. 살기에 편리한 구조로 만들어져야 한다. 일본의 어느 조사보고서를 보면 건축의학적인 면에서 가족이 얼굴을 마주하지 않는 주택구조는 청소년의 범죄를 증가시킨다고 되어 있다.

현대는 '건축이 인간을 좀먹고 멸망시킨다' 라고 하는 시대에 도래해 있다. 주택에 살면서 건강을 해치거나 기분이 나빠지거나 하는 사람이 늘어나고 있는 것은 화학물질의 과민증, 두통, 구토, 인후통, 호흡기질

전원주택의 야간조명

환 등이 주택에 사용하는 화학물질이 원인이 되어 발생하는 것이다.

2000년도 초에 건축기준법으로 제정된 '시크하우스(sick house, 새집증후군)' 는 주거환경 안에 있는 유해물질은 우선적으로 배제되어야 한다는 것이다. 포름알데히드, 자일렌, 톨루엔 등의 휘발성유기화합물(VOCs)에 관한 사용 규제가 만들어진 것이다.

근처에 있는 고압철탑으로부터 유발되는 강력한 유해전파, 소음이나 교통량이 많거나 환경오염이 일정 한계를 넘는다면 제거하고 폐해를 완화시켜야 한다. 이처럼 환경문제를 해결할 수 있는 친환경 재료인 경량기포콘크리트로 주택을 짓기로 결정한 것이다.

기본설계 정하기

건축평면 배치는 전면이 길게

건물은 전면을 남향으로 하는 일자형에 가까운 평면으로 배치하고 현관의 위치를 건물 중앙에 두느냐 한쪽 사이드로 배치하느냐로 고민하다가 도로와 가까운 남서편으로 전면에 배치하고 현관을 중심으로 북쪽방향으로 샤워실과 공용화장실, 보일러실, 다용도실을 두었고, 중앙복도를 사이에 두고 북쪽으로 주방과 식당을 배치하고 그 남쪽으로 서재와 거실을 두기로 했다.

옷방을 겸한 작은방을 뒤편 북쪽에, 동남쪽으로는 안방을 배치했고 동북방향으로 파우더룸과 욕실 및 화장실을 두기로 했는데, 그 다음 작업실과 부속실을 그 동편으로 이어서 설치할 것이냐 2층에 설치할 것이냐를 고민하다가 도로변으로 너무 가까이 접해 있는 집을 동쪽으로 이동하면서 2층에 설치하기로 하고 2층의 남은 공간은 다락으로 사용하기로 했다. 건물의 배치는 농지와의 경계선에 맞추어 약간 남서방향을 보고 전체적으로 동서로 길게 배치하고 지붕의 경사도는 30° 로 하였다.

창호는 조망을 중하게 여기지 않고 가능한 채광면적에 알맞은 크기로 설치하였다. 기밀성이 좋은 플라스틱 창호가 너무 넓고 크면 여닫는데 무리가 생길 수 있어 가능한 허용한도 내의 크기로 하고 3중 유리의 무게를 잘 견딜 수 있는 크기로 Tilt & Turn방식으로 제작하였다. 외벽의 마감두께 320mm로는 '패시브하우스' 에 준하는 단열기준에 미치지 못하고 있는데, 유리창까지 너무 큰 넓이에 기밀성까지 떨어지게 된다면 주택의 전체 단열효과는 급격하게 저하될 것이다. 또 보통 유리창이 바닥면에서 시작될 경우 열손실이 많기 때문에 바닥마감으로부터 50cm 정도 지점에 설치하기로 하고 바닥 단열재 두께를 계산하여 기초 상부로부터 80cm 위치에 두기로 했다. 또 거실 전면 폭이 4.5m에 계단실 폭이 1.1m로 전체 5.6m가 되어 상부의 하중을 인방으로 처리하는 데 무리가 있어 중간 기둥을 설치하여 창 폭을 가능한 좁게 많이 설치하는 방법을 선택하였다

첫해 겨울, 경량기포콘크리드의 함수율을 15%(열관류율 U=0.441), 두 번째 맞는 겨울의 함수율은 8%(U=0.36), 세 번째 겨울은 4.5%(U=0.317)로 예상하였다. 창의 유리는 로이코팅처리가 되어 있고 아르곤

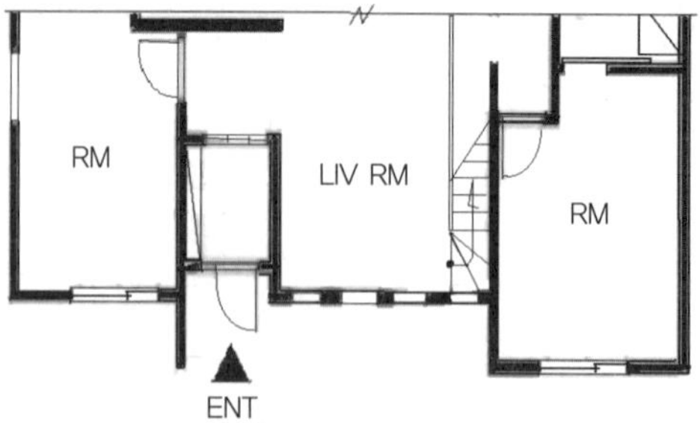

주택의 평면은 전면을 남향으로 배치한다

가스를 채운 삼중유리인 독일 '캐멀링(kömmerling)사' 제품으로 단열계수는 R-5(U=1.106)로 창에서의 단열이 현저하게 떨어지는 것을 알 수 있다[단열계수는 재료의 밀도에 의해 차이가 나는데 보통 중간 밀도를 근거로 산출하며, R계수는 R-11, R-19, R-31처럼 높을수록 단열성이 높아지지만 U는 숫자가 커질수록 단열성이 떨어진다].

창문이 너무 커서 여름철 실내온도가 높아지면 창문을 열든가, 에어컨을 가동해야 하고 반대로 겨울철 흐린 날에는 에너지 손실을 가져오게 되어 그리 좋은 현상은 아니다.

창호제품은 완제품을 독일로부터 제조하여 가져오는 것이 아니라 메인바를 수입하고 유리와 개스킷(Gasket)은 국내 생산품으로 조립하고 있는데, 이 개스킷의 내구성을 점검할 수 없는 것이 단점이다. 사실 중요한 개스킷은 창호 값에 비하면 매우 미미한 비용이지만, -40℃~110℃에서 견디는 내구성이 좋은 네오프렌고무나 EPDM(Ethylene Propylene Dine Monomer) 등을 사용하는 것이 좋으나 업체에 따라 양질의 제품을 사용하지 않고 경도가 낮은 값싼 제품인 플라스틱 고무 제품을 사용하는 경우가 있다.

삼중유리창은 모두 플라스틱 기밀이 되는 단열창호로 70mm바에 유리두께는 39mm로 내부 5mm 로이코팅유리+스위스산 단열간봉재 아르곤가스 12mm+5mm 투명로이유리+스위스산 단열간봉재 아르곤가스 12mm+외부 5mm 로이유리를 사용하였고, FIX+TILT & TURN으로 설계하였다(참고로 현관문은 기온이 내려가면 출입문 주위에 결로가 발생하였는데 알고 보니 프레임이 단열이 안 되도록 조립된 알루미늄 혹은 강재제품이라는 것을 겨울이 되어서야 알게 되었다).

[TIP 6]

1. 열전도율(Thermal Conductivity)이란?

두께가 1미터인 재료의 열전달을 나타내는 단위로 W/mK 혹은 kcal/mh℃로 표현한다. 여기서 K값은 K=℃로 이해하면 된다. 즉 W/mK=W/m℃와 같은 의미다. 재료의 두께가 1미터에서 줄거나 늘면 열관류율로 표현된다. 열전도율(W/m · K)=두께(m)×U값, 즉 열전도율은 단위두께에 대한 열적 특성을 말한다. 모든 재료의 두께가 모두 1미터라면 열전도율만으로 표현이 가능하나 재료의 두께가 변하면 열전도율을 두께로 나누어 주면 그 결과가 열관류율인 것이다 다시 말하면 열전도율÷두께 = 열관류율이 되는 것이다. 숫자가 작을수록 성능은 높다(예 : 0.34<0.28). 단열재의 열전도율은 제품을 공급하는 제조사의 시험성적서를 참고하면 된다.

2. 열관류율(Heat transmittance : U값)이란?

특정 두께를 가진 재료의 열전도 특성을 U값이라고 표현한다. 단위는 W/m^2k이다. 계산방법은 역시 열전도율÷두께이며, 여기서 두께의 단위로는 반드시 미터를 사용해야 한다. 예를들어 계산해 본다면 비드법 1호 단열재 두께 10cm인 열관류율은 0.034 W/mk÷0.1m=0.34 W/m^2k 가 된다. 숫자가 작을수록 성능은 높다. 만약 어떤 재료의 두께가 1미터라면 열관류율=열전도율은 같아진다. 또 복합재료일 때는 열저항을 알아야 계산이 가능해진다.

3. 열저항(Heat resistance : R값)이란?

열저항은 열전도를 방해하는 성질로 1÷열관류율로 나타낸다. 즉 열관류율의 역수이다. 따라서 계산은 두께÷열전도율로 하면 된다. 단위는 m^2k/W를 사용하며 보통 R값이라고 한다. 이 값은 열관류율의 역산이기 때문에 숫자가 클수록 성능이 높다(예 : R-11<R-19). 다시 말하면 열전도율이 높으려면 열저항이 높아야 한다.

즉 열저항이 클수록 단열성이 좋다는 의미이다. 복합재료의 열관류율은 각각 재료의 열관류율 합산을 하는 것이 아니라 열저항의 합계를 구한 후에 역수를 구하는 것이다. 예를 들어서 계산 해보면 콘크리트 두께가 20cm(1.73 W/mk)+비드법 1호

단열재 10cm(0.034 W/mk)로 이루어진 벽의 열관류율을 구하면 다음과 같다.

① 콘크리트의 열저항 R=0.2m/열전도율 1.73W/mk= $0.116m^2k/W$

② 단열재의 열저항 R=0.1m/열전도율 0.034W/mk= $2.94m^2k/W$

③ 열저항의 합계 R=0.116+2.94=3.056 m^2k/W

④ 전체 열관류율=1/3.056=0.327 W/m^2k이다.

참고로 아래 표는 글라스울의 미국식 R값을 SI단위(미터법)로 환산한 표이다.

단열재 구분	폭 mm	두께 mm	길이 mm	열저항 (m^2k/W)	열관류율 (W/m^2k)	열전도율 (W/m·K)
R11	381 610	89	2,362 2,438	1.94	0.52	0.046
R19	381 584 610	159	2,362 2,362 2,438	3.35	0.30	
R30	406 610	241	1,219 1,219	5.28	0.19	

4. 표면열전달저항이란?

그림에서처럼 벽체에서 열이 전달되는 순서를 표현하면 표면열전달저항을 이해하기 쉬울 것이다.

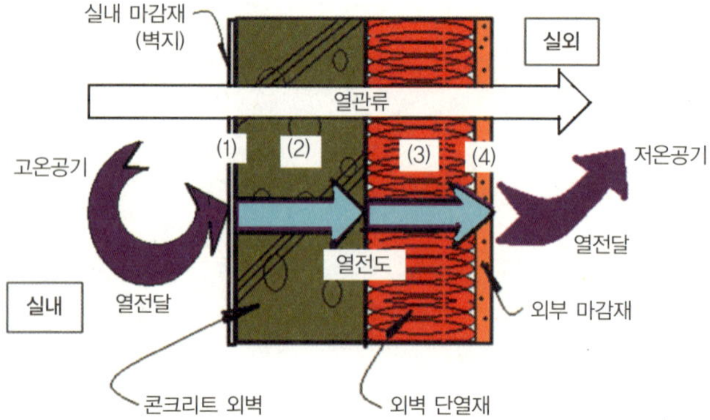

즉 겨울철 실내의 열은 벽(1), (2)를 뚫고 단열재(3)를 통과해서 외부마감재(4)를 다시 뚫고 나간다. 이때 (1)~(4)에서 저항이 생긴다. (1)은 실내표면열전달저항이고, (4)는 외표면열전달저항이다. 다시 말하면 벽체구성의 처음과 끝에서 열을 전달하려는 힘에 대한 저항력이 생기는 것을 말한다.

물체 표면에 가까이 있는 공기는 대류열, 복사열 등의 열저항요소로 작용하기 때문이다. 이 표면열전달저항의 수치에 대해서는 '건축물의 에너지 절약설계규정' 에 있는 것을 참고하기 바란다.

그러므로 벽체의 전체 열관류률을 구할 때는 이 실내 · 외표면열전달저항을 반드시 넣고 계산해야 한다. 다시 설명하면 차가운 기운이 벽을 뚫고 들어오는 것보다 찬공기가 더운 열을 빼앗아 벽을 빠져나가는 것이 훨씬 쉽다는 것이다. 그러므로 표면열전달 저항을 사례를 들어 계산해 보면 다음과 같다.

① 실내표면열전달저항 : 0.11m²k/W

② 콘크리트의 열저항=0.2/1.73=0.116(벽지의 열저항은 무시)

③ 단열재의 열저항=0.1/0.034=2.94(외부마감재 열저항도 무시)

④ 외표면열전달저항 : 0.043m²k/W

따라서 ①+②+③+④라고 하면

열저항의 합계=0.11+0.116+2.94+0.043=3.209m²k/W가 되어벽 전체 열관류율=1/3.209=0.311W/m²k가 된다.

만약, 벽에 중공층이 있다면 이에 대한 단열문제는 단열재 역할을 하지 못하므로 단열성을 무시하고 계산하는 것이다. 밀폐된 유리창의 중공층처럼 기밀이 되지 않으므로 의미가 없다고 보면 된다. U와 R에 대해 충분히 이해가 되었을 것이다.

건물부위	실내표면 열전달저항 R-in(내부)	실외표면 열전달저항 R-out(외부)	
		(외기에 간접 면하는 경우)	(외기에 직접 면하는 경우)
거실의 외벽 (측벽 및 창, 문을 포함)	0.11	0.11	0.043
최하층의 거실바닥	0.086	0.15	0.43
최상층에 있는 거실의 반자 또는 지붕	0.086	0.086	0.043
공동주택의 층간바닥	0.086(0.10)	–	–

열관류율 계산시 적용되는 실내 · 외측 표면 열전달저항[단위 : m²k/W]

[TIP 7]

지금은 아래와 같은 창호제품을 88mm바에 5+16+4+16+5=46mm 유리로 캐멀링사가 공급하고 있다.

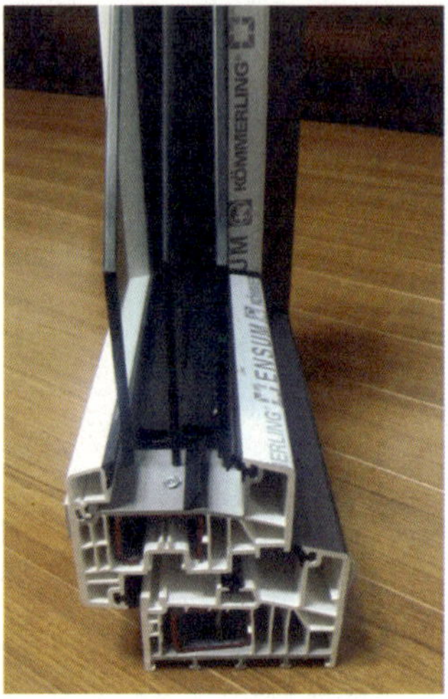

'캐멀링' 사의 3중유리 창호 단면 샘플

전기 기계설비 계획에 대해서

실내 · 외의 조명은 야간에 건물의 분위기를 확 바꿔놓는 기능을 가진다. 따라서 전선배관과 조명의 선택과 배치는 매우 중요하다. 전기설비 계획에서는 태양광발전을 이용하려 하였으나 가정용 3kW를 설치하는데, 7백여만 원이 소요되었는데 사용수명은 20년 정도라고 하였지만, 10년 정도가 지나면 부품을 상당 부분 교체해야 한다고 들었다. 사전에 7백만 원의 돈을 지불하고 값싼 전기료를 내는 것보다 계산상으로는 10년 이상 사용할 경우에는 태양광을 설치하는 것이 유리하다고 할 수 있지만 6~7만 원 정도 매월 전기료로 10년간 조금씩 지불하는 것으로 변경하였다. 모든 전등을 LED로 설치하고 쿡(Cook)용으로는 전기레인지를 사용하기로 하였다.

난방설비는 간단하게 온수 및 난방 겸용인 보일러(30,000Kcal/hr) 1대를 설치하고, 바닥 코일방식을 현관과 다용도실을 제외하고는 방과 거실을 비롯하여 화장실, 욕실까지 난방을 설치하기로 하였다. 또 온수 사용 외에 고유가현상으로 난방용으로 사용하지 않을 경우를 대비하여 벽난로를 설치하기로 했다.

집짓기 일정 잡기

손자병서에 보면 전쟁은 치밀한 계획을 수립하고 준비한 자가 이기고, 잘 갖추어진 조직을 가진 자가 이기고, 훌륭한 장수가 있는 팀이 이기고, 좋은 장수가 있으되 뒤에서 이래라 저래라 하는 관리자가 없어야 이기고, 아무리 조건이 충족되어 있어도 혼신을 다해야만 이긴다고 했다.

8~10개월 동안의 집짓기라는 전쟁에 들어가기 전에 계획을 수립해 보았다. 건축전시장을 돌아다니며 사용할 재료와 업체를 가상적으

로 선택해 놓고 예상 소요 비용계획을 마련한 후, 업체로부터 예상비용을 받아보니 목표한 비용으로 집을 지으려면 직접 공사해야겠다는 결론을 내렸다.

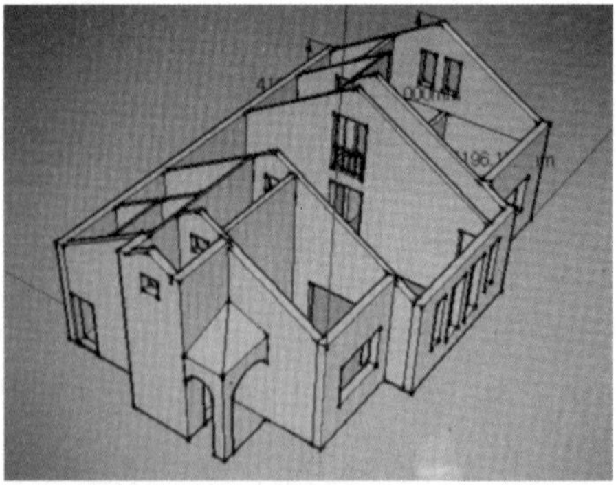

물자 동원과 인원 수배 등은 각 작업팀이 해결하므로 직접 해결해야 하는 것들은 건축주가 직접 구매하는 자재와 토목공사용을 제외하고는 잡자재만 해결하면 되는 것이다. 나중에 어떤 일이 벌어질지도 모르면서 동호회원들의 힘을 빌리지 않고는 해결할 방법이 없다는 결론을 내렸다. 고되고 힘든 작업이지만 내 인생의 마지막 집짓기에 혼신을 다해보자. 겨울이 지나면 금방 봄이 오고 곧이어 여름이 지나면 한 해는 간다. 남들이 따뜻한 이불 속에 있을 때 준비하자. 겨울이 오자 더 이상 기다리고 싶지 않았다.

간단한 짐을 꾸려 현장으로부터 약 7킬로미터 떨어진 근처 마을로 왔다. 현장을 그냥 두고 봄을 기다렸다가는 원하는 집짓기는 어렵다. 밀려두었던 각종 개발비용 및 측량비용 등을 지급하고 경계측량과 대지분할측량 등을 마무리한 다음 각종 지장물 이설 신청을 하였다.

임시전기를 신청하고 공사에 사용할 착정(지하수)공사와 관정용으로 사용할 전기신청 등 공사 준비에 두 달이 훽 지나갔다. 누구든 와서 공사를 하려고 해도 지장물이 있어서는 아니 된다. 이제는 준비된 자가 공사할 팀을 부르는 것이다.

함께 일할 공사팀이 일 년 동안에 할 공사물량을 마감하기 전에 언제든지 도착해도 바로 공사에 착수할 수 있도록 준비해 두었다. 환지할 부지를 위한 토목도면과 건축상세도면을 비롯하여 전열, 전기통신, 소방도면과 위생난방, 기계설비, 열교환환기설비, 벽난로 설치도면까지 완벽한 설계가 준비되었다.

인근마을 사람들을 모시고 집짓기 신고식까지 하여 열린 마음으로 협조되도록 하고 지장이 없는 준비를 해두었지만, 이상한 것은 작업팀들이 그들 나름대로의 일정계획이 있을 것인데, 언제 오겠다는 소식은 좀처럼 주지 않았다. 공사를 할 것인지 안 할 것인지, 또 언제쯤부터 작업이 가능하다는 답이 있어야 다른 대책을 세울 것인데 말이다.

추운 겨울밤에 임시숙소에서 쥐들이 짹짹거리는 소리를 들으며 여유로운 시간을 보내다가 불연듯 작업중이라고 하는 대구현장으로 가보기로 하고 있었는데, 늦은 시각에 전화벨이 울려 받고 보니 언제라도 가면 바로 착공이 가능한지를 되묻는 작업소장의 목소리였다.

오케이~~! 언제든 환영~~.

따스한 날을 골라 2월 중순경부터 시작하여 기초굴토공사를 마치고 한 달 정도 양생할 계

지하수 착정작업

획이었고, 이후 경량기포콘크리트 구체공사에 착수하여 건조시켜가면서 지붕공사, 창호공사로 이어서 전기 및 기계설비 공사를 하고, 마감공사에 들어갈 예정으로 공정간 중간에 일정한 틈을 두고 기초공사 후 6개월 정도로 계획했고, 부속시설과 주변 토목공사는 그 다음으로 하나씩 해결하기로 하였다.

Chapter 3

주택과 건축의학

건축의학과 집의 구조

집은 살기에 편리한 구조이어야 한다. 일반적으로 내가 편리해야 한다고 하는 사람도 있지만 그런 내용이 아니라 구조적으로 편리해야 한다는 것이다.

멋있는 집이 아니라 주거방식을 중요시 해야 한다. 겉보기에 멋지게 만들기보다는 즐겁고 쾌적하게 살 수 있는 구조나 디자인이 중요하다. 주택에서의 동선은 주거 안에서 사람이 이동하는 궤적을 말하는 것이며, 사람이 주거공간에서 움직이는 것은 두뇌나 사고의 작용과 깊은 관계가 있다.

예를 들면 가정의 동선으로는 거실, 침실, 욕실, 화장실로 가는 것 등인데, 동선은 가능한 짧을수록 효율적인 이동이 가능하다. 방이 어질러져 있거나 더럽고 동선에 짐이나 물건이 많이 있으면 기의 흐름이

[참고자료] : 〈건축의학〉, 마스나가 슈가쿠 저, 기문당

짧아 기를 저해하고 또한 사람의 성격이 급해지기 쉽다. 가족과 얼굴을 자주 대할 수 없는 구조는 청소년 범죄를 증가시키게 된다.

최근 들어 주택의 평면구성을 대수롭지 않게 여기는 경향이 뚜렷하다. 평면구성을 가로×세로의 넓이(m^2)가 아니라 가로×세로×높이가 포함된 m^3로 입체적인 공간으로서 높이를 어떻게 결정하느냐가 중요하다. 천장고가 높고 다름으로써 개방감이 다르게 느껴지기 때문이다. 지역과 규모에 따라 주택은 신고만으로 가능하여 건축사무소에서조차 사려 깊게 설계하지 않는 경향이 있어 기초에 대한 구조계산도 제대로 설계하지 않고 소위 집장사들이 하듯 아무렇게나 알아서 하도록 하고 있다. 이에 주택설계비용을 아끼지 말 것을 당부한다. 반드시 지진을 고려한 기초를 구축해야 한다.

특히 경량기포콘크리트 주택은 전문지식이 있는 건축가에게 부탁하여 구조와 구성이 좋은 주택을 설계할 것을 당부한다.

건축의학으로 보는 실별 건강

다음의 내용은 건축의학 연구가이지, 운명학, 동양의학, 철학, 심리학을 연구한 일본의 건축의학협회 이사장인 '마쓰나가 슈가쿠' 씨의 「좋은 건축이 건강을 만든다」 중에서 각 실별로 가지고 있는 의미를 소개한다.

현관

현관은 뇌에 가장 큰 영향을 미치는 곳이다. 현관에 들어섰을 때 주방이나 쓰레기통, 화장실 입구가 보이면 뇌가 위축된다고 한다. 현관은 사람의 뇌와 얼굴에 대응되는데, 뇌 중에서도 특히 대뇌피질과 관계가 많다. 따라서 문과 현관은 입이나 코로 공기를 들이 마시는 것과도 대응한다고 한다. 그러므로 현관이 어떠한 상태에 있느냐에 따라 집 전체의 상태가 크게 좌우되므로 주방이 바로 보이면 오감(五感)으로 들어오는 인상이 사람의 뇌를 위축한다.

너무 좁은 현관은 사람에게 스트레스를 가져온다. 현관이 좁아 들어서자마자 벽으로 막혀 있든가 천장이 낮아 신체에 압박감을 주어 긴장과 스트레스가 따르고 공기가 정체되어 공기순환이 잘 되지 않아 전두엽을 압박하면서 그 작용을 저해하여 사람이 살아가는 기력과 의지를 잃기 쉽게 한다. 현관의 천장이 높고 깨끗하게 잘 정돈된 집은 가족의 관계가 좋아지고 경제력도 향상된다고 한다. 현관은 들어서면 편안한 느낌이 들어야 한다. 현관은 밝게 하는 것이 좋고 어질러 있지 않아야 한다.

현관에 들어설 때 좋지 않은 냄새가 나는 집에는 대부분 환자, 불행을 안고 있거나 귀찮은 일에 얽혀 있는 사람이 많으며 현관에서 좋은 기분이 드는 집은 기분 좋은 경우가 많으며, 일도 순조롭게 되는 경향이 대부분이다.

또 현관에 들어서자마자 계단이 보이는 집은 부모자식관계에 문제가 생기기 쉽고 가족 간의 화목이 사라진다는 조사가 있어 현관에서 바로 계단으로 통하지 않는 방법을 검토하는 것이 좋다.

침실

잠을 자는 위치는 건강과 중대한 관계가 있다. 사람이 어디에서, 어떤 공간에서, 어떤 상태로 자느냐가 대단히 중요하다. 그러므로 침실은 기분 좋은 수면과 편안하고 안락한 휴식을 취할 수 있어야 한다. 침실이 불안정한 상태가 되면 불면증과 심장병을 유발한다고 한다. 잠을 자고 있는 동안에는 신체도, 정신도 무방비상태여서 장의 강한 영향을 받고 다양한 정보가 무의식 중에 입력되기 때문에 자는 동안의 환경이 뇌에 작용하여 심신에 큰 영향을 미친다.

또 육체적으로 체력 · 기력, 정신적으로는 스트레스나 이완에 영향을 미치므로 에너지를 만드는 장(場)이라고 할 수 있다. 색채나 모양에 동적인 요소가 없는 것이 좋다. 붉은 색의 꽃무늬 모양이 들어가 있는 커튼은 걸지 않도록 주의해야 하고, 숙면을 취하기 위해 침실은 안에서 잠글 수 있도록 잠금장치를 해야 한다. 천장이 낮거나 경사진 천장은 피하는 것이 좋고, 지나치게 넓은 침실은 오히려 불안감을 줄 수 있다. 차고 위의 침실이라든가 철재침대를 사용한다든가 침대 밑에 물건을 잔뜩 넣어두는 것은 건강에 좋지 않다. 불쾌한 냄새가 나면 뇌에 강력한 영향을 주고, 또 침대 위에 창이 있으면 잠을 깊이 잘 수가 없다.

참고로 벽과 머리 사이가 넓어 기류가 작용하면 부교감신경의 작용을 저해하므로 가능한 50cm 이내가 되도록 하는 것이 좋다. 다음은 침실로써의 조건 몇 가지를 열거해 본다.

– 머리맡의 전기기구는 뇌자장을 혼란시키므로 멀리 둘 것.

– 어두운 이미지의 그림이나 물건은 침실에 두지 말 것.

- 침실이 보 아래에 있지 않도록 설계할 것.
- 뾰족한 것이 침대를 향해 있으면 스트레스가 쌓이므로 주의할 것.
- 침실의 장롱은 유기인계 화합물이 가득 차 있는 곳이다. 나프탈렌, 방충제 냄새, 세탁한 의복에서 나오는 클로로벤젠을 비롯한 유해물질을 함유한 장롱이 있는 방에서 자면 뇌에 악영향을 미치는 것은 당연하므로 가능하면 장롱은 침실에 두지 말 것.
- 현관문을 열어 바로 부부침실이 보인다거나 침실문을 통해 침대가 바로 보이는 등 침실의 위치가 잘못된 집의 부부는 불화를 일으키기 쉽다.

거실

거실은 가족이 서로 이야기를 나누고 공감하는 장소로서 가족 간의 대화가 원활하게 이뤄질 수 있는 상태의 구조인지를 확인하는 것이 중요하다. 거실은 간과 심장에 해당하므로 거실의 상태가 나쁘면 의욕을 상실하게 된다.

거실은 간의 해독작용과 관계가 있어 넓고 상태가 좋으면 해독작용과 자연치유력이 증가하여 가족 전체의 면역력과 스트레스가 적어진다. 반면 너무 좁은 거실은 사람을 신경질적으로 만든다.

2층으로 오르는 계단은 거실에 있는 것이 좋다. 거실은 적정한 온도를 유지할 수 있도록 한다. 거실이 추우면 심신의 부조화가 생기므로 여름은 시원하게 겨울은 따뜻하게 되도록 한다. 또 난로를 두면 불꽃으로 따뜻한 온기가 느껴져 평온함과 안정감이 생긴다. 카펫을 까는 것도 안락함을 준다.

주방과 식당

주방은 건축의학면에서 두 가지로 나누고 있다. 첫째는 불을 사용하는 곳이고, 다른 하나는 물을 사용하는 곳이다. 불을 사용하는 곳은 심장, 소장, 소화기에 영향을 주고, 싱크대는 물을 사용하는 곳이므로 신장, 방광, 자궁 등에 영향을 준다. 또 주방은 면역과 혈액순환과 관련이 있어 주방이 나쁘면 우리 몸의 흐름이 나빠지기도 한다.

추운 주방에서 일을 하는 여성은 자궁과 허리 등이 아프게 되어 만든 음식이 맛이 없게 되고, 맛없는 요리를 먹게 되므로 질병이 발생하거나 가속 간의 불화가 생기기도 하므로 가족의 건강과 가장 관계가 깊은 곳이 주방이라 할 수 있다. 지저분한 주방은 소화불량을 일으키는 요인이며, 가스대가 출입구 근처에 있든가 현관과 가깝거나 가스대에 근접하여 불꽃의 영향을 받지 않도록 계획해야 한다.

식당은 가정의 화목, 애정, 부모자식 간의 관계, 체력, 감정면에서 영향을 주는 곳이다. 식당에는 건조화나 골동품, 강한 자극을 주는 색채, 강한 흥분을 시키는 사진, 그림 등을 두는 것은 좋지 않다. 식사를 하는 동안 주변의 정보를 체내로 흡수하기 때문에 죽은 것, 오래된 것들이 주는 인상으로 인해 식욕을 잃기 때문이다. 식당이 너무 좁으면 반항적이 되거나 신경질적이 되어 소화기능이 나빠진다. 식당은 밝고 즐거운 곳이어야 한다.

화장실과 욕실

화장실이나 욕실은 혈액순환과 관계가 있어 신장 · 방광에 해당되어 신장 · 방광 · 뇌혈관계 질환에 걸리기 쉽다. 신장은 공포감과 연관

있기 때문에 그집 사람의 기분이나 심리가 드러나는 장소이기도 하다. 화장실이 지저분하면 뇌가 혼란스러워진다. 인기가 없는 가게나 빈곤한 집은 화장실이 더러운 경우가 많은데, 이는 일상의 생활행동이 가장 잘 드러나는 곳이 화장실, 욕실, 주방이기 때문이다.

성공한 사람 중에 화장실이 더러운 집에 사는 사람은 거의 없다는 것이 정설이다. 아파트에 이런 구조가 많은데, 화장실에 창이 없다는 것은 큰 문제이다. 창이 없으면 냄새가 남아 있어 환기가 잘 되지 않아 플러스이온이 가득 차게 되는데 구조상 창을 낼 수가 없으면 환기팬으로 강제배기를 해야 한다. 또 창이 지나치게 큰 것은 안정감을 주지 못하므로 바람직하지 않다.

화장실이 너무 좁으면 뇌와 전두엽과 측두엽을 압박하여 스트레스를 강하게 느끼게 되고, 그로 인해 청각이 나빠지는 경향이 생기고 부정적 사고가 강해지는 경향과 공격적인 성향이 강해진다. 폐쇄(閉鎖)감으로 인해 불안감이 생겨 서서히 신부전 등의 장기부전이 생기고 비뇨기계통의 질환에 걸리기도 한다.

보통의 주택이라면 $5m^2$ 이상은 필요하지 않다. 화장실은 가능한 습기가 적어야 한다. 습기가 많으면 면역력이 저하된다. 화장실을 밝게 하느라 빨강색이나 검정색 같은 짙은 색조의 타일을 붙이면 자극이 지나치게 강해서 뇌혈관의 수축을 유발하게 되므로 피해야 한다. 또 현관 옆에는 화장실을 설치하지 않는다. 거주자 입장에서는 둔감해서 신경 쓰이지 않는다고 해도 손님 입장에서는 화장실을 들락거리는 것이 불편해지고 유쾌하지 않은 경우가 많다. 방문과 화장실문이 서로 마주보고 있는 것도 좋지 않다. 비록 혼자 사는 집이라 해도 이런 배치로 되어 있으면 방을 나올 때마다 화장실이 강하게 연상되어 소변이나 방광에 관련된 병에 걸리기 쉽다. 조사보고에 의하면 이런 배치가 되어 있는 방에 사는 어린아이에게서 혈뇨가 나오는 증상이 있었다고 한다. 주택의 중심부에 화장실을 두는 것도 가족 전원의 면역력이 저하되므로 피하는 것이 좋다. 안락한 욕실은 피로를 씻어낸다. 인체에서 신장, 혈액순환, 자율신경계, 부교감신경계, 정맥 등과 관련되어 있어 욕실이 추우면 사람이 쓰러지기 쉽다. 그러므로 욕실에 바닥난방이 바람직하고 난방기를 설치하는 것은 필수조건이다.

욕실은 화장실과 같이 타일이나 돌을 사용하여 너무 차지 않는 색상이 좋고 깨끗하면 건강을 얻을 수 있지만 청결하지 않으면 자주 병에 걸리기 쉽다. 색상은 난색계열로 아이보리, 옅은 베이지나 핑크색, 오렌지색 등이 무난하다. 다음 그림은 건축의학적으로 좋지 않은 주택 평면의 예이다.

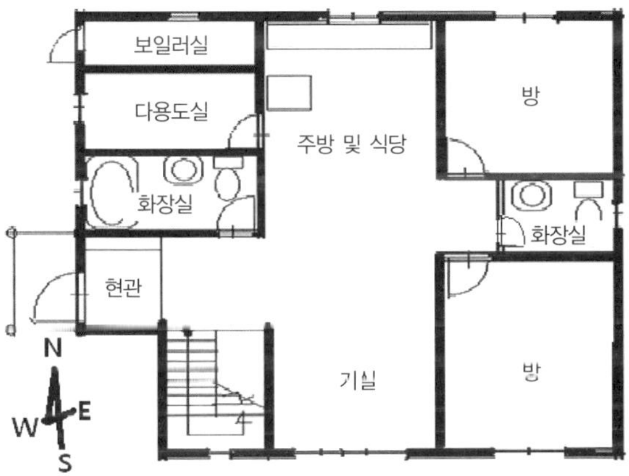

예 : 현관과 나란히 화장실, 욕실이 있으면 피곤한 생활에 지치는 습관이 몸에 밴다. 또 2층으로 오르는 계단이 현관에서 직결된 구조는 좋지 않다.

처마

처마길이는 대단히 중요하다. 처마는 햇볕을 조절하고 빗물이 건축물에서 멀리 떨어지게 하는 역할을 한다. 또 지붕의 경사가 완만할수록 방수성능이 높은 지붕마감 재료를 사용할 필요가 있고, 지붕형태도 복잡하게 해서 사면이 맞닿는 곳이 많으면 누수될 가능성이 높아진다. 가급적 지붕과 처마는 빗물을 빨리 흘러 보내는 디자인으로 해야 한다.

새집증후군(포름알데히드)

요즘 우리들은 친환경건축이라고 하는 말을 자주 사용하고 있다. 또 친환경적인 자재만 사용하면 문제가 없는 것처럼 인식하고 있는 경우도 많다. 일반 재료에 비하여 친환경 재료란 것이 유해물질이 덜 나온다는 의미이다. 그런데 잘 살펴보면 어디까지나 재료에 대한 등급을 표시하는 것이지 화학물질이 없는 완전한 친환경 소재라는 것을 보장하지는 못한다.

새집증후군으로 문제가 발생되자 대부분 친환경 등급인 E0 또는 E1급 자재들이 출시되고 있고 종전의 E2급 자재는 찾아보기 어려울 정도가 되었다. 그러면 E0급 자재를 사용하면 모두 친환경인가? 자세히 알고 보면 그렇지도 않다는 것을 알 수 있다. 아파트나 주택의 경우

실내가구만 해도 싱크대, 신발장, 붙박이가구 등이 모두 E0급으로 만든 가구들이고, 내부 마감재나 도장재가 그렇다고 할 수 있다. 포름알데히드(VOC$_S$) 방산농도는 계절에 따라 차이를 나타내고 있지만 세계보건기구가 권고하는 0.08ppm의 3배까지 올라가는 경우가 많다는 것이다. 0.08ppm이란 수치는 최소한 유지해야 한다는 수치로 건강한 사람을 기준으로 설정한 것이다.

사람에 따라 반응이 다르기 때문에 아토피나 화학물질 과민증이 있는 경우는 이보다 더 낮은 환경선진국 기준인 0.04ppm에서도 문제가 될 수 있다고 한다. 그러므로 친환경주택에서는 SE0(0.3mg/ℓ 이하, 슈퍼E0)급의 포름알데히드 방산까지 차폐가 가능할 때 친환경이라고 할 수 있을 것이다.

[ppm(parts per million)으로 ppm=mg/l로 같은 표시량임]

공기의 질에 있어서 화학물질이 없는 실내공기가 깨끗한 주택일 때 친환경주택이라고 해야 하지 않을까? 하는 생각이다. 경량기포콘크리트를 선택한 또다른 이유가 바로 여기에 있었다.

경량기포콘크리트의 내부재료 또한 회반죽계의 미장재를 사용하고 그 위에 실리콘에멀션수지계로 항균성, 곰팡이 발생을 방지하는 일본후생노동성이 지정

친환경으로 재배되고 있는 유실수

한 새집증후군 물질 13가지가 전혀 들어 있지 않은 경량기포콘크리트 전용 내장오염방지도료를 사용했기 때문이다. 100% 경량기포콘크리트로 마감한 주택을 '친환경주택' 이라고 하는 데 부정할 수 없을 것이다. 또 경량기포콘크리트로만 단열 규정에 맞도록 지은 집을 '에너지 절약형 친환경주택' 이라고도 부르고 있다.

친환경주택의 개념

친환경주택이란 종전의 일반주택과 비교하여 상대적으로 친환경 소재를 이용하거나 건축계획적으로 특별한 요건을 적용하여 넓은 의미로 에너지절약형으로 만드는 주택을 말한다. 먹고 자기만 하던 주택의 생활개념을 바꿔야 하는 것으로 기존 주택에 비해 비용의 증가가 따른다. 일반적인 건축자재는 건강에 해로운 유기물질이 방출된다. 유기오염물질(VOCs)이라고 하는 벤젠, 톨루엔, 자일렌, 나프탈렌, 메탄올, 포름알데히드 등등 건축자재에 사용되는 다양한 본드나 도장재 등에 사용된 용재가 시간이 지나면서 서서히 방출되어 새집에서 나는 화학물질 냄새로 인해 머리가 아프거나 호흡기 등의 다양한 질환이 발생하게 되는데 이런 것들은 대부분 암을 일으키는 요소들이다.

친환경주택은 이러한 문제나 요소들을 최소화시킨 주택을 말한다. 또 환경문제가 인류의 생존과 직결된 최대의 현안으로 부각되면서 생태계 파괴와 관련된 기존의 건축이 안고 있는 문제를 해결하기 위해 새롭게 대두된 것으로 다음과 같이 정의할 수 있다.

건축물의 계획 · 설계 · 생산 · 유지관리 및 폐기에 이르는 건물의 전생애과정에 걸쳐 총체적으로 에너지 및 자원을 절약하고 자연경관과의 유기적 연계를 도모하며, 자연환경을 보전하여 인간의 건강과 쾌적성 향상을 가능하게 하는 건축을 일컬어서 친환경주택이라고도 한다. 따라서 친환경 소재를 이용하여 건축하는 주택이나 생태건축을 이용하여 짓는 주택(옥상녹화, 지중건축기술, 비오톱(Bio-top), 중수, 투습성 바닥재 등)과 기후조건에 맞도록 건축되는 각 나라의 전통주택과 지역의 기후와 온도에 적응하도록 한 에너지절약, 소음차단, 자연채광을 이용한 건물, 프라이버시를 보호하는 구조 등의 현대건축도 환경건축의 하나로 보고 있다.

최근 현 정부 들어서 에너지절약형 주택을 '저탄소주택'이라 부르고 있는데, 건축자재를 재활용이 가능하거나 생산에 많은 공정을 거치지 않는 재료로 지어진 건물로 전체적으로 많은 석유나 석탄을 사용하지 않고 태양전지나 태양열 혹은 풍력이나 지열을 이용하여 냉난방이 잘 되도록 함으로써 탄소배출을 줄이게 만든 건축물이 저탄소주택이다.

환경친화적인 건축의 요건

① Low Impact : 에너지소비 삭감과 폐기물 삭감, 자원이 유효이용으로 환경부하를 절감할 것.

② High Contact : 주변 지역과의 조화, 지구의 생태적 풍요로움과 순환성을 배려한 주변환경과의 친화성을 가질 것.

③ Health & Amenity : 안전과 건강, 편리성으로 주거환경의 건강과 쾌적성을 향상시킬 것.

환경친화적인 건축을 위한 계획 및 설계

① 사용자 요구 중심의 설계를 지양하고, 미래 사용자를 고려한 인간 삶을 건축에 반영할 것.

② 일사/통풍 등 지역기후의 특성을 고려하고, 경사도, 식생 등과 경관보존 및 재생으로 자연지형의 이점을 고려한 주변과의 연계성 있는 배치

③ 토양의 보존, 우수침투 유도, 생태적 식재 등으로 친환경 외부공간을 조성.

④ 에너지 효율을 극대화시킬 수 있는 건물의 형태, 자연채광, 통풍을 고려한 평면계획으로 구체를 결정

⑤ 인체에 무해한 건축재, 즉 구조체와 내장재, 천연소재의 선택, 차음/방음에 대한 배려, 환기 유도시스템, 전자기파 차단 등과 내구성이 크며, 유지관리에 교체가 용이하고, 표준화된 재료로 실내의 쾌적환경 조성

⑥ 오염물질 발생 최소화, 고효율, 절약형 기기를 사용, 태양열 및 태양광 발전을 활용한 설비 및 공급처리 시스템 구성

곰팡이 균 발생 원인과 대책

곰팡이는 결로로 인해 발생하는 경우가 많다. 특히 주택의 경우 여름철이나 겨울철에 많이 발생하는데, 따뜻한 집안공기가 외부의 찬공기와 만났을 때 생기는 현상으로 이런 현상이 반복되어 공기나 벽면에 붙어 있던 곰팡이 포자가 발아해 번식하게 된다. 이렇게 발생된 곰팡이는 비염, 천식, 뇌수막염, 간암을 유발하는 아플라톡신, 오크라톡신 등의 독성물질을 가지고 있다. 또 곰팡이 균은 아무런 영양분 없이도 2년 동안 살아남을 수 있는 포자로 습기만 있으면 살아 있게 된다.

한 예로 주택에서 사용하는 실크벽지는 결로현상으로 벽지와 벽체 사이에 곰팡이가 생기더라도 발견하는 데 긴 시간이 소요되어 벽지 위로 곰팡이가 눈에 띄고 난 다음이라면 이미 곰팡이 균이 결로수를 타고 건강을 해칠 정도로 곰팡이 포자가 많이 발생한 후가 된다. 특히 콘크리트, 목조주택, ALC 주택에서는 실크벽지를 사용하지 않는 것이 좋다.

결로가 생기는 원인

앞에서 이야기한 것처럼 결로의 원인은 매우 간단하다. 실내 · 외의 온도차가 크고, 습도가 높으며, 환기가 되지 않을 경우 이 세 가지 요소가 충족되는 곳에서 결로가 발생한다. 즉 실내의 높은 온도의 공기는 습기를 많이 머금고 있다가 이 공기가 찬 외벽체와 만나게 되면 습기를 많이 가지고 있을 수 없어 물방울로 변하는 것이 결로이다.

외기의 찬공기와 더운 공기가 만나는 지점을 '노점온도' 라고 하는데,

노점온도에 다다르면 물방울로 변하는 현상이 결로인데, 여기에 적당한 온도가 작용하면서 곰팡이가 서식하게 되는 것이다. 따라서 결로는 다음 세 가지 요소 중 한 가지라도 충족되지 않으면 발생하지 않는다. 또 봄, 가을처럼 온도가 비슷한 경우는 결로가 잘 발생하지 않는다.

① 습도

사람의 호흡, 취사, 샤워, 실내에서 빨래 건조 등이 높은 습도를 유발한다(똑같은 조건이라도 거주하는 사람과 생활습관에 따라 습도가 높은 경우가 많음).

② 온도 차이

겨울철 지역에 따라 실외의 온도는 -10~-20℃, 주택의 실내온도는 영상 20~26℃로 약 30~40℃의 차이를 나타내고 있다.

③ 환기

에너지 보존으로 겨울철에는 대부분 창문을 닫고 있어 취침 시에는 공기의 유동이 거의 없는 환경으로 된다.

즉 습도를 줄이든가, 환기를 자주 시키든가, 온도 차이를 비슷하게 만들면 결로(結露)는 발생하지 않을 것이다. 그렇다고 추운 겨울철에 값비싼 연료비를 들여 데워놓은 실내의 따뜻한 공기를 버리기는 어렵다. 결로는 여름철 시원한 음료수를 담은 유리컵 표면에 이슬이 맺히는 것과 추운 겨울에 안경이나 휴대전화를 밖에서 꺼내놓고 있다가 따뜻한 실내에 들어왔을 때 뿌옇게 되는 것과 같은 이치이다. 결로가 생기면 필연적으로 곰팡이가 생겨 여간 보기 흉한 것이 아니다. 단순히 외부에 타일이나 파벽돌, 페인트를 덧붙이는 공사를 한다고 해서 결로 문제가 쉽게 해결되는 것은 아니다. 결로가 발생하면 눈에 보이지 않는 벽체 내부에서는 부식이 진행될 수도 있다. 여기서 앞의 마감재 사용 잘못으로 블록이 함유하고 있는 내부 수분으로 발생하는 결로와 다른 발생 원인에 대해 알아본다.

결로가 잘 생기는 곳

① 벽면이나 천장의 변두리(열교 발생)

② 욕실 및 창, 문과 주변

③ 발코니 및 베란다, 비상계단참 등이다.

설계상의 문제

실내의 높은 습도는 환기량 부족이 원인이 되기도 하는데, ALC주택이 전체적으로 기밀성이 높아 실내환기량이 크게 줄게 되는데, 기능성이 뛰어난 창문을 사용하여 밀폐시키면 환기량이 크게 줄어들게 된다.

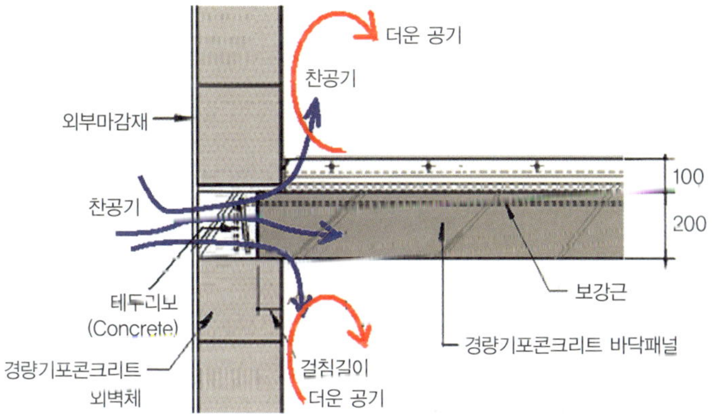

여기에 국부적인 부위에서 단열성능이 저하되는 재료의 선택, 설계상의 문제 등으로 열교현상이 발생하여 이 부위에서 상대적으로 낮은 온도로 인해 수증기압이 포화수증기압을 상회하여 노점온도 이하로 될 경우 응축현상 발생으로 응축수에 의한 국부적인 함수율 증가가 발생한다. 다음 그림은 일반적으로 발생하는 열교현상(Thermal/Heat Bridge) 경로를 설명한 것이다.

시공상의 문제로 발생

고온 · 고압 양생과정을 거쳐 생산된 경량기포콘크리트 내부의 높은 함수율은 피할 수 없다. 더러는 시공과정에서 많은 양의 우수로 인해 높은 함수율을 추가할 수도 있다.

가능한 충분하게 건조시키는 것이 중요한데, 촉박한 공사기간으로 충분히 건조하지 않은 상태에서 마감공사를 진행할 경우 경량기포콘크리트의 내부가 건조되지 않아서 곰팡이 발생의 원인이 될 수도 있다.

마감의 부적합한 선택으로 발생

경량기포콘크리트 외부마감재는 폭우로부터 침투되지 않아야 하는 높은 발수성을 지니고 있어야 한다. 또 내부의 습기를 밖으로 발산시켜 경량기포콘크리트를 자연건조시킬 수 있는 투습성능을 갖추고 있는 재료를 사용해야 하는데, 그렇지 못한 재료를 사용한다면 내부의 습기를 낮추기가 어렵다.

우리나라에는 독일처럼 이러한 수치를 근거로 한 기준이 마련되어 있지 않아 현실적으로 적정재료인지 판단이 어렵다. 내부에 사용하는 재료도 유사한 조건을 갖추어야 하는 것은 당연하다.

사용된 재료로 인한 발생

사용된 재료도 당연히 중요한 요소이다. 이미 앞에서 이야기했듯이 경량기포콘크리트 자체는 증기양생으로 인해 내부의 높은 함수율이 건조하는 데는 많은 시간이 필요하지만 내부가 독립기포로 구성되어 있어 반대로 벽체에 수분이 투수되는 데도 오랜 시간이 필요한 재료이다.

사용하는 자재의 함수율, 기공구조, 비중, 열전도율, 벽체의 두께, 기공구조와 비율 등이 경량기포콘크리트의 습기를 좌우할 수 있는 중요한 요인이므로 제조메이커도 중요하며, 주택이 건립된 곳의 기후조건, 입지조건, 방향, 벽체의 두께 등에 의한 함수비에 따라 영향을 받게 된다. 특히 벽체로 사용된 두께가 두꺼울수록 건조기간이 늦어질 수 있다.

기후조건으로 인한 발생

우리나라처럼 고온다습한 여름철 우기에 곰팡이의 발생률이 매우 높다. 이런 기후조건에서는 가능한 환기를 자주 시켜 충분한 건조시간을 두는 것이 바람직하다.

필자의 경우 입주 후 첫겨울을 보내고 나음해 장마철까지도 내부 수분이 증발되지 않아 습도가 높았는데, 장마철에 문을 모두 열어두었더니 외부의 높은 습도가 내부로 유입되면서 실내의 습도가 더욱 높아졌고 곰팡이가 발생하게 되는 결과를 경험한 바 있어 무작정 창문을 활짝 열어놓고 지내는 것은 피해야 할 것이라는 생각이다(열교환 환기 장치가 설치되어 있는 주택이라면 창문을 열어 둘 이유가 없다).

결로발생 억제 방법

결로발생을 억제하기 위한 방법으로는 위에서와 같이 습도를 줄이든가, 환기를 하든가, 온도를 낮추든가 해야 하는 것 외에 앞에서의 그림처럼 열교현상이 생기지 않도록 하는 것이 우선이다. 베란다나 발코니 등의 환기로써 결로를 해결할 수도 있지만 그 외 방법으로 실내를 환기시키는 것으로 해결하기에는 무리가 있다.

경량기포콘크리트가 단열성이 우수하다고는 하나 내부수분을 증발하지 못하도록 한다든가 기밀공사가 되지 않도록 시공했다면 단열은 기대하기 어렵다. 단열이 잘 되도록 하기 위해서는 반드시 기밀성 있게 공사를 해야 하는 것이다. 비록 공사가 잘 된 주택의 경우라도 초기 내부 습도를 줄이기 위해 충분히 건조된 제품으로 공사하든가 어느 정도 내부를 건조시킨 다음에 마감공사를 하거나 가구를 설치한다든가 하는 것이 바람직하다.

오래 전 판교에 고층빌딩을 지을 때 칸벽을 경량기포콘크리트 패널로 공사하기로 되어 있었는데, 조사한 보고서를 보면 '경량기포콘크리트로 공사된 곳을 조사해 보니 접착면이 기밀이 되지 않고 방음도 되지 않는다' 라고 쓰여 있었다. 아무리 좋은 재료라고 해도 이처럼 잘못 공사를 하면 요구하는 기대치를 얻지 못할 뿐 아니라 잘못된 시공을 탓하기는커녕 재료가 불량한 것으로 판단되는 것이다.

결로 방지는

- 단열성능이 우수한 재료(구체재, 창호재 등)를 이용한 단열설계
- 기밀이 되도록 하는 공사기술만이 열교현상을 막을 수 있을 것이다.

그 다음으로 실내공기조절을 위한 환기장치(열교환 환기시스템)를 이용하여 환기량을 조절할 수 있어야 할 것이다. 즉 '노점온도'에 이르지 않도록 하는 것이 해결책이다. 일반적으로 경량기포콘크리트 주택에서 블록 내부에 함유된 수분 증발을 막는 잘못 공사된 경우나 외부로 열교가 발생하도록 노출된 특정 부위를 제외하고는 건조 후 결로가 발생하는 경우는 매우 드물다.

또 간과하지 말아야 할 것은 온·습도를 조절하기 어려운 부분에 대한 설계이다. 현관 부분의 신발장과 같은 곳이 그런 곳으로 난방하지 않는 곳의 실내·외 온도 차이로 가구의 내벽면에 결로가 발생하고, 신발이 머금고 있는 습기로 인해 신발장 내에 곰팡이가 끊임 없이 발생하게 된다.

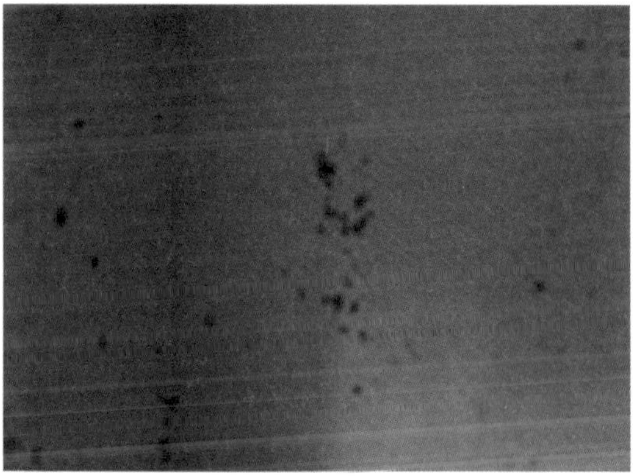

주택에서 내부에 사용해서는 안 되는 실크벽지로 인해 발생한 벽체의 곰팡이

주택의 경우 외기가 수시로 드나들어 외부가 되었다가 실내가 되었다가 하는 이런 곳일수록 단열성이 좋은 문을 설치하고, 가구를 설치할 때는 반드시 가구에 통기구를 만들어 내부에서 공기가 유통되도록 하여 설치함과 동시에 신발장의 문을 비늘살문으로 만들어 신발장 내부의 공기가 상시 순환되도록 하는 것도 고려해야 할 것이다.

Ⅱ. 재료선택과 공사방법

Chapter 4

주택 설계 요점

설계시 사전 검토 사항

경량기포콘크리트(ALC)로 에너지절약형의 집을 지으려면 적어도 다음의 점검표에 나타난 내용을 가지고 설계자와 세세하게 의논을 해야 한다.

검토항목	점검 사항	비고
1. 기초 및 1층바닥	1) 줄기초 또는 매트 복합기초인가.	- 부동침하 및 지진 대책 - ALC동해방지 대책 - 외구공사 마무리에서 높이가 높아져 기초 상단까지 높이가 줄어드는 경향이 많으므로 가능한 높이는 것이 좋다.
	2) 기초는 동결선 이하이며 기초 주변 배수 설비가 되어 있는가.	
	3) 기초 상단은 지표에서 최소 30cm 이상인가. 기초 높이는 G.L로부터 50cm 정도로 하는 것이 좋다.(열관류율 확인 : 중부지방 U=0.30W/m²k 이하)	
2. 벽구조	1) 지역을 고려한 벽두께인가. 단열구조인 경우 열관류율 확인: 중부지방 경우 U=0.36W/m²k 이하, - 중부지방 : 외벽 ALC 두께 350mm 이상 375mm(구조 250mm+단열판 100mm) - 남부지방 : 외벽 ALC 두께 300mm 이상(구조 250mm+단열판 50mm)	(최근 중부지방 열관류율이 0.27 이하, 남부지방 0.34 이하로 변경) - 별도로 외단열공법으로 공사하는가. - 외벽 단열 법적 규정 충족 - 결로 및 구조불안정 해소 - 지역구분 : 건축법시행령 참조 - 차음성능 향상 - 편심으로 인한 구조불안정 해소 - 부적절한 공사 방지 및 곰팡이 발생 방지
	2) 주거환경을 고려한 벽두께 선정 내벽: ALC 두께 200mm(최소 150mm 이상) - 외벽과 내벽의 엇물림쌓기가 고려되어 있는가.	
	3) 방수턱 및 발수블록이 설계되어 있는가.	
	4) 층높이는 적정하게 되어 있는가. - 쌓는 단수와 방수턱 및 중간테두리보를 계산하여 층높이를 결정한다.	
	5) 1층, 2층의 벽선은 일직선상에 있는가.	
3. 개구부	1) 인방설치는 적절한가. - 개구부 양측 20cm 이상 걸치도록 되어 있는가. - 구조내력용 인방을 사용하도록 되어 있는가. (열관류율 확인: 중부지방 U=2.4W/m²k 이하)	- 개구부 하중을 분산시켜 균열 발생 방지 - 처짐과 창틀의 변형 방지를 위해 2,000kg/m의 하중에 견디게 할 것

<table>
<tr><td rowspan="3">4. 지붕</td><td>1) 지붕구조는 적절한가.
(열관류율 확인 : 중부지방 U=0.2W/㎡k 이하)
- 강재 트러스, 목재 트러스 구조 여부(접점의 누수에 주의하고, 실내차음구조는 고려되어 있는지 점검)
- 100% ALC 주택을 위해 지붕용 ALC 패널을 사용하고 있는가.</td><td rowspan="3">- 벽체는 차음성을 고려하여 천장 바닥까지 쌓는다.
- 패널방향은 용마루와 수평으로 취부한다.
- 지붕의 결로를 방지한다.
- 단열재 등급이 달라지면 지붕단열 두께가 달라질 수 있다.
- 지붕 누수발생 방지 대책이 수립되어야 한다.</td></tr>
<tr><td>2) 패널의 처마 돌출길이는 적절한가.
- 패널 두께 200mm인 경우 측벽 처마 내민길이는 최대 400mm 이내</td></tr>
<tr><td>3) 지붕패널의 두께와 단열보강재는 적절한가
- 중부지방 : 패널 두께 200mm+단열재 150mm 이상
- 남부지방 : 패널 두께 200mm+단열재 100mm 이상</td></tr>
<tr><td rowspan="3">5. 마감</td><td>1) 내부벽체 마감재는 적절한가.
- ALC의 통기성을 살릴 수 있는 재료를 사용한다.</td><td rowspan="3">- 벽지 사용시는 종이벽지 이외에 사용하지 않는다. 미장재 및 도장재는 반드시 전용재를 사용한다.(통기성 불량으로 인한 곰팡이 및 들뜸 발생 방지)
- 미장재료
(국내산) : ALC제조사의 전용 미장재와 유성테크의 '에코플라스터'
(수입산) : 독일
① Alsecco사의 알시톱(외부), '인택3'(내부)
② Sto사의 '스토레벨노보', '스토릿K'(외부), '스토레벨인'(내부) 등이 있다.</td></tr>
<tr><td>2) 외부벽체 마감재는 적절한가.
- 외부는 반드시 ALC 전용 미장재를 사용하고, 도장시에도 전용 도장재를 사용한다.</td></tr>
<tr><td>3) 마감 노상재와 실링재는 ALC 전용재를 사용하고 있는가.</td></tr>
</table>

구조부위별 세부계획

기초설계

ALC 주택의 기초는 주로 줄기초 또는 줄기초와 매트기초를 병행 선택하는 것이 바람직하고, 기초는 지표면 아래 동결선까지로 한다.

또 기초 상단은 외부 최종 바닥마감(둑턱 : Berm)으로부터 최소 30cm 이상이 되도록 한다(G.L로부터 50cm 정도로 하는 것이 좋음). 다음은 기초 단부를 그림으로 설명한 것이다.

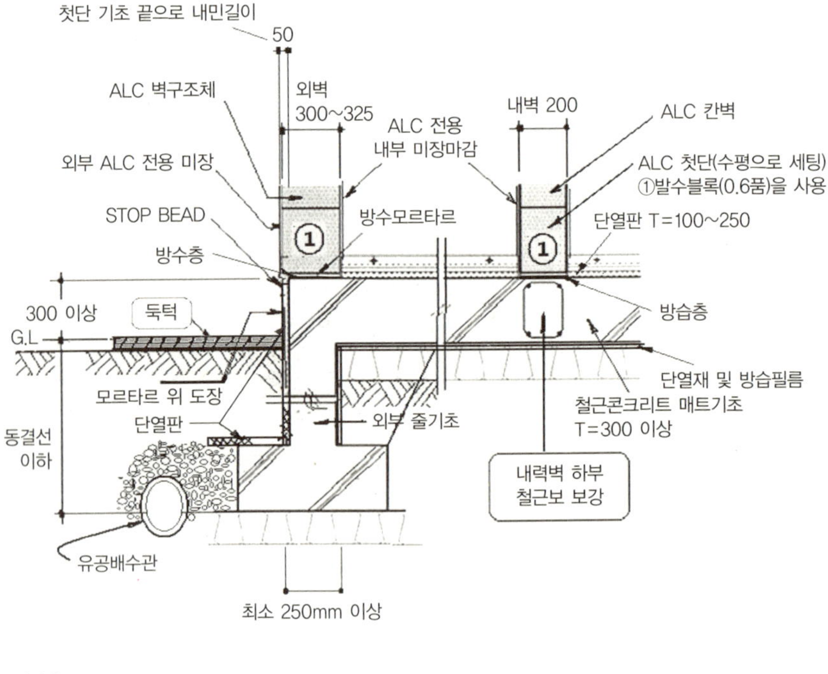

창틀 주위 상세

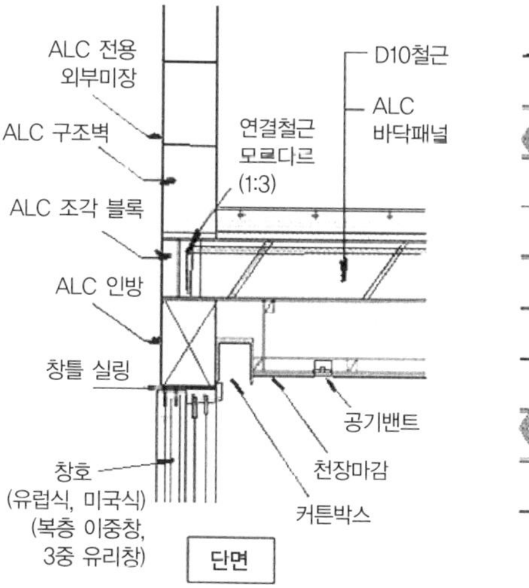

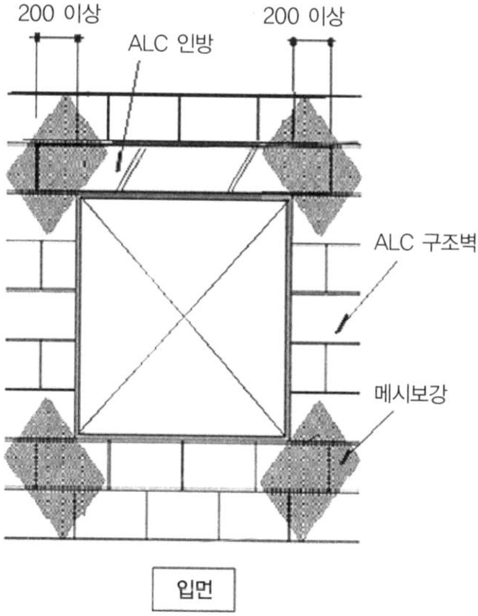

바닥 슬래브 상세

외벽패널 접합(장변, 단변방향)

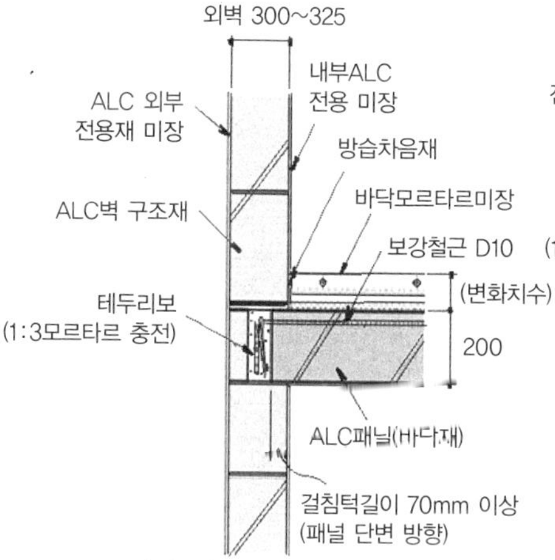

외벽+바닥패널 단변방향 접합

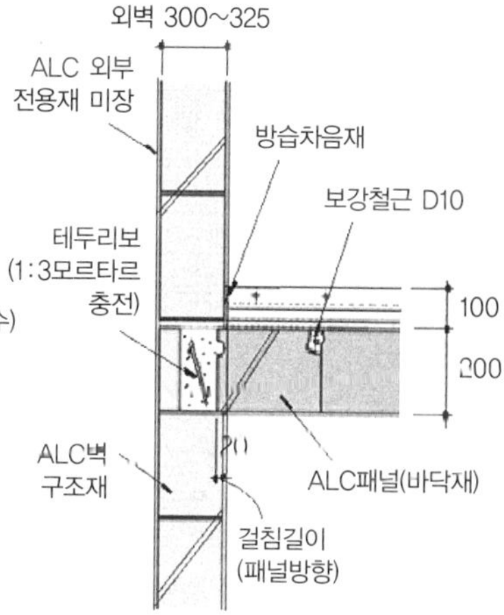

외벽+바닥패널 장변방향 접합

외벽패널 접합 개념도

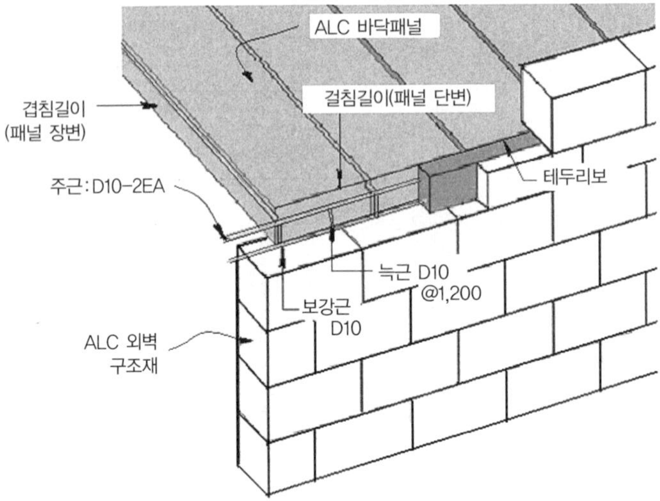

ALC 바닥패널 접합상세

① 단면도

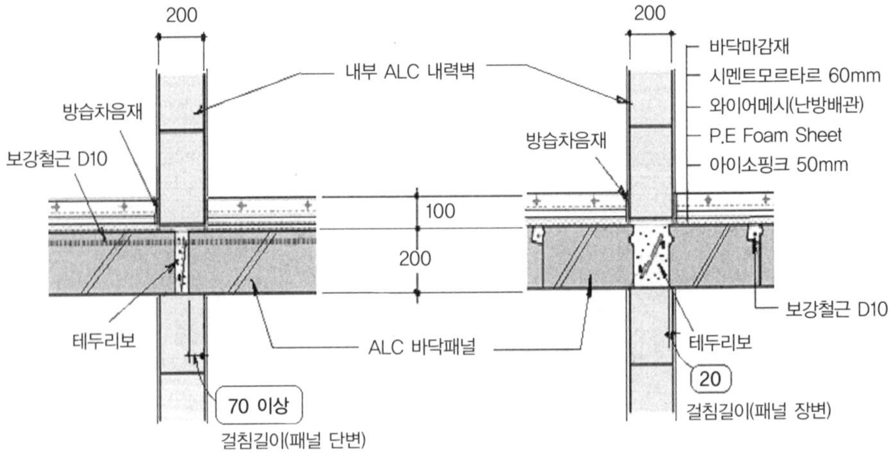

내벽+패널 단변방향　　**내벽+패널 장변방향**

② 바닥슬래브 접합 개념도

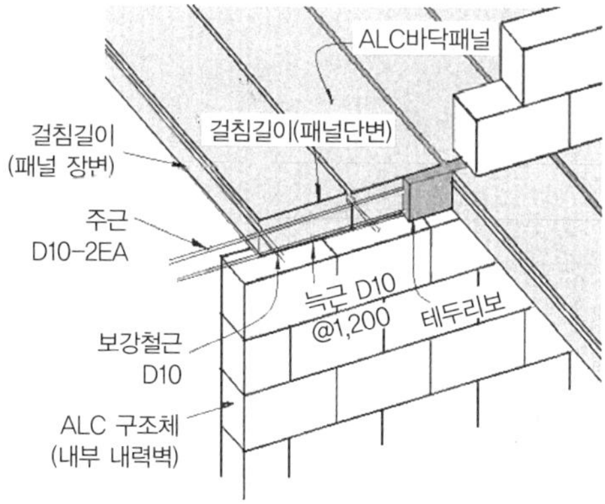

내벽+바닥패널 접합 개념도

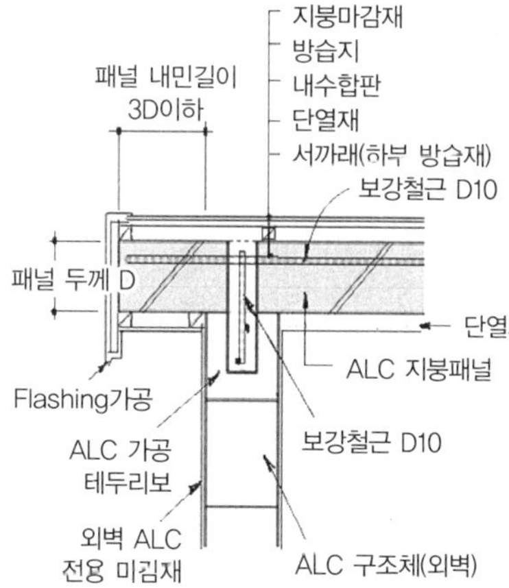

ALC 외벽+ALC 지붕패널 접합

③ 지붕패널 접합 개념도

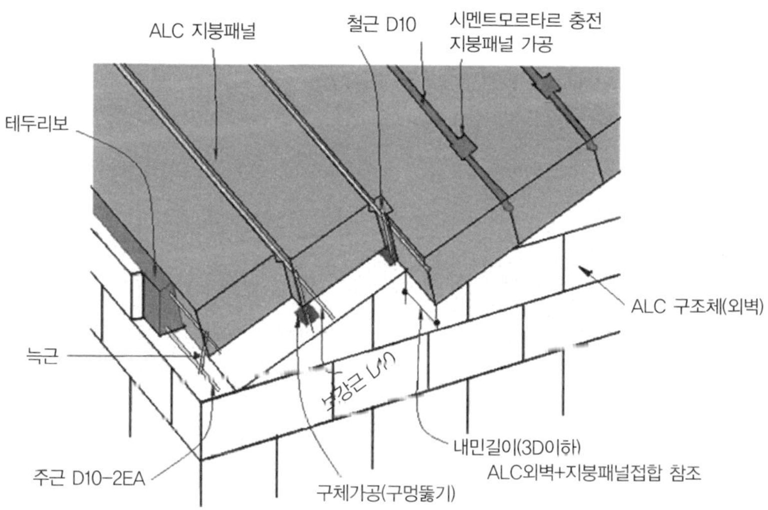

ALC 외벽+ALC 지붕패널 접합 개념도

줄눈공사 이해하기

줄눈의 특징

1) ALC 패널의 취부 방법에 따라 비교적 큰 층간변위 무브먼트(movement)[4]가 발생하기도 한다.
2) 실링재 위 표면마감재를 바르는 것이 일반적이다.
3) 피착면의 흡수율이 크다.
4) 피착면의 표면강도가 작다.

줄눈 공사 중요사항

1) ALC와 구체 및 창호와 취부되는 줄눈은 고품질의 전용 실링재를 선택해야 한다(실링재 선택은 사용하는 재료에 적합한 것을 선택).
2) 출입구의 구석진 곳이나 철골 기둥 익스팬션 조인트 등의 접합부는 2단계에 걸쳐 실링재를 공사하는 것이 바람직하다.
3) 실링재와 표면마감재와의 접착성은 사전에 확인해야 한다.
4) ALC는 다공질로 흡수하기 쉬우므로 비가 온 후의 공사에 있어서 피착면이 충분히 건조되었는지 유의한다.
5) ALC의 표면은 거칠므로 미세한 균열이 생긴 경우가 많다. 또한

주 4) 지진, 풍압, 온도변화 등이 원인으로 건축물을 구성하는 부재의 접합부에 생기는 각종 움직임을 총칭한다.

창호의 접합 단부에는 ALC 절단으로 인한 미세먼지가 부착되어 있기 때문에 청소 후 반드시 프라이머를 도포한 후에 실링할 것을 잊지 않아야 한다(보통 프라이머를 칠하지 않고 충전시키는데 이는 매우 잘못된 것임).

6) 아크릴에멀션계 실링재를 사용하는 경우에는 경화된 상태를 확인한 후 표면마감재를 공사해야 한다(보통 도장마감하는 ALC에 많이 사용하고 있는 실링재는, 1성분형 폴리우레탄계, 2성분형 폴리우레탄계, 아크릴에멀션계 실링재를 사용하고 있음).

7) 수용성 실링재를 사용할 경우에는 공사 직후 비가 오면 유실되거나 또 기온이 낮으면 동결될 우려가 있으므로 기상조건을 충분히 고려해야 한다.

디테일(Detail Sheet) 비교

모든 실링재는 2면 접착이 되도록 해야지 3면 접착이 되도록 해서는 안 된다. 3면 접착(실링재의 배면이 전면 접착되는 것)이 되면 실링재가 파열하게 된다.

ALC와 새시 창호 상단의 마무리

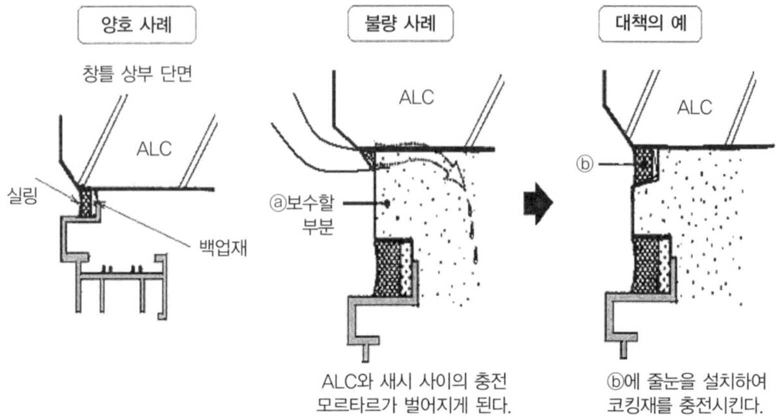

ALC와 창호 주변 마무리

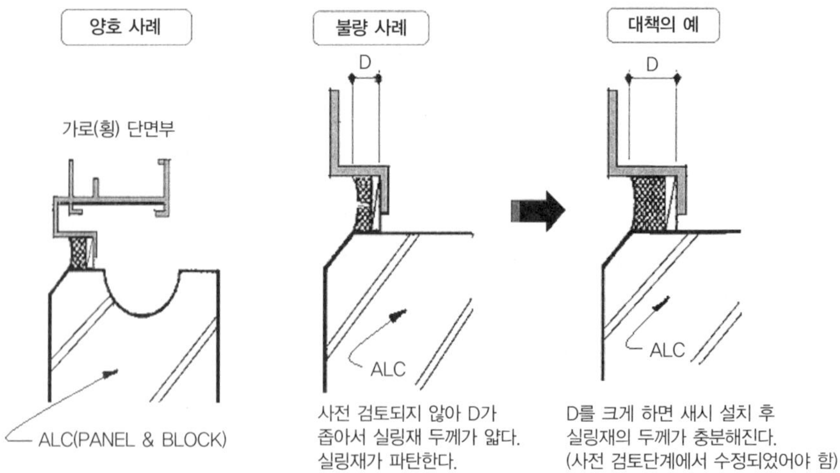

ALC와 창호 하단 마무리

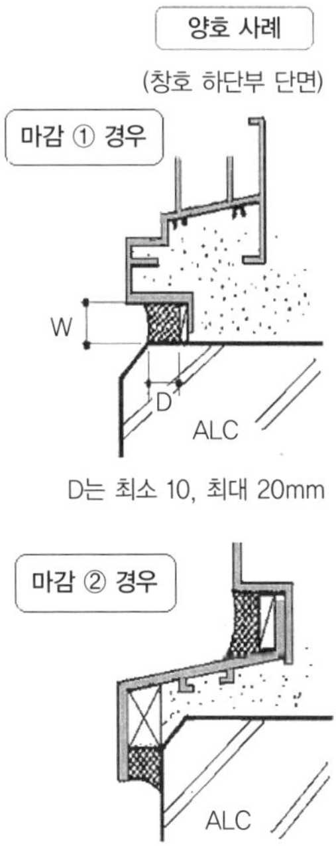

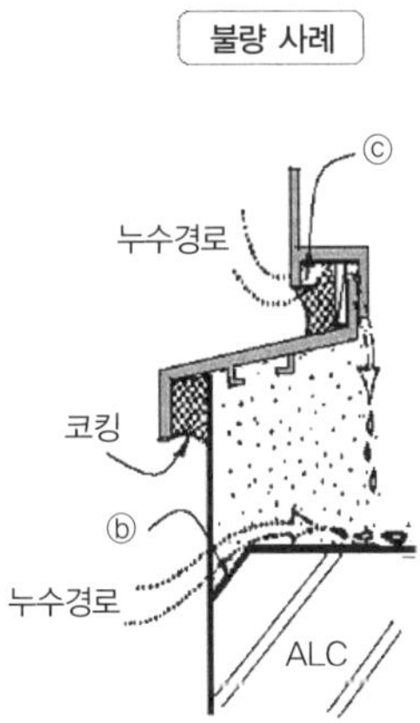

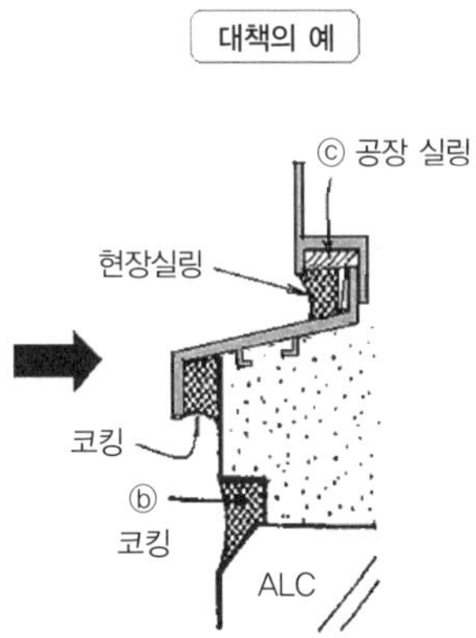

ⓒ부분에 청소, 프라이머 도포가 어렵고 실링재의 충전이 어렵다.
ALC와 모르타르 ⓑ 사이로 우수가 침입하기 쉽다.

ⓒ 부분에는 공장 실링을 실시한다.
ⓑ 에는 줄눈을 설계하여 코킹재를 충전한다.

ALC 패널의 맞댄줄눈 마무리

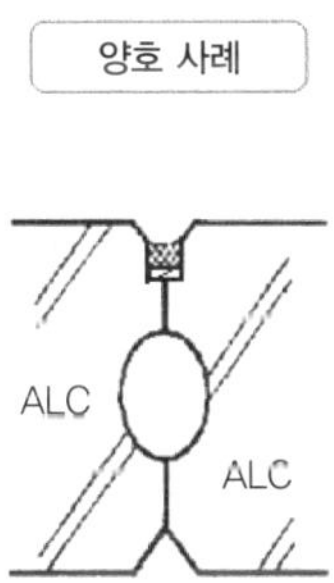

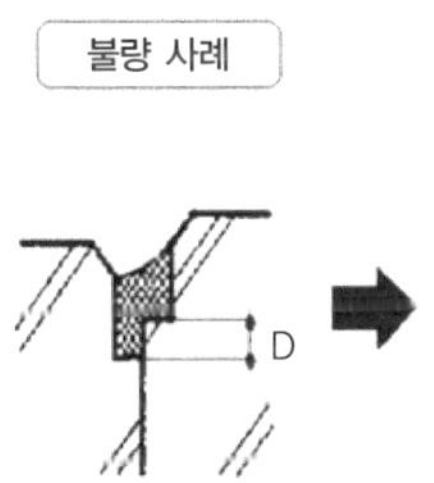

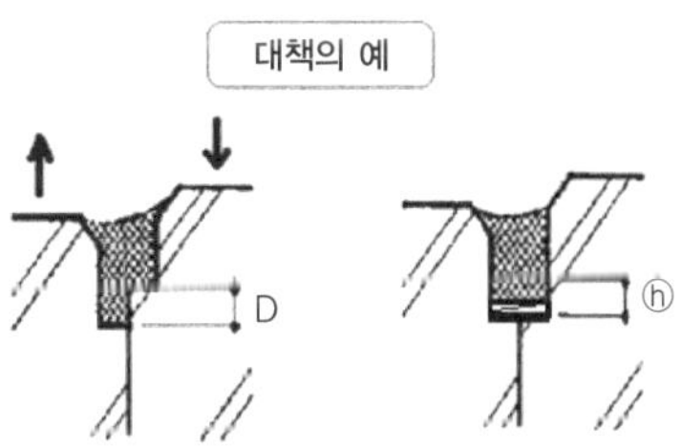

좌우 패널에 단차 D가 있을 경우, 실링재 두께가 작아져서 좋지 못하다.

마감의 위치 조정으로 실링재의 두께를 크게 할 수 있다.

D부위를 ⓗ 만큼 잘라내고 단차를 없게 하는 방법

ALC 패널 두겁대의 마무리

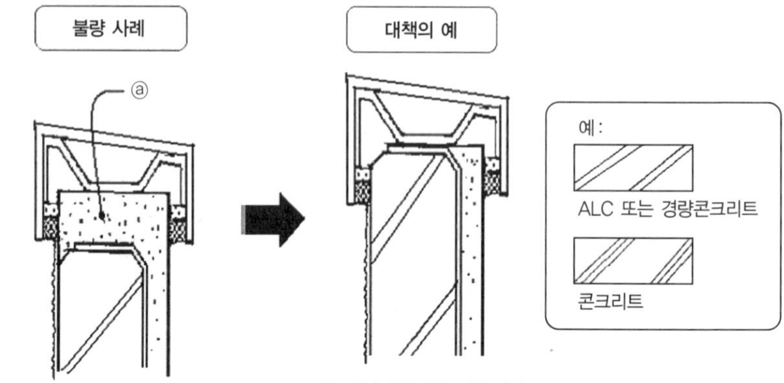

ALC와 ⓐ 부분의 보수재가
벌어짐이 생긴다.

ALC와 직접 실링재를 접착시킨다.
(사전 검토단계에서 점검해야 함)

ALC 패널 최하단

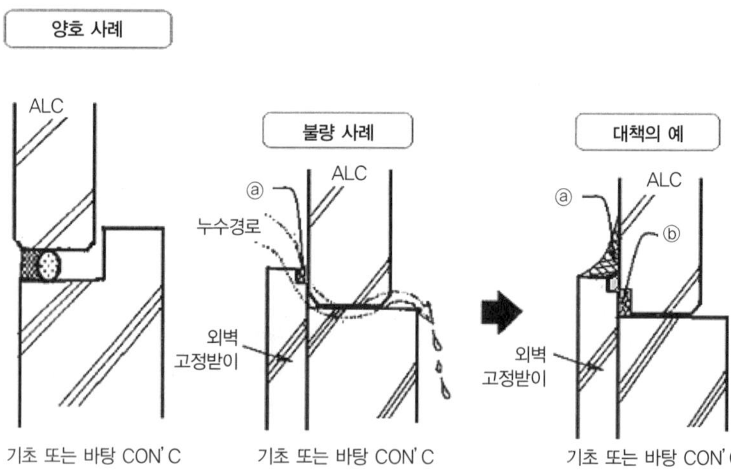

ⓐ 부의 실링재 표면이
상향으로 되어 있어 접착
파괴가 생기기 쉽다.

확실한 방수가 될 수 있도록
ⓑ 부위의 실링을 먼저 한 다음
ⓐ 부위의 실링을 경사지게
시공한다.

Chapter 5

재료 이해하기

(Autoclaved Lightweight Concrete)

개발 배경과 물성

경량기포콘크리트인 ALC(Autoclaved Lightweight Concrete)란 제조과정에서 길다란 원통형으로 만들어진 고온 · 고압의 오토클레이브에서 밀도가 350~1,100kg/m³로 증기양생된 제품을 말한다. 원래의 명칭은 AAC(Autoclaved Aerated Concrete)이다. 그러나 ALC라는 것은 보통의 혼화재와 화학물질로 콘크리트 내에 기포를 생성하여 양생시킨 기포콘크리트(Foam Concrete)와 다른 제품이다.

ALC라고 한 것은 유럽의 기술이 일본으로 도입되면서 일본에서 만들어 부르게 된 용어로 아시아지역에서만 사용되고 있는 용어이다. ALC는 독일 및 스웨덴에서 연구 · 개발되었으나 스웨덴의 '이통(Ytong)' 사가 생산 · 공급하면서 시작된 것이지만 본격적으로 보급되기 시작한 것은 1945년에 독일의 Josep Hebel에 의해 'Hebel' 사가 설립된 후로부터 지금은 독일의 '헤벨(Hebel)', '이통(Ytong)' 과 스웨덴의 '시포렉스(Siporex)', 그리고 네덜란드의 '듀록(Durox)' 및 미주지역과 중동 및 아시아에서 생산되고 있다. 국내 생산은 신라교역을 시작으로 한국시포렉스, 선경, 쌍용, 기린산업, 삼익, 벽산, 금강 등이 있었으나 공급과잉과 IMF를 겪으면서 모두 없어지고 지금은 독일기술을 도입한 쌍용그룹에서 분리된 SYC(쌍용 ALC)와 일본의 기술을 도입한 벽산그룹에서 분리된 성은(벽산 ALC) 등 2개사가 생산 · 공급하고 있다. 경량 · 내화 · 단열을 특징으로 하여 자동화된 생산설비로 엄격한 품질관리에서 만들어진 매우 경도 높은 Pre-Cast제품이다.

그러나 제조회사들이 장기적인 시장개발보다는 단기적인 영업에만 치중하다가 ALC 고유의 특성을 발현하지 못하고 겨우 수년 전부터 아파트 등으로 수요가 늘기는 했지만 아직도 ALC가 국내에 토착화되었다고는 볼 수 없다. 또 초기에 제조사들의 과당경쟁과 과다한 설비투자로 수요공급의 불균형 때문에 실시해오던 단기적인 영업방식의 경영은 여전히 계속되고 있다. 그 예로 수요자들의 입장은 고려하지 않고 제대로 양생되지 않은 높은 함수량의 제품을 여전히 공급하고 있어 외부마감재와의 하자 발생 문제와 입주 후 장기간 발생하는 곰팡이의 문제점과 전용마감재 미개발 등의 숙제를 안고 있다.

또 건설현장에서 ALC를 바르게 사용하여 성능이 최대한 발현될 수 있도록 하는 기술보급 및 기능인 교육에 대한 투자가 미흡하여 불량 건축물을 양산하고 있는 실정이다.

ALC의 일반적인 성능으로는 콘크리트 내부에 무수한 기포를 분산시켜 중량을 가볍게 한 기포콘크리트를 공장 생산하여 보강철근을 넣은 패널과 기본 규격으로 길이 600mm×높이 200mm(250, 300, 400, 450)×두께 75mm(100, 125, 150, 200, 250(240)*, 300, 325)의 재료로써 구조용 및 비구조용으로 사용하도록 덩어리(Block) 또는 판재로 만들어진 제품이 생산되고 있다.

특수한 단열제품으로는 폭 300부터 25mm 단위로 400mm까지 생산되고 있으나 압축강도가 일반제품(0.5품, 0.6품)에 비해 떨어진다. 일반제품의 물성을 보면 그래프에서처럼 강도는 밀도가 증가할수록 강도가 증가하는 것을 알 수 있다. [※250(240)* : 제조회사에 따라 250, 240으로 생산규격이 다르다.]

· **비중** : 호칭비중 0.5 (절건비중), 기건비중 0.5~0.55

· **중량** : 구조계산용 중량 650kg/m^3, 두께 100mm로 65kg/m^2(줄눈모르타르, 철물 등을 포함)

· **강도** : 압축강도 38~42kg/cm^2(기건상태), -- KS기준: 최소 30kg/cm^2 이상 허용압축응력도 장기 13kg/cm^2, 단기 15kg/cm^2

· **열전도율** : (실용상의 열전도율)

① 일반조건의 경우: 0.12

② 습도가 높다고 예상되는 경우: 0.15

③ 결로방지 계산의 경우: 0.13~0.15

열관류율 (Kcal/m^{2}h) 두께 100mm의 벽패널로 0.099~0.10

· **음(音)** : 흡음률 주파수(Hz) 125~4,000, 30dB~46dB

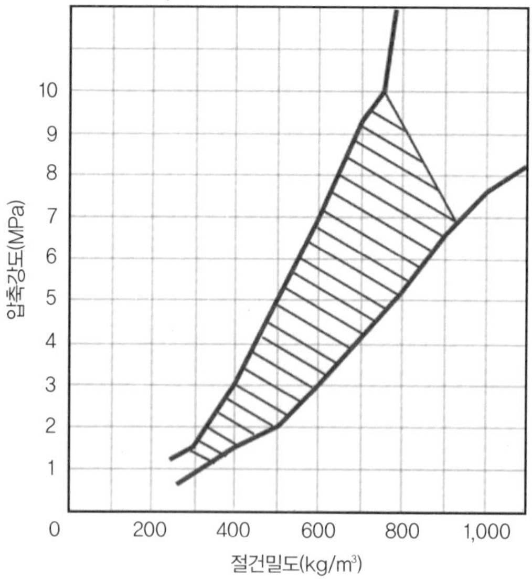

ALC의 압축강도는 그래프와 같이 밀도가 증가하면 할수록 증가한다.

ALC의 자연방사성 물질*

자연방사성 물질	ALC 방출량	비고
라듐(Ra226)	15 Bq/kg	극히 적은 양임
토륨(Th228)	15 Bq/kg	
칼륨(K40)	190 Bq.kg	

〈출처 : RILEM RECOMMENDED PRATICE Autoclaved Aerated Concrete.1993, page 42〉

참고로 국립환경과학원의 보도자료에 의하면 최근 문제가 되었던 인산부산물 석고보드의 라듐 방출량은 252.0 Bq/kg이다. 원자번호 86번의 원소(radon, Rn)는 강한 방사선을 내는 비활싱기체원소로, 1900년을 전후하여 여러 방사성 물질에서 발산되는 기체로 발견되었다. 우라늄과 토륨의 방사성 붕괴 사슬에서 라듐(radium, Ra)을 거쳐 생성되는데, 원소 이름은 이의 원천 원소 라듐에 비활성기체의 접미어 'on' 을 붙여 지은 것이다.

자연에 존재하는 라돈은 거의 전적으로 질량수가 222인 ^{222}Rn(반감기는 3.82일)이다. 지구 대기 중에는 기체 분자 10^{20}개당 대략 6개의 비율로 들어 있으며, 대기 중의 전체 양은 100g 미만이다. 화강암에는 암석 10억 톤당 0.4mg의 비율로 들어 있으며, 이외에도 인광석, 석회석, 변성암, 흙 등에도 라돈의 전구물질인 라듐이 들어 있다.

라돈에서 나오는 방사선 때문에 건강에 위험한 기체로, 미국환경보호국은 라돈 흡입이 흡연 다음가는 폐암의 주요 원인이라고 경고하고 있다. 반면에 라돈 온천(라듐 온천)이 건강에 좋다는 주장도 있으나 이에 대한 과학적 근거는 아직 없다. 1g의 라듐(^{226}Ra)은 하루에

1/1000cm^{3}의 라돈(^{222}Rn) 기체를 방출한다. 대지나 지하수에 포함된 라듐에서 라돈이 생성되고, 이것이 환기가 잘 되지 않은 건물 내부에 축적될 수 있는데, 라돈은 폐암 등을 유발하는 방사성 기체이므로 이에 대한 주의가 필요하다. [자료출처: Natural Resources Canada]

물에 대한 저항성

전체의 80% 정도가 무수한 독립기포로 되어 있어 물에 접촉되었을 때, 각 기포는 모세관현상에 의한 물의 투수력을 억제하므로 ALC를 관통하여 투수하지는 않는다. 표면투수가 되어도 물을 흡수하려면 상당히 오랜 시간이 걸린다. 다만, 제조과정 중의 증기양생으로 인한 내부의 높은 함수율을 단기간에 떨어뜨려 평행함수비 상태로 만들어야 한다. 일반적으로 함수율은 제품 출하시에 20% 정도이다. 따라서 마감재가 습기의 이동을 용이하게 하는 투습성능을 지니고 있어야 한다. 물과의 접촉이 빈번한 곳에는 발수용 블록재를 사용하는 것이 좋다. 또 함수율이 8% 이하로 떨어지려면 2년의 기간이 필요한 제품이다.

즉 앞에서 설명한 것처럼 생산 후 밀도가 200~1,000kg/m^3 범위의 고온·고압 양생한 경량기포콘크리트로써 현장에 도착했을 때는 완전히 건조한 절건밀도 대비 25~35%(중량비)의 함수율을 지니고 있으나(낮은 밀도에서는 최대 45%까지 올라감) 점차 대기 중에서 건조하면서 1~3년 이후 평형함수율 상태로 나타난다.

다음 그래프는 ALC 주택의 외벽에 존재하는 함수율의 빈도를 나타내는 것으로 90% 이상이 함수율 5% 이하이고, 평균 3.5% 정도의

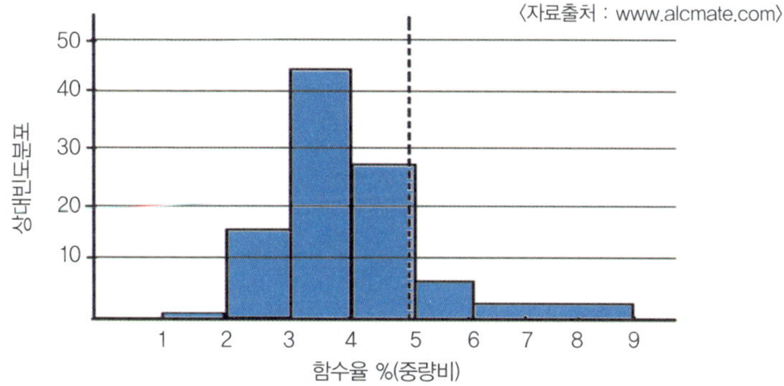

함수율을 나타내고 있음을 알 수 있다. ALC가 물에 약하다는 이미지를 가지고 있는데, 사실은 물을 쉽게 빨아들이는 제품은 아니다. 아래 그림은 하단의 직경 76mm인 유리관 깔때기를 ALC 표면에 고정시켜 물이 새어나가지 못하게 막은 후, 물 90ml를 깔때기에 주입하고 이 물이 모두 누수되는 시간을 측정하는 실험을 통해 모두 투수되는데 걸린 시간이 17시간 46분이 소요되었다고 한다.

시료의 두께가 45mm인데 투수되지 않고 표면에서 25mm만 투수된 것을 알 수가 있다. 오히려 ALC는 물에 대한 우려보다 습기에 대한 문제를 중요시해야 하는데, 제조상의 높은 함수율을 어떻게 단기간 내에 떨어뜨려 평행함수비 상태로 만드느냐 하는 것이 ALC의 최대 약점이다. 따라서 일정한 시간이 지나야 수분이 증발되므로 마감재가 습기의 이동을 용이하게 하도록 투습성능을 지니고 있어야 하는 이유이다.

원료와 제조공정

기본구성재로써 시멘트+석회+규사를 고온 · 고압 증기양생한 다공질 콘크리트이다. 기포제로는 알루미늄 분말을 사용한다(오토클레이브 양생에 의해 중성화된 재료이기 때문에 그 자체로 철근 방수 능력을 기대하기는 어려우므로 반드시 철근은 방청처리를 한 후 사용해야 함). 재료의 배합구성은 다음 그림을 참조하여 이해하기 바란다.

경량기포콘크리트 배합재료와 제조과정

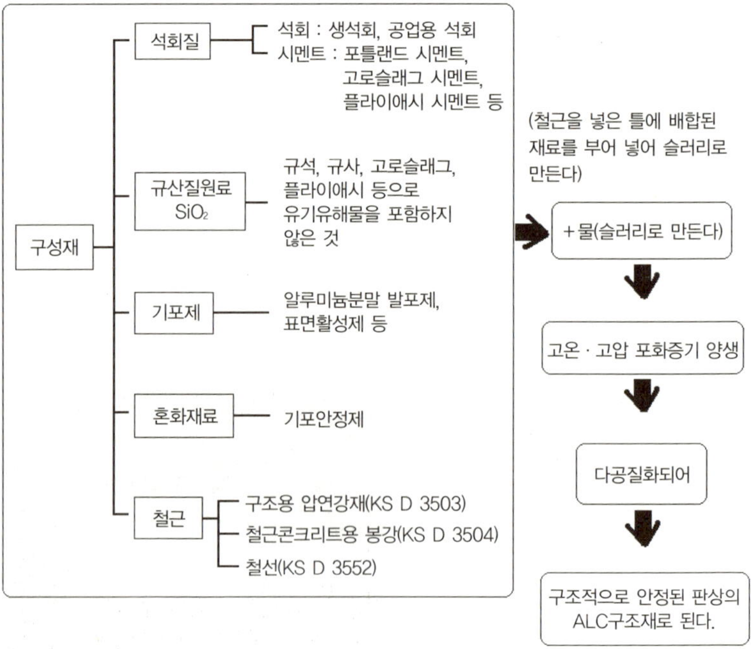

흡수와 함수량

ALC가 물을 많이 흡수하면 강도는 저하되고(포수상태에서는 기건상태보다 20~30% 저하하고, 동결융해를 받기 쉬움), 단열성이 저하되며, 젖은 상태에 따라 얼룩이 생기고, 백화현상이 석출하며, 곰팡이 발생이나 흙, 먼지 등의 부착으로 오염된다.

콘크리트, 목재뿐만 아니라 어떠한 건축재료이든 흡수와 함수관계는 따르기 마련이다. 사용 가능한 목재의 경우는 함수율이 대개 8% 이하의 것을 사용하고 있다. 콘크리트도 충분한 양생기간을 요구하고 있는데 반해서 유독 ALC가 문제가 되는 것처럼 말하는 이유는 제조과정에서 충분히 양생된 제품을 출하한다면 문제는 덜 하겠지만 출하 시의 함수율이 대개 25% 정도이기 때문이다. 그렇다고 다른 소재처럼 물을 쉽게 흡수하지는 않는다. 실험에 의한 데이터가 많은데도 이런 말이 전해지는 것은 내부포수상태의 수분이 증발되는 시간이 많이 필요한 것으로 인해 야기된 것이라 이해하면 될 것이다.

흔히들 ALC는 습기에 약해 해안지방이나 산악지역, 강변 근처에서는 못쓴다는 말을 하는 경우가 있는데, 이는 ALC를 폄하하는 이들이 위의 내용을 잘못 전해져 하는 말일 것이다. 위의 내용대로라면 일본 같은 섬나라와 해안에 접해 있는 나라는 ALC를 절대로 사용해서는 안 될 것인데도 사용빈도가 많은 것을 보면 잘못 전해진 것이 확실하다. 모든 재료가 그 속성이 다르듯이 경량기포콘크리트 역시 재료에 적합한 공기순환이 되는 마감소재로 이뤄져야 한다는 것이다. 실험에 의한 경과년한에 따른 함수율은 보통 최고 3년이 지나면 내부함수율이 5% 이내로 일정하게 유지하고 있음을 알 수 있다.

재료의 축열성

누구든지 '어떤 소재로 주택을 지을 것인가?' 하고 다음과 같은 고민을 할 것이다. '어떤 성능을 가진 주택을 지을 것인가?', '에너지절약형 저에너지주택' 이냐?, '제로에너지인 패시브하우스' 를 지을 것인가? 등 많은 고민을 하다가 결국 대부분은 건축비를 고려한 집을 짓게 될 것이다. 난방비용을 고려하여 짓는다면 초기투자를 건축비에 투자해야 할 것이고, 난방비용을 그때그때의 상황에 따라 해결한다면 그저 보통의 주택을 짓게 될 것이다.

저에너지 정책은 해결해야 할 문제이기 때문에 단열성능이 높은 것을 요구하는 주택정책은 갈수록 강화되고 있다. 단열성능을 높이기 위해서는 여러 가지 사항을 고려해야 하는데, 재료의 소재 자체가 축열성능을 가지고 있다면 더욱 유리할 것이다. 경량기포콘크리트의 우수성은 무엇보다 이 축열성에 있다고 할 수 있다.

초기 생산단계에서 경량기포콘크리트(ALC)의 장점으로

'공기가 빠르다'

'단열성이 좋다'

'경제적이다'

라고 하는 3대 장점을 부각시키게 된 배경이 바로 이 축열성 때문으로 여겨진다. 주택의 소재로 ALC를 선택하는 이유가 여기에 있다.

축열(蓄熱)성능이란 열을 저장한다는 뜻이다. 나무 등 일반소재 자체가 가진 단열성능이 높을지라도 열을 저장하는 기능은 약하다. ALC는 대기온도가 높은 한낮에 벽체가 열을 흡수 · 저장하고 있다가 야간에 대기온도가 떨어지면 저장된 열을 뿜어내는 기능을 하는 소재이다.

반면, 실내의 온도변화에는 1~2℃로 거의 없음이 실험에서 판명되고 있다.

또 벽두께에 따라 시간상의 차이(Time Lag)가 길어지므로 벽이 두꺼울수록 단열효과는 더욱 커진다는 것이 실험에 의해 증명되고 있다. 이는 벽두께가 두꺼울수록 축열효과가 높아진다는 것을 의미한다.

독일의 실험 Data 사례를 보면 벽면에 태양열을 많이 받기 위해 두께 250mm벽에 검정으로 도장한 후 24시간 동안 측정한 결과는 다음 그림 및 표와 같이 나타났다.

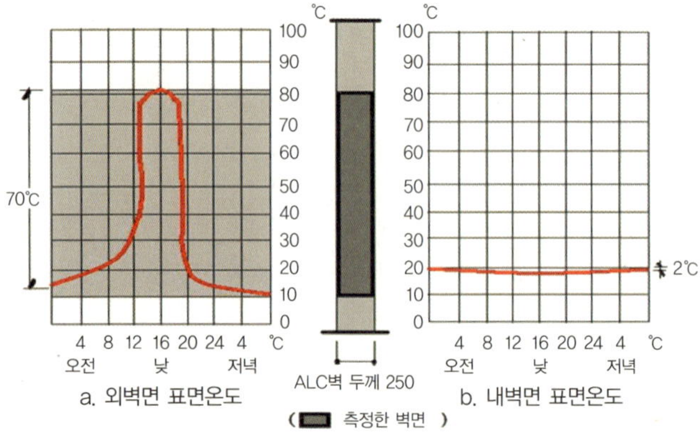

외벽온도 차이가 70℃일 때(a), 내부온도 차이는 2℃이다(b).

위 그림 및 표에서처럼 벽두께가 두꺼울수록 경과시간상의 차이가 길어져 경량기포콘크리트가 축열성이 높은 재료라는 것이 입증되고 있다. 즉 냉 · 난방 에너지비용을 다른 소재를 이용한 주택보다 더 절감할 수 있다는 것이 증명되고 있다.

벽두께	경과 시간상의 차이(Time Lag)	감소량
200	6.72	0.028
250	8.79	0.015
300	11.20	0.008

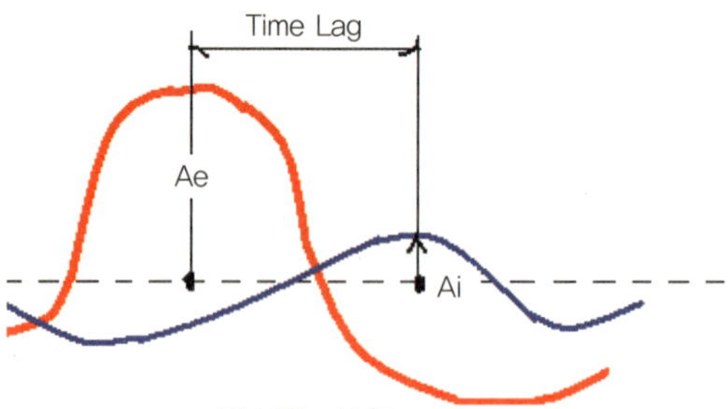

감소량=Ai/Ae

〈자료출처 : (주)에이엘씨메이트, www.alcmate.com〉

등급은 어떻게 분류되어 있는가

한국산업표준규격에서는 KS F 2701(경량기포콘크리트블록), KS F 4914(경량기포콘크리트패널)로 각각 규정하고 있다. ALC주택에서 사용되고 있는 ALC 구조재료인 블록과 패널은 비중과 압축강도에 따라 다음과 같이 3등급으로 나누어지고 있다.

<table>
<tr><th colspan="2">구분</th><th>단위</th><th colspan="3">ALC 등급</th><th>비고</th></tr>
<tr><td colspan="2">비중</td><td></td><td>0.5
(0.45~0.55)</td><td>0.6
(0.55~0.65)</td><td>0.7
(0.65~0.75)</td><td>KS F 2701</td></tr>
<tr><td rowspan="2">압축강도</td><td>최소</td><td rowspan="2">kg/cm²</td><td>30</td><td>50</td><td>70</td><td rowspan="2"></td></tr>
<tr><td>평균</td><td>40</td><td>60</td><td>85</td></tr>
<tr><td rowspan="2">단위용적중량</td><td>블록</td><td rowspan="2">kg/m³</td><td>600</td><td>720</td><td>840</td><td rowspan="2">ALC
구조설계기준</td></tr>
<tr><td>패널</td><td>680</td><td>800</td><td>920</td></tr>
<tr><td colspan="2">열전도율</td><td>Kcal/mh℃</td><td>0.10</td><td>0.12</td><td>0.14</td><td></td></tr>
</table>

따라서 표에서처럼 비중이 올라가면 압축강도는 올라가지만 단열성능과 차음성능은 저하된다. 주택에서 많이 사용되고 있는 0.5품의 압축강도는 40kg/cm²에 열전도율은 0.10Kcal/mh℃인 반면, 0.6품의 압축강도는 60kg/cm²로 더 높은 반면에 열전도율은 0.12Kcal/mh℃로 수치가 높아(수치가 높을수록 단열성능은 저하되는 것임) 단열성능이 떨어지고 있음을 보여주고 있다. 그러므로 건물설계시 특징을 잘 이해하고 등급을 결정해야 한다.

중 · 고층건물에서 하중을 많이 받는 저층에는 압축강도가 높은 0.7품, 중산층은 0.6품, 상부층은 낮은 0.5품으로 공사하는 것이 바람직하다. 주택의 경우는 보통 0.5품과 0.6품을 병용하여 사용되고 있다.

제품별 공법은 어떤 것이 있는가

블록(ALC Block)제품

(벽, 칸막이의 내력벽 및 비내력벽의 구조재로 사용)

벽재료로 사용되며, 일반블록(기본 L600×H300×W200)과 고강도블록, 발수블록, 특수블록 등이 있고, 강도에 따라 구분하여 사용되고 있으며, 보통 시중에서 사용하는 시멘트벽돌, 콘크리트블록과는 다른 제품이므로 특별한 공사기술을 습득해야 한다.

블록제품별 주요물성

<table>
<tr><th colspan="2">구분
(무기질)</th><th>절건비중
(KS 기준)</th><th>압축강도
(kg/cm²)/(MPa)
(KS 기준)</th><th>열전도율
(W/m·K)</th><th>비고</th></tr>
<tr><td rowspan="5">단열제품
(Block)</td><td>300</td><td rowspan="5">KS 미설정
(제조사 기준 :
0.3~0.4)</td><td rowspan="5">KS 미설정
(제조사 기준 :
20~35/02~
0.35 이상)</td><td rowspan="5">KS 미설정
(제조사 기준 :
0.08~
0.095이하)</td><td rowspan="5">단열성능
강화제품
(SYC제품)</td></tr>
<tr><td>325</td></tr>
<tr><td>350</td></tr>
<tr><td>375</td></tr>
<tr><td>400</td></tr>
<tr><td>일반제품
(Block)</td><td>0.5품</td><td>0.45 이상~0.55 미만</td><td>30/0.3 이상</td><td>0.188 이하</td><td rowspan="3">KS F
2701</td></tr>
<tr><td rowspan="2">고강도제품
(Block)</td><td>0.6품</td><td>0.55 이상~0.65 미만</td><td>5/0.5 이상</td><td>0.238 이하</td></tr>
<tr><td>0.7품</td><td>0.65 이상~0.75 미만</td><td>70/0.7 이상</td><td>0.278 이하</td></tr>
<tr><td>발수제품
(Block)</td><td>0.6품</td><td>KS 미설정
(제조사기준 : 0.55)</td><td>KS 미설정
(제조사 기준:
55/0.55 이상)</td><td>KS 미설정
(제조사 기준:
0.12 이하)</td><td></td></tr>
<tr><td>aircell*제품
(불연단열재)</td><td></td><td>0.120</td><td>30/0.3 이상</td><td>0.045 이하</td><td></td></tr>
</table>

* 열전도율 단위(kcal/mh℃=W/m·k), 열관류율 단위(kcal/m^2h℃=W/m^2·k)
* aircell : 쌍용 ALC에서 생산되는 판상으로 된 ALC제품명임.

비내력벽 구법

두께 100, 125, 150mm를 표준으로 하며, 부착물의 종류 및 중량 등을 고려하여 사용 두께를 결정한다. 개구부와 개구부 사이는 최소 600mm 이상으로 하고, 하중이 수직으로 전달될 수 있도록 상부벽체는 하부벽체의 직상부에 위치시키는 것이 원칙이다. 또 개구부 상부에는 인방보를 설치하는 것이 원칙이지만, 폭이 900mm 미만인 경우는 인방보를 설치하지 않아도 무방하다.

내력벽 구법

사용하는 재료의 두께는 외벽의 경우 200mm 이상, 내부는 150mm 이상으로 하며, 구조계산 결과에 따라 안전성이 확보되는 두께를 사용한다. 사용부의 폭에 관계없이 막힌 줄눈쌓기로 하고, 서로 맞닿는 부분과 T접합부에는 한 단 걸러서 묻히도록 쌓고, 맞댄 부분에는 매 2단마다 보강철물로 고정시킨다. 또 모든 개구부의 상 · 하단에는 인방보를 설치하는 것이 원칙이다. 구조에 따라 철근으로 보강하고 일정 높이마다 또는 처마 부분에 철근콘크리트 본드 빔(테두리보)을 설치하여 보강한다.

패널(Panel)제품 (바닥슬래브, 칸막이, 지붕용, 외벽용으로 사용)

ALC패널은 공장에서 경량기포콘크리트에 철근을 보강한 PC(Pre Cast)로 제조되어 사용되고 있다. 적용 부위에 따라 지붕용, 바닥용, 외벽용(디자인패널), 칸막이용, 내력벽용 등으로 구분하며, 강도와 내화시간에 따라 다음과 구분되고 있다.

종류	두께(mm)	길이	너비(mm)
지붕용	100, 125, 150, 175, 200	패널두께의 35배 이하	300~600 미만
바닥용	100, 125, 150, 175, 200	패널두께의 25배 이하	
외벽용	50, 100, 125, 150, 175, 200	패널두께의 35배 이하	
칸막이용	75, 100, 125, 150,	패널두께의 40배 이하 또는 6m 이하	
내력벽용	125, 150, 175, 200, 225, 250	2.7m 이하	

열전도율 : 0.1W/m · k

외부 패널구법

외부 패널구법[5]은 주택을 짓는 경우에는 해당되지 않고 빌딩이나 아파트 등에 사용되고 있는 것들이므로 생략한다. 다만, 패널 접착방법과 건식설치 · 보수와 내부 패널공법[6]에 대해 설명해 보았다.

접착하는 방법

- 지지력 : 허용인장강도 1.0~1.5kg/cm^2 (ALC 인장강도 5kg/cm^2, 안전율, 정하중 3, 동하중 5)
- 목재 등인 경우 : 본드 K10, 20
- 플라스틱 걸레받이 등인 경우 : 시멘다인 521, 본드 G103 등

주 5) 건축설계단계에서부터 고려되어야 하는 구성원리와 구성재료에 대한 시스템
주 6) 시공과정에서의 만드는 방법

패널 취부용 철물의 용접 기준

(JASS, ALC 취부구조 기준에 의함)

지붕 · 바닥	칸막이벽
■지붕 Plate	■칸막이 Channel

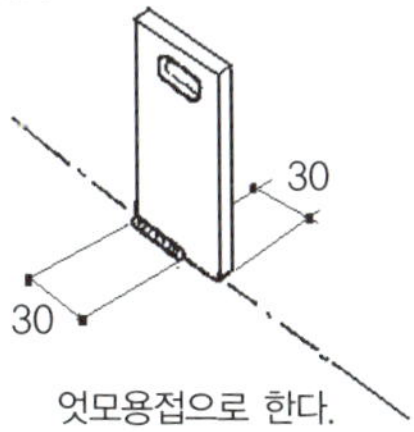

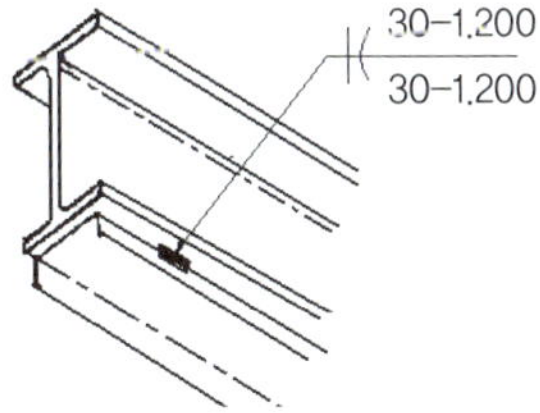

외벽		
■기준앵글	■세로 패널용 Plate	■받침철물 Plate

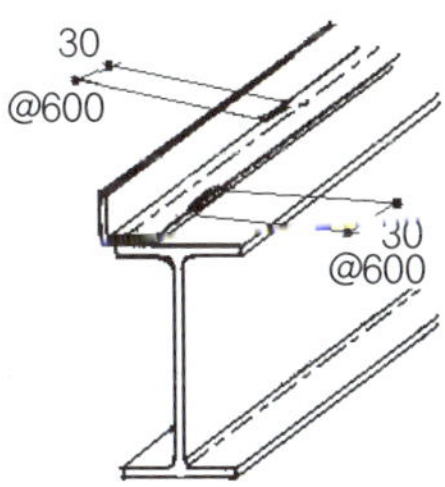

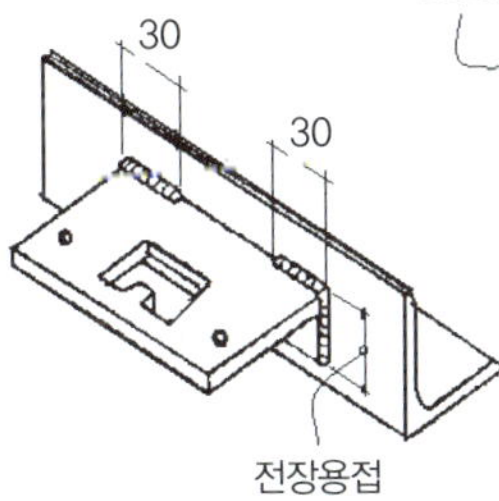

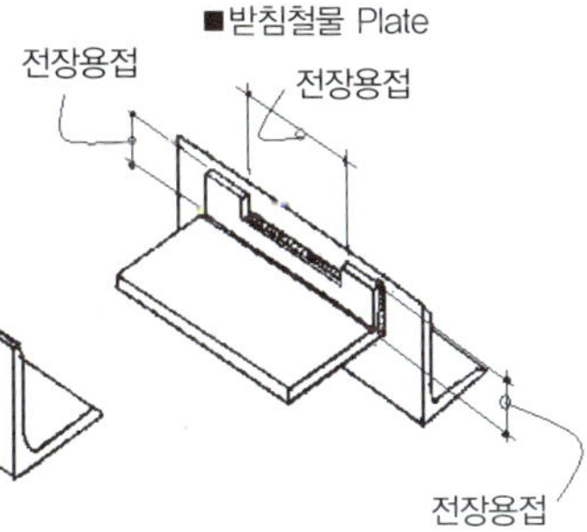

패널을 보수하여 사용 가능한 크기 기준

(JASS 21 및 대한건축학회 ALC 취부 구조설계기준에 의함)

파손 개소	크기의 범위	비고
사선은 파손 부위를 나타낸다.	a ≦ h/2 (h/3)(1) b ≦ 8cm d ≦ 4cm ℓ ≦ 30cm	(주) : – (1)은 내력벽일 때이다. – 외부 치장용일 때는 가능한 파손 부위가 없는 제품을 사용한다.

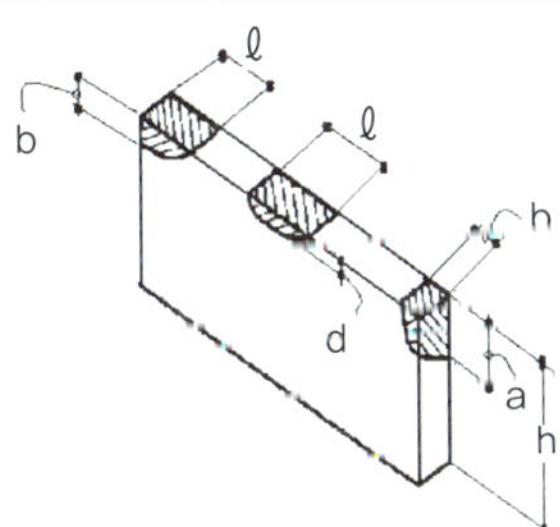

내부 패널공법

내부 패널공법은 보통 수직벽공법으로 공사되는데, 층고가 높을 경우에는 볼트조임을 병행하는 경우도 있다. 표준 폭은 600mm, 두께 70~150mm 내에서 필요한 패널을 사용한다.

· **습식공법** : 슬래브에 고정된 철근에 모르타르를 충전하는 앵커근 공법으로 바닥은 슬래브 철근에 용접 등으로 고정시키는 방법과 슬래브에 앵커볼트를 매설하여 나사를 박아 준비한 수나사를 연결하여 체결하는 방식이다.

· **건식공법** : Foot Plate공법이라고 한다. 내벽용 패널을 하부 바닥면에 고정시킨 푸트 플레이트에 끼워 고정시키는 방식이다. 위 두 공법 모두 마감은 석고보드를 접착제로 붙여 도장하거나 특수 마감재로 된 보드를 접착제로 붙여서 마무리하고 있다. 내부벽체는 얇은 미장으로 바르는 경우도 있다.

방수패널

- 패널 표면을 무기질계의 하지처리재로 코팅시킨 패널(흰색 바탕에 약한 크림색을 사용하고 있음)
- 유기질의 에멀션형 발수제로 처리된 패널(무색투명한 색을 사용하고 있음)

패널의 단면 형상

면치기는 모든 패널에 양면치기와 편면치기의 2종류가 있다.

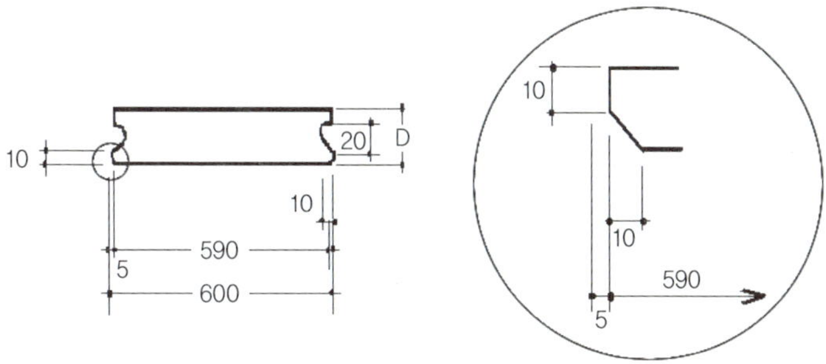

내벽 패널의 배근

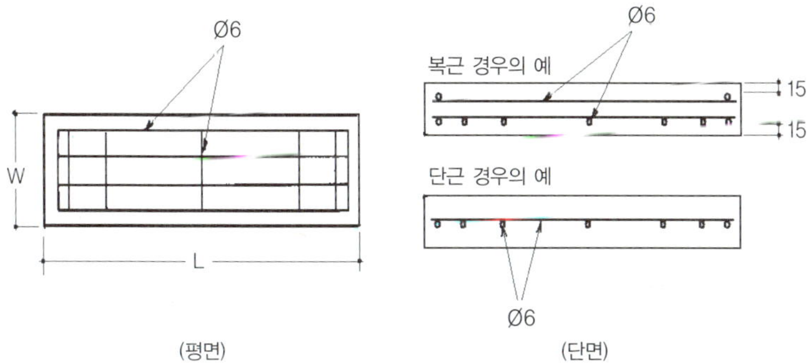

인방보(Lintel) 및 보(Beam)

주택에서 창문틀 위에 설치하는 구조재인 인방은 상부의 하중을 주변 벽체로 분산시키는 구조적인 성능을 지니고 있어 벽체의 균열 발생 방지와 처짐을 방지하는 역할을 하는 구조재를 말한다. 따라서 상부의 하중을 부담할 수 있는 충분한 내력을 가지고 있어야 하는데, 이는 내부의 보강철근으로 해결한다.

즉 길이, 높이, 두께 등을 고려하여 배근되어야 한다. 또 인장철근은 대개 상하부로 구분되어 있어 현장에 반입된 인방을 설치할 때는 반드시 상부와 하부를 구분하여 올바르게 설치해야 한다. 간혹 그런 내용을 모르고 반대로 설치된 경우를 보는 경우도 있다(인장을 받는 쪽이 하부이다). 길이는 최대 3m 내외이므로 거실의 창 폭이 3m를 넘는 경우에는 설계를 조정해야 하는 점을 고려해야 한다. 벽체에 인방이 물리는 길이는 최소 20cm 이상이다.

모든 개구부에는 반드시 인방보를 설치해야 한다. 600mm 이하의 작은 개구라고 하여 인방보를 설치하지 않는 경우를 보게 되는데 이는 잘못된 것이다. 보 설치에 대해서는 따로 설명하기로 한다.

인방재 시공현장과 반입된 인방재(왼쪽 하단)

Chapter 6

전용 미장재 이야기

블록 바탕일 때 시공법

일본의 경우는 대부분이 ALC패널을 이용한 공법이 이용되고 있다. 일본은 지진으로 인해 구체의 대부분이 철골구조에 철근콘크리트로 구성되어 있는 경우가 많은데, 대부분의 빌딩에서 내부 간벽재 또는 외벽용 패널을 이용하고 있다.

내부의 경우는 패널 위에 두께 6mm 마감용 디자인보드를 붙여서 마감하는 공법이 주로 이용되고 있고, 3mm 정도의 두께로 전용 미장재를 얇게 바르는 경우도 있다. 주택의 경우는 패널로 건립하는 경우가 많고, 마감 또한 내부에 디자인보드로 마감하거나 도장공법으로 마감하는 경우가 대부분이지만, 내부를 얇은미장재로 마감하는 경우도 가끔 볼 수 있다. 블록생상량이 극히 적어 특수한 경우를 제외하고는 블록으로 주택을 건립하는 경우는 매우 드물다.

독일을 비롯한 유럽의 경우에도 내부에 얇은 미장재를 바르고 도장하는 방법이 이용되고 있고, 또 외부는 대부분 외단열공법으로 마감하는 경우가 많다. 반면, 우리나라 주택의 경우 도입 당시 ALC 블록면에 미장공법으로 보급했기 때문에 대부분 미장으로 마감해 왔다. 차차 단열성이 높은 건축물을 요구하고 나아가 패시브하우스가 등장하면서 외단열공법이 등장하게 되었지만, 특별하게 단열을 요구하는 주택을 제외하고는 따로 외단열공법을 거의 사용하지 않고 미장공법으로 마감되어 왔다.

여기서 전용 미장재라고 하는 것은 ALC 접착용 '모르타르'를 공급하고 있는 제조사가 제공하는 수지미장재(*에멀션 이외의 수지제는 강성이 높고 투습성이 없기 때문에 사용할 수 없는 것으로 보아 합성수지에멀션을 함유한 제품을 단순히 수지미장재라고 하는 것 같음)라는 제품과 ALC 전용 미장재를 생산하고 있는 몇몇 제조업체의 미장용 제품이 그것이다.

제품사양서의 내용을 보면 대부분 친환경재로 '섬유메시(비닐론 메시)'를 포함하여, 내·외부에 10mm 정도로 미장하도록 하고 있으나 실제 현장에서는 6~8mm로 공사되고 있는 경우가 많다. 그러나 ALC 주택에서 내·외벽용 미장재로의 적합성 등에 내해 공포된 기술자료나 매뉴얼이 없고, 검증된 것도 없으며 주택현장에서 사용되는 국내산 미장재의 내구성에 대해 발표한 어떠한 자료도 없다. 독일의 DIN같이 ALC 미장재의 세부적인 국가공인 기준이 마련되어 있지 않아서 불확실하지만 수입가공한 ALC 제조사가 공급하는 재료를 이용하여 공사할 수밖에 없는 실정에 있다.

미장재가 중요한 이유

주택의 내·외부 마감재는 습기를 이동시킬 수 있는 투습기능을 가지고 있어야 한다. 또 ALC와 물리적 성질(탄성계수, 압축강도 등이 유사하고, 특히 압축강도는 낮아야 균열이 발생하더라도 ALC의 모재까지 균열이 전파되지 않음)이 유사하여 혹독한 기후에 노출되거나 ALC 자체의 건조수축으로 변형할 때 마감재 역시 유사한 변형이 있어야 하는데, 만약 구체보다 강하면 균열이 심하게 발생하고 모체를 물고 떨어지기 때문에 보통 구체보다 약한 강도로 제조되고 있다.

일본의 경우는 ALC의 강도가 약하고 다공질로 흡수율이 높기 때문에 드라이아웃에 의한 균열, 박리방지를 위해 미장 전에 반드시 바탕처리제를 바르도록 규정하고 있다.

내 · 외부의 미장재 강도가 약함으로써 쉽게 홈이 패거나 실링재와의 접착 부분이 떨어지거나 균열이 생겨 벌어지는 원인이 되고 있다. 이처럼 ALC건축에서 마감재로 인한 하자(균열, 박리 등)가 빈번히 발생하고 있어 일부에서는 독일 Alsecco사의 '알시톱' (마감은 돌로마이트와 비슷함, 두 번에 나누어 바름)이나 'Sto사' 의 '스토-썸 시스템' 으로 '스토레벨 노보와 스토릿 K' 를 사용하여 외부 미장재로 최대 10mm를 바르고, 내부 미장재로는 알세코사의 '인택S' , Sto사의 '스토레벨 노보' , '스토레벨 인' 이라는 미장재를 얇게 바르는 경향이 있다. 고가이지만 현재 시중의 주택현장에서 ALC에 가장 적합한 친환경제품으로 하자가 매우 적고 ALC와 물리적 성능이 유사한 편이라는 평을 받고 있는 것으로 되어 있다. 적합한 내부미장재로서는 ALC 전용미장재(바름두께 5~10mm), 석고플라스터(바름두께 5~10mm), 합성수지플라스터(바름두께 2~3mm)이다.

현재 국내산으로는 유성테크 및 ALC제조사에서 공급하는 전용미장재 등이 이용되고 있는 편이다. 늦게나마 국내에서도 최근 쌍용 ALC 등에서 내 · 외부용 전용미장재를 신규로 개발하고 있다는 실정이어서 기대되고 있다. 다음 그림은 미장재의 물리적 성능과 마감재로 투습성능의 필요성을 설명하고 있다.

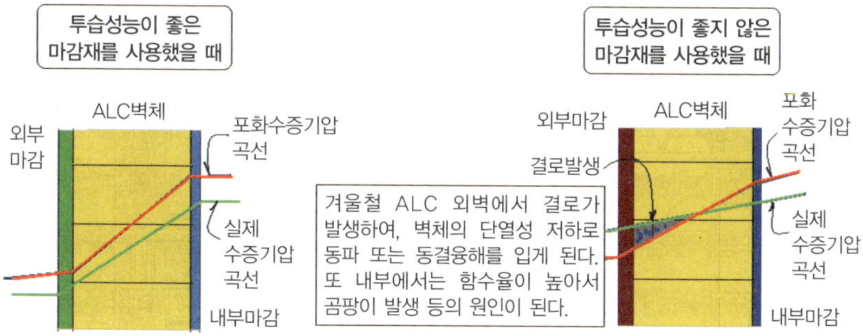

〈자료출처 : (주)에이엘씨메이트, www.alcmate.com〉

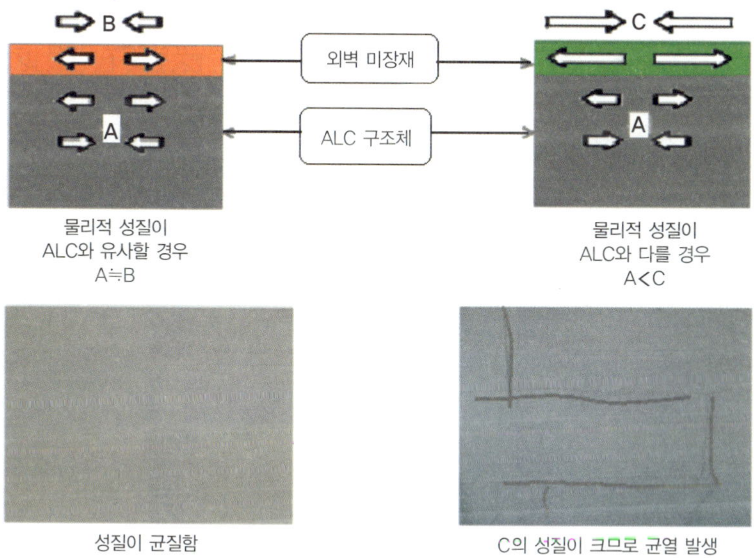

석고플라스터(KS F3507)를 바를 경우

석고플라스터는 건조가 빠르고 경화에따른 수축을 일으키지 않는 특징이 있다.

표준사양 (JASS 기준) : Japanese Architectural Standard Specification

<table>
<tr><th>시공 부위</th><th>사양</th><th>바름층 / 하지</th><th>하지 처리</th><th>초벌</th><th>재벌</th><th>정벌</th><th>표면마감</th></tr>
<tr><td rowspan="2">벽</td><td rowspan="2">B</td><td rowspan="2">ALC면</td><td rowspan="2">하지 처리제 도포</td><td rowspan="2">하도용 혼합석고 플라스터</td><td rowspan="2">하도용 혼합석고 플라스터 또는 보드용 석고 플라스터</td><td>가는 분말이 들어 있는 하도용 혼합 석고 플라스터</td><td>에멀션계 도장 또는 종이벽지 바름</td></tr>
<tr><td colspan="2">상도용 혼합석고 플라스터 또는 상도용 돌로마이트 무도장 마감</td></tr>
</table>

주) 1. B는 하지의 정밀도가 양호한 경우임.
2. 보드용 석고플라스터는 약산성이고, 혼합석고 플라스터는 약알칼리성이기 때문에 혼동하여 사용하면 응결 불량이 생기고 층간 박리의 우려가 있다. 따라서 동일제품을 바르는 것을 원칙으로 한다. 또 건조시간을 충분히 하는 것이 좋다.
3. ALC의 하지에는 하지의 흡수를 조정하기 위해 반드시 하지처리제를 도포한다.
4. 상도마감을 혼합석고 플라스터로 마무리하면 황변현상이 생기기 쉬우므로 충분한 검토가 필요하다.
5. 일본에 시판되고 있는 석고플라스터의 90%는 보드용이며, 국내산은 100%가 혼합석고 플라스터로 초벌용이다.

배합 및 도막두께의 표준사양(용적비)

<table>
<tr><th rowspan="2">하지</th><th rowspan="2">바르는 층별</th><th colspan="2">석고 플라스터</th><th rowspan="2">시멘트</th><th rowspan="2">모래</th><th rowspan="2">미세 분말</th><th rowspan="2">바르는 두께 (mm)</th><th rowspan="2">비고</th></tr>
<tr><th>하도용 혼합석고 플라스터</th><th>보드용 석고 플라스터</th></tr>
<tr><td rowspan="3">ALC</td><td>초벌</td><td>1</td><td>*</td><td>–</td><td>1.5</td><td>–</td><td>6</td><td rowspan="2">*마크는 주) 참조 및 1)표의 주)2. 참조</td></tr>
<tr><td>재벌</td><td>1</td><td>*</td><td>–</td><td>2</td><td>–</td><td>5~7</td></tr>
<tr><td>정벌</td><td>1</td><td>*</td><td>–</td><td></td><td>0.1 ~0.2</td><td>1.5</td><td>상도용 석고 플라스터 또는 상도용 돌로마이트로 대체 가능</td></tr>
</table>

주) 1. 용적비는 다음 상태를 표준으로 한다.
혼합석고플라스터 : 기건상태의 용적(0.75kg/ℓ 정도), 보드용 석고플라스터 : 기건상태의 용적(0.9kg/ℓ 정도), 모래 : 표면건조포수상태로 기건된 경우의 용적
2. 초벌과 재벌에서는 작업성 향상을 위해 플라스터 25kg에 대해 250g 정도의 '백모여물' 을 혼합하는 것이 좋다.

돌로마이트 플라스터(KS F3508)를 바를 경우

소석회와 수산화마그네슘을 포함한 미장재의 일종이다. 돌로마이트에 모래와 여물을 섞어 반죽한 것으로 기경성이며, 백색의 미분말재로 물과 비벼서 사용한다. 주로 벽이나 천장 등의 정벌재로 사용한다.

표준사양(JASS 기준) : Japanese Architectural Standard Specification

시공부위	사양	바름층 / 하지	하지처리	초벌	재벌	정벌	표면마감
벽	양호	ALC 면	하지 처리제 도포	하도용 돌로마이트 플라스터를 바른다.	하도용 돌로마이트 플라스터를 바른다.	상도용 돌로마이트 플라스터를 바른다.	원칙적으로 특별한 마감을 하지 않는다.
						상도용 돌로마이트 무도장 마감이다.	

배합 및 도막두께의 표준사양(용적비)

하지	바르는 층	돌로마이트 플라스터		시멘트	모래	여물 g (플라스터 25g에 대해)		바르는 두께 (mm)	비고
		하도용	상도용			백모여물	표백여물		
ALC	하지 처리	-	-	-	-	-	-	-	하지 처리제 도포
	초벌	1	-	0.2	1.5~2.0	600	-	5	
	재벌	1	-	0.1	2	600	-	7~9	
	정벌	-	1	-	-	-	350	1.5	

주) 천장 및 처마는 12mm 이하로 바른다.

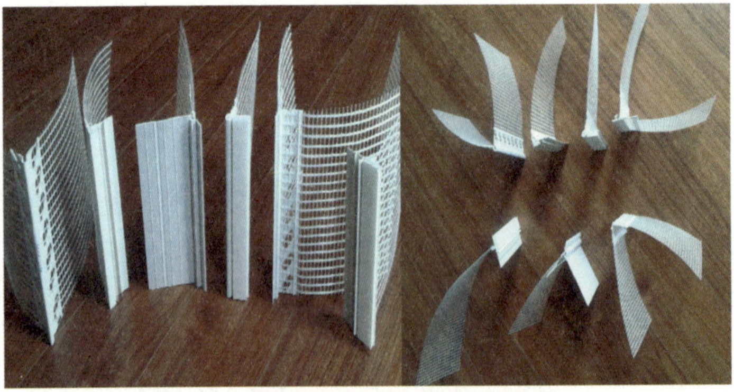

미장용 코너비드로 사용되는 각종 엔지니어링 플라스틱 제품(독일산)
(국내에는 엔지니어링 플라스틱제품은 없고 아연제품만 있음)

스토릿 K 및 스토 레벨 노보를 바를 경우

외부마감(스토릿 K) 표준사양 (STO –하우스 매뉴얼)

<table>
<tr><th>공사부위</th><th>사양</th><th>바름층
하지</th><th>하지처리</th><th>중도재</th><th>마감재(정벌)</th><th>표면마감</th></tr>
<tr><td rowspan="2">벽</td><td rowspan="2">B</td><td rowspan="2">ALC면</td><td rowspan="2">하지처리제
도포
(프라이머):
StoPelx W</td><td rowspan="2">스토 레벨 노보
5mm 이상을
베이스코트로
하고 강화메시
(Sto-Glass
Fiber Mesh)를
160g/m²로
10mm씩 중첩
해서 바른다.</td><td>유기질
엠보싱 마감재
Stolit K를 두께
2.0mm일 때
3.5~3.8kg/m²
를 바른다.</td><td>연꽃잎 효과로
탁월한 내오염성
도장재 StoColor
Lotusan을 중도와
상도 2회 바른다</td></tr>
<tr><td colspan="2">마감 도장재는 정벌마감이
건조한 후에 바른다</td></tr>
</table>

주) 1. B는 하지의 정밀도가 양호한 경우임.
2. 구성분은 코팅재, 중합체분산액, 이산화티탄, 탄산칼슘, 수산화알루미늄, 규조토, 규산 충전제, 물, 지방족, 글리콜에테르, 첨가제, 방부제 등이 함유된 1액형으로 물로 혼합하여 사용.
3. StoPelx W 도포량은 0.10~0.40ℓ/m^2로 솔 또는 롤-브러시로 바른다. 재료혼합은 sto 메뉴얼에 따른다.
4. Stolit K는 높은 발수성 및 내풍화성이 있으나 풍화작용의 여지가 있는 수평 혹은 경사면에는 적절하지 않음.
5. 투수속도 $w < 0.05kg/(m^2 \cdot h0.5)$, 방화반응 A2-s1, d0, 열전도율 0.7W/(m·k)
6. 스토릿 K(25kg/통)는 5℃ 영상기온에서 직사광선을 피한 곳에서 24개월 저장이 가능함. 도장재 스토 컬러 로투산은 15L/통 임.

내부마감(스토 레벨 노보) 표준사양 (STO -하오스 매뉴얼)

공사 부위	사양	바름층 / 하지	하지처리	중도재	마감재(정벌)	표면마감
벽	B	ALC면	표면을 평활하게 고른다.	스토 레벨 노보를 베이스 코트로 3~5mm 바르고 메시는 160g/m²로 10mm씩 중첩해서 눌러 붙인다.	인체에 무해한 유기질 필러 (EN 998-1)인 StoLevell In을 최대두께 층당 3mm 오버코트로 바른다.	인공조명에 반응해 유해물질을 인체에 무해한 성분으로 분해하는 공기정화 도장재 StoColor In 또는 독일친환경인증을 받은 클리마산 (StoColor Climasan)을 바른다.
					마감도장재는 정벌마감이 건조한 후에 바른다.	

주) 1. B는 하지의 정밀도가 양호한 경우임.

2. 구성분은 백색포틀랜드시멘트, 석회수하물, 폴리머분말, 모래, 친환경 경량골재, 섬사새 등으로 구성되어 있는 1액형임. 15kg/포당 물혼합량은 5.6리터, 권장두께는 5~10mm임.
3. 스토 레벨 압축강도(28일) 3.3N/mm², 수분흡수≤0.5kg/m², 불연성(A1), 가사시간은 상온에서 약 60분임.
4. 미네랄울 보드에 접착 사용량은 mm당 평균 3.5~4.0kg/m²(권장두께 5~10mm)
5. 스토 레벨 인은 녹 억제성 및 불연성으로 인테리어용임. 시공량은 mm당 1.7kg/m²를 쇠흙손으로 바름.

알시톱을 바를 경우

표준사양 (alcmate 매뉴얼)

<table>
<tr><th>공사
부위</th><th>사양</th><th>바름층
하지</th><th>하지처리</th><th>중도재</th><th>마감재(정벌)</th><th>표면마감</th></tr>
<tr><td rowspan="2">벽</td><td rowspan="2">B</td><td rowspan="2">ALC면</td><td rowspan="2">평활하게
하지처리를
한다.</td><td rowspan="2">알시톱
6~7mm를
바른다.
메시는 바르지
않는다.</td><td>알시톱
3~4mm를
전일 바른 중도재
위에 덧바른다.</td><td>표면은 거친
엠보싱 모양</td></tr>
<tr><td colspan="2">마감 도장재 바르지 않음.
마감 색상은 사전에 선택한다.</td></tr>
</table>

주) 1. B는 하지의 정밀도가 양호한 경우임.
2. 주요성분 : 1액형으로 물로 희석하여 사용한다(공개된 자료 없음).
3. 알시톱(Alsitop)은 25kg/포이며, 평균단위사용량은 중도재 5kg/m^2, 정벌마감용 3kg/m^2 임.
4. 알시톱 소재에 대한 물성 자료를 알 수 없음.
5. 2회 바름으로 공정이 간단하고 마감면이 완료된다.

마감된 알시톱의 표면상태

외단열일 때 시공법

최근 정부의 건축물에 대한 단열 정책이 점점 강화되고 있다. 개정된 지 얼마 되지 않았지만 2015년에 재개정한것을 다시 약 30%를 강화하도록 하고 있다.

중부지방의 경우 현재 열관류율이 0.36(W/m^2·k)에서 0.27(W/m^2·k)로 남부지방은 0.34(W/m^2·k)로 강화된다. 그러므로 향후 ALC 주택에서는 기존 방식으로 축조하는 데는 열관류율을 맞추기가 어렵게 된다. 그렇다고 무작정 두께 300mm에서 350mm 이상 두꺼운 블록 또는 강도가 낮으나 단열성이 높다는 ALC-i 제품으로 건립하기에는 비용, 시공, 효율면에서나 지진 등에 무리라는 생각이다. 따라서 향후 ALC 주택뿐만 아니라 주택 신축공사에서 외단열공법이 필수적일 것으로 판단된다. 그런데 국내 제조사들이 공급하는 ALC 함수량이 너무 높아 외단열공법을 실행하는데 접착에 문제가 있다는 보고도 있다.

현장에 납품되고 있는 제품의 함수량이 25~30%에 이른다. ALC가 도입되면서 기술이나 기능공의 양성보다 너도나도 설비부터 갖추고 서로 판매해야 하는 영업에만 초점을 맞추는 경영방식이 오늘까지 개선되지 않고 판매만을 고집하고 있어 곰팡이 발생이나 하자로 인한 피해는 고스란히 수요자가 안고 있다. 이러한 이유로 ALC 산업은 스스로 소멸할지도 모른다고 하는 이들도 있다. 더 이상 수요자가 높은 함수율로 인한 곰팡이나 하자로부터의 피해와 고통에서 일찍 벗어나게 하려면 적어도 함수율이 최대 18% 정도 이하의 제품만을 출하해야 한다.

외단열공법으로 하게 되면 지금까지 주택건립에서 해오던 두께 300mm 이상의 블록을 사용할 이유가 없다. 내력벽의 경우 두께 200mm로 가능하지만 외벽두께 240~250mm에 미네랄울(mineral wool) 두께 최소 50~100mm의 외단열공법으로 시공한다면 지역에 따라 요구하는 단열계수를 충족하는 친환경 에너지절약형 주택이 될 수 있다는 생각이다.

외단열공사에 너무 인색할 필요가 없는 것은 유지관리에 그만한 가치가 있기 때문이다(간혹 비드법 단열재 EPS(Expanded Polystyrene)를 ALC에 사용하는 경우를 보게 되는데 매우 좋지 않은 방법이다).

외단열재의 접착제 바르는 법

단열재를 접착할 때는 최소 영상 5℃ 이상의 기온과 눈, 비가 오는 날을 제외한다. 접착제 성분은 무기질, 유기질, 유기질과 무기질의 복합성분이 있는데, 중요한 것은 접착력에 있다. 보통 미네랄울 보드에는 시멘트와 칼슘수산화물에 석영을 혼합한 무기질계(예 : 독일 Sto사의 Bauklerber)를 덩이로 붙여 주로 사용하며 바르는 방법은 테두리를 모두 최소 5cm 두께로 먼저 바른 다음 내부에 3~6개소의 덩이로 바르기도 하고, W형태, 수직 또는 수평으로 중간 부분을 모두 바르는 방법이 있다.

또 단열재 면적의 40% 이상을 접착제로 발라야 하며, 만약 두꺼운 타일 등의 마감일 때는 적어도 60% 이상 접착면을 확보해야 한다. 접착레벨을 맞추기 위해서 접착제 두께는 최소 10mm 이상 바르도록 한다.

다음 그림 이외에 전면을 바르는 적층방법도 있다. 최근의 접착제는 ALC접착제로 사용되고 있는 PU-700처럼 주로 독일 ALFA사의 접착용 폴리우레탄폼을 수입하여 사용하는 데 작업시간도 빠르며 접착 후 경화시간이 빠른 것이 장점이지만 표면 레벨조정의 어려움으로 기존 무기질접착제와 병행하여 사용하고 있다.

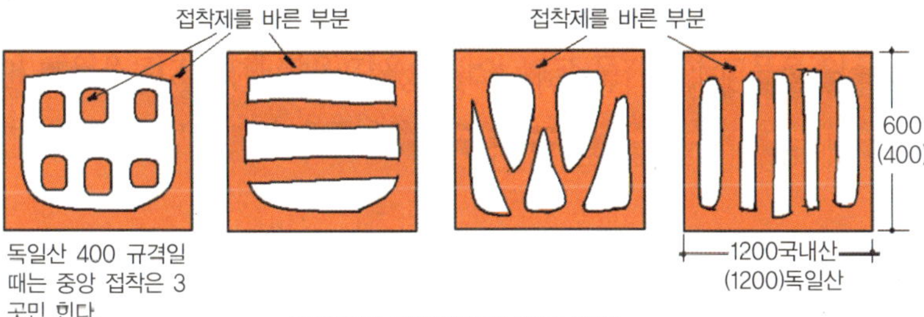

외단열재 접착방법의 여러 형태

외단열재 접합은 반드시 막힌 줄눈으로 시공해야 하며 줄눈과 줄눈의 간격은 다음 그림처럼 최소 150mm 이상의 간격을 두는 것이 좋고, 외단열에 미장으로 마감할 경우 벽체의 열관류율 계산에서는 접착제로 인한 공극부의 중공층은 계산하지 않는다. 마구리면은 서로 교차되도록 붙여야 한다. 또 ALC의 외단열재로는 EPS 사용을 배제하고 반드시 미네랄울(mineral wool)을 사용할 것을 권장한다.

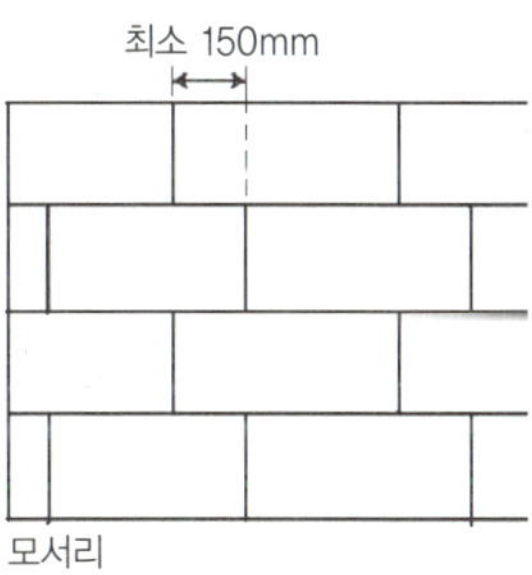

[자료출처]: Sto ΠΛΟΣ

외단열 고정용 핀(Fastener)과 설치

외단열재 고정용으로 사용하는 핀은 반드시 플라스틱으로 피복된 스테인리스 앵커를 사용하여야 한다. 시중에서 판매되고 있는 철재 앵커는 열교를 발생시키는 원인을 제공하게 된다. 아직까지 외단열에 대한 이해 부족으로 국내에서 전용 앵커용 핀을 생산하고 있지 않아 수입제품을 사용해야 하는 어려움이 있으나 필자는 다음과 같은 핀을 사용할 것을 권장한다.

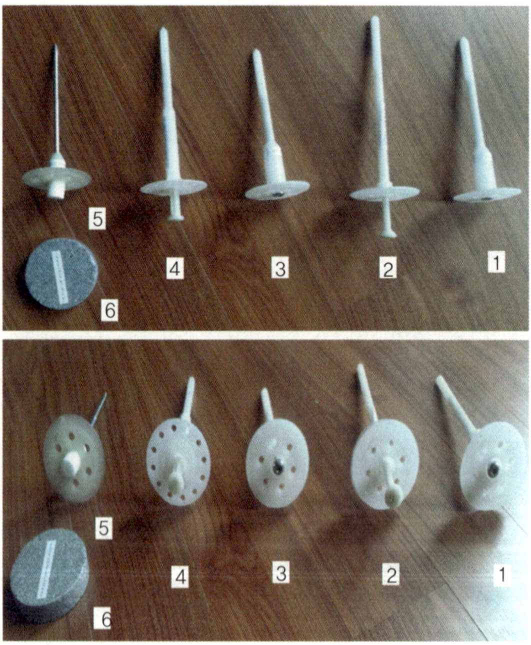

1. 플라스틱 몸체+철제핀(긴 것)
2. 플라스틱 몸체+플라스틱핀(긴 것)
3. 플라스틱 몸체+철제핀(짧은 것)
4. 플라스틱 몸체+플라스틱핀(짧은 것)
5. 철제핀+삽입단열재
6. 고정핀 머리용 단열재 뚜껑

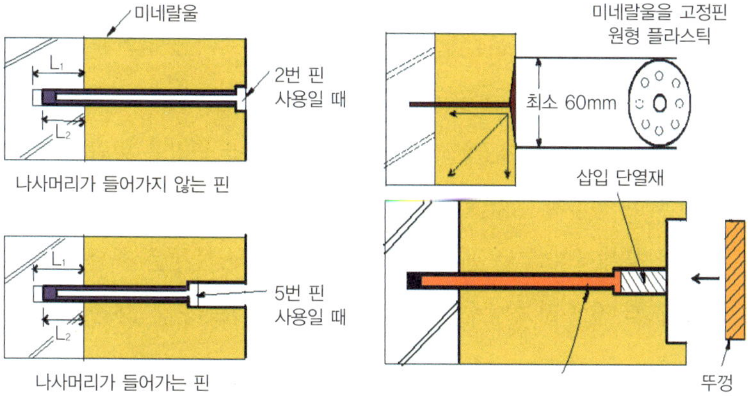

외단열 고정핀의 열교차단 개념도

주) L_1, L_2에 대한 깊이는 별도로 핀설치 매뉴얼에 따라 산정한다.

[자료출처]: Sto-하오스

외단열 고정핀 시공순서

외단열 고정용 핀(Fastener)을 사용해야 하는 이유

건축물의 외단열재로 EPS제품인 '드라이 빗드'라는 것이 한동안 사용되어 왔었는데, 강풍이 불 때면 외벽 전체가 떨어지는 현상을 본 적이 있을 것이다.

물론 드라이 빗드 공법에서도 핀을 설치하지만 규격화된 앵커가 없고 가는 철선으로 만든 핀이 있지만 그나마 박는 경우도 드물다. 반드시 박아야 하는 이유는 건축물에 바람으로 인한 풍압은 바람이 부는 방향에 따라 정압과 부압이 동시에 걸리게 되고 돌연변이인 와류도 발생하고 외부에서 내부로 내부에서 외부로 바람의 방향은 수시로 변하므로 반드시 핀으로 고정시켜 풍압으로부터 견디도록 시공해야 한다.

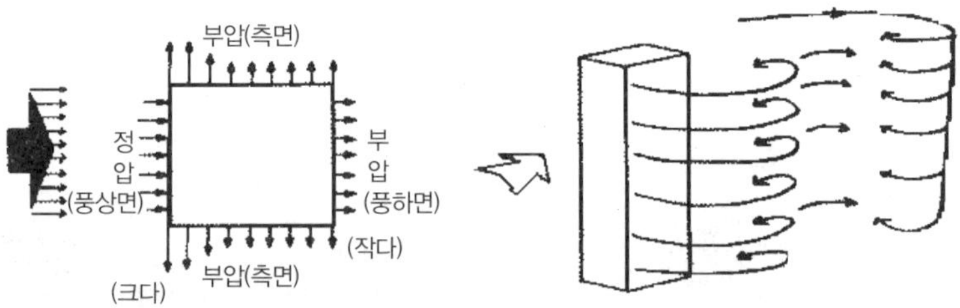

건축물 외벽면의 풍압분포 사례

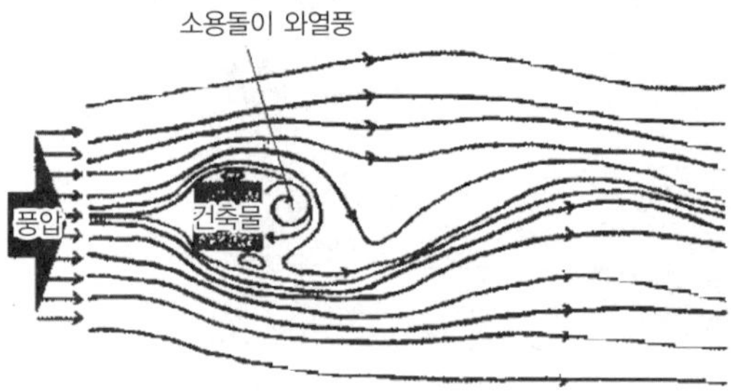

건축물 모서리 부분에 작용하는 풍압력

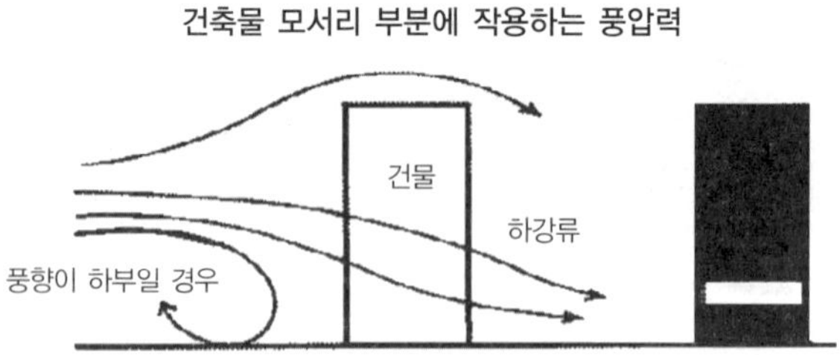

바람이 부는 방향은 그림에서 처럼 수시로변한다.

또 건물의 부압은 앞 페이지의 '건축물 외벽면의 풍압분포 사례' 에서와 같이 모서리 부근에서 가장 높기 때문에 외단열재는 모서리 부분에서부터 탈락하게 되므로 접착제와 병행하여 반드시 핀으로 고정시켜야 한다.

강풍으로 부서진 외벽재(EPS단열재)

패널 바탕일 때 시공법

패널 역시 강도가 약하고 흡수율이 많은 데다 이음이 많다. 미장을 바르는 하지(바탕)로서 어려운 문제를 함유하고 있기 때문에 충분히 검토한 후 공사할 필요가 있다. 패널에 대한 미장마감으로는 주로 내벽인 경우로 ALC 전용으로 공장배합된 기성제품인 묽은 플라스터를 사용하는 것이 보통이다. 다음은 ALC 패널 미장시 주의할 사항이다.

· 패널 설치에 사용되는 철물은 방청처리가 된 것을 사용한다.

· 패널의 이음부에는 틈이 생기지 않도록 하기 위해 반드시 전용 모르타르로 충전한다.

· 장대벽일 때(ALC 패널 5~6매 단위), 오목모서리 부분 및 이종 바탕재와 접합부에는 신축이음을 만들어야 한다. 신축이음 이외의 이음에는 섬유메시 등을 부착하여 보강한다.

· 흡수율이 크기 때문에 드라이아웃을 방지하고, 작업성 향상을 위해 미장 전에 미장용 바탕처리제(합성수지에멀션계) 또는 혼화제를 바른다.

· 마감재의 건조수축으로 인한 균열, 박리를 방지하기 위해 얇게 바르는 것이 원칙이다. 따라서 ALC 패널 건립시 홈이나 잘못 설치되어 턱이 생기거나 휘어진 부분이 없도록 정밀하게 설치해야 한다.

· 외벽 패널에는 원칙적으로 '모르타르' 바르기를 하지 않는다.

Chapter 7

올바른 공사법 공부하기

구조체(ALC Block) 공사

구조체 공사에 앞서 대한건축학회에서 발표한 'ALC 구조설계 규준 및 표준공법'을 이해하는 것이 중요할 것이다. 전문 분야에 있는 사람들조차 이런 규정이 있다는 것을 알지 못하고 있는 실정이다. 이는 결국 구체공사에 있어 규정을 벗어난 임의공사로 이어지게 된다.

주택을 지으려는 건축주들도 ALC로 공사하는 현장마다 다른 공사방법을 보면서 이상하게 생각하는 경우가 있을 것이다.

강도가 콘크리트에 비해 1/4 정도이므로 쇠망치를 사용하지 못하게 되어 있으나 아직도 시멘트벽돌을 쌓듯이 쇠망치를 사용하여 공사하고 있는 것을 볼 때가 있는데, 특수제작된 고무망치를 이용하도록 되어 있다는 것을 모르고 있는 것이다. 또 구조적으로 안전한 방법으로 공사해야 함에도 기본 지식을 갖추지 못한 사람들이 불안정한 공사를 하고 있는 현장을 보게 된다.

현장에서 공사에 종사하는 이들이 경험한 바를 이용하여 작업성이 편리하고, 빠르고, 쉬운 방법으로 작업하려는 것은 좋은 현상이나 그 작업이 쉽고 편리하다는 것만으로 규정을 벗어난 공사를 한다면 잘된 공사라 할 수 없다. 설치된 구조상태가 불안정하게 되어 내구성을 잃게 해서는 안 된다.

또 복잡하면서도 작업공수가 많은 방식으로 공사한다고 해서 나쁠 것도 없지만 비용과 시간이 더 소요된다는 결점이 있다. 많은 건설기술공법이 개발되어 왔지만 작업성이 좋지 않다거나 시간과 비용이 증가하는 것이라면 시간이 경과하면서 개발된 공사방법이 사라지는 경우는 매우 흔하다.

'ALC 구조설계 규준'에 명시되어 있음에도 아직도 첫단 블록을 쌓을 때 기초 상단에 방습지를 깔지 않고 쌓는다는지, 수평을 잡도록 되어 있지만 아무렇게 쌓는 경우를 보는 것은 허다하다(첫단 수평잡는 방법은 공사를 하는 업자마다 그들만의 노하우를 이용하여 설치하는데 어떤 기구나 장비를 이용하든 규정에 맞도록 수평으로 쌓기만 하면 되는 것임). 보를 설치함에 있어서도 공사하는 사람마다 다른 경우를 보게 되는데, 규정보다 더 강화된 방법을 사용한다면 말할 것 없지만 최소한 규정을 벗어난 공사는 하지 않도록 해야 한다.

서구의 기술을 도입한 공법이거나 건축학회 규정에 있는 공사방법을 서로 내가 개발한 방식이다, 아니다! 하고 정보통신망에서 다투는 경우를 보게 된다. 공사 규정을 이해하고, 그 규정에 따라 공사하고 있는지를 확인한다면 어떤 이들이 건축주 여러분의 주택을 올바르게 공사해줄 업체인지 판단하는 데 도움이 될 것이다.

집을 짓기 위해 현장을 다니면서 다음 규정에 맞도록 공사를 하는 팀이 있는지를 발품팔아 찾아다닌 일은 이런 이유에서였다. 어느 '회사제품을 많이 사용하고 있는지', 그 제품이 어떤 장점이 있는지, '접착재료는 어떤 것을 사용하고 있는지', '작업자가 구조에 대한 기본지식은 알고 공사하고 있는지', '난널 규정에 맞도록 접합면이 완전히 충전되도록 하여 단열성능이 보장될 수 있는 공사를 하고 있는지', 끝으로 '내·외장 마감재료는 어떤 재료를 사용하고 있으며 내구성은 있는지, 하자는 없는지' 등을 조사하고 다녔다.

최소한 규정대로 공사되고 있는지를 확인한다면 그들에게 일을 맡겨도 좋을 것이다. 블록을 쌓는 방식으로는 건식방식과 습식방식이 있는데, 건 · 습식방법을 병행하는 경우도 있다. 재료나 장비가 새로운 것이 개발되면 종전의 습식방식에서 벗어나 건식방식으로 발전하는 것이다. 12장 부록에서 대한건축학회에서 규정한 'ALC 구조설계 및 표준공법'의 'ALC블록' 중에서 기본이 되는 일부분을 발췌 · 수록하였으니 참고하기 바란다.

공사 예상 작업소요일

ALC주택에서 BLOCK 및 패널공사 일반적인 기준※

공사 규모	공사 소요 일수(일)		비 고 (Block 높이 9단 기준)
	지붕 · 바닥	벽	
100㎡ 정도	2~3	5~7	30평 이하
500㎡ 정도	4~6	10~14	30~150평 이하
1,000㎡ 정도	7~10	20~30	150평 이상

※1개 작업팀의 구성 : 감독자 1+기능공 4+소운반공 1=합계 6명 기준이다.

패널공사

공사도면 작성과 취부방법, 사양서 검토

공사도면 작성과 기타 관련 사항은 다음 사항을 참조하여 검토한다.

1	각 부위의 마감	- 구조체 및 구체와의 취부를 평활하게 하는 방법 - 해당 공사와의 취합, 마감방법 - 개구부 위치, 보강 및 설치방법 - 절단, 구멍뚫는 위치, 치수, 보강방법 - 특히 긴 재료의 지지방법
2	취부방법	- 구법 검토, 사용할 철물의 선택 - 줄눈처리방법, 실링재의 종류(전용 실링재)
3	구조재 및 패널의 사양	- 사용재료 종류별 확인(디자인, 마감면, 발수처리 등) - 치수, 가공형상, 수량 확인 - 허용하중, 내화시간, 단열 등을 검토
4	현장 상황에 대한 대응	- 인접건물과의 작업관계 - 가설, 작업시간 제한 등 - 공사순서, 작업방법, 양생, 안전관리
5	공사범위	- 선행공사 취부할 부분의 평활 처리, 앵커철물, 깎아내기 등 - 개구부, 절단, 구멍뚫기, 벽면 따내기, 보강 부위, - 구멍뚫기, 절단 등에 대한 보수 · 보강

선행공사(외벽 패널의 경우)

- 기초 부분의 치올림 콘크리트 상단부는 균일모르타르를 바르고, 삽입철근, 앵커류 등을 확인한다.
- 받침앵글, 장선, 보강보, 멀리온 등 구체(철골 또는 콘크리트)에 취부할 기초 철물류 공사가 완료되었는지를 확인한다.

· 패널을 취부할 철골면에 볼트 등의 凸부가 있는 경우 처리 및 방청도장을 한다.

· 처마 부분은 벽체공사시 방해가 되는 경우가 많다. 따라서 처마공사는 벽체공사를 완료한 후에 하는 것이 효율적이다(콘크리트 처마구조는 벽체공사 후 공사가 곤란하므로 공사계획을 수립해야 함).

· 지붕패널 설치에서도 패널 간 이음 부분에는 D10~D13mm 철근으로 연결하고 테두리보 등에 긴결시키고, 틈새는 방수모르타르로 충전시킨다.

패널 적치방법

현장에 반입된 패널제품은 바닥을 고르게 한 후 받침목을 사용하여 수평을 잡은 다음에 그림에서처럼 쌓아서 보관하고 장비의 이동이 가능한 작업공간을 확보해야 한다. 그렇지 않으면 장비의 이동으로 제품에 충격을 주어 파손되는 사례가 빈번하게 발생한다.

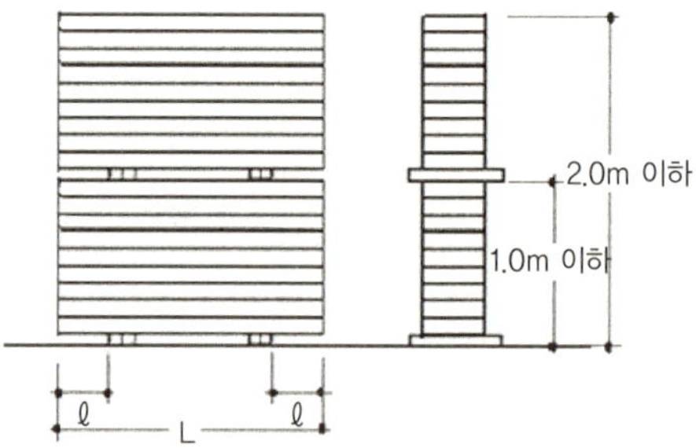

적치방법		평행 적치
최대 적치 높이	1단쌓기	1.0m 이하
	총 높이	2.0m 이하
받침목	위치	ℓ=L/5~6
	단면치수	(지상부) 9cm×9cm 이상 (중간부) 0.9cm×4cm 이상

패널의 절단, 구멍뚫기, 홈파기

절단 및 홈파기는 다음 그림을 참고한다(대한건축학회 ALC구조설계규준 및 표준공법과 JASS 21에 의함).

구멍뚫기

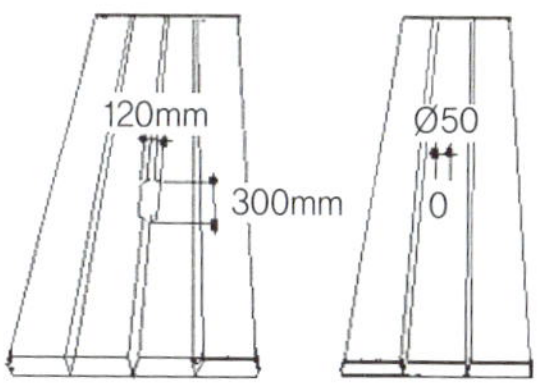

지붕, 바닥패널

구멍을 크게 뚫어야 할 경우는 하부에 받침철구조물을 별도로 설치해야 한다.

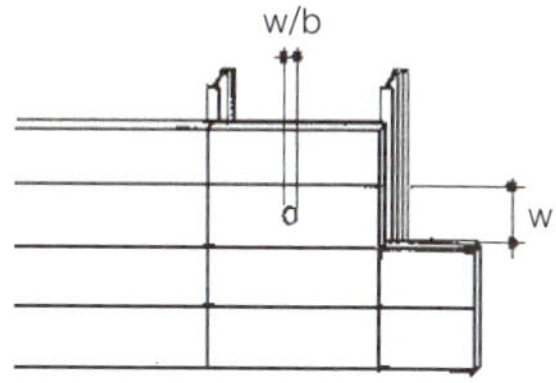

외벽 패널

[패널에 구멍 뚫기]
- 지붕 · 바닥 패널에서는 가급적 피한다.
- 외벽 · 칸막이벽 패널은 폭 30mm 이하, 깊이 10mm 이하에서 패널 1매당 1개

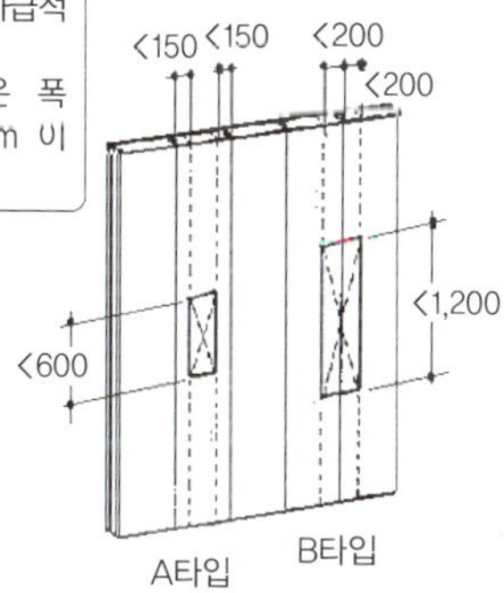

칸막이벽 패널

패널의 절단

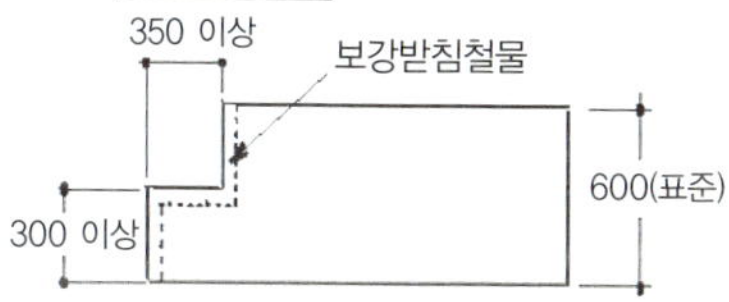

지붕, 바닥, 벽, 패널

외벽패널의 마감

ALC패널의 외벽 마감재 선정에 대한 일반적인 주의사항

- 충분한 방수성이 있어야 하며, 어느 정도 신축성 있는 재료를 사용한다.
- 줄눈 부분의 코킹 주위에는 미장재의 부착상태나 도장이 얇게 되기 쉽기 때문에 기초 작업부터 세심한 주의가 필요하다.

· 바탕 하지가 습윤한 상태로 되어 있으면 충분한 부착력을 얻기 어렵고 박리의 원인이 되므로 주의해야 한다.
· 패널 줄눈부의 방수처리는 아크릴계 실런트를 사용한다(아크릴계의 실런트 경화시간은 2~3시간이 필요하고 그후에 마감공사를 해야 함).

마감재

· 뿜칠타일(Spray Tile)로 마감할 때는 다음과 같이 참고한다.
  - 주재를 뿜칠 또는 롤러로 발라서 凹凸 등의 형상으로 만든다.
  - 복층 모양 뿜칠재는 합성수지에멀션계, 시멘트계, 반응경화형이 있으나 합성수지에멀션계가 가장 적합하고 반응경화형은 부적합하다.
· 수지리신(樹脂ricin)마감(합성수지에멀션 사벽상 뿜칠재)일 때는 다음과 같이 참고한다.
  - ALC 전용인 공장배합된 기성제품을 사용해야 한다(현장배합한 것은 좋지 않음).
  - 외벽의 바탕 하지처리는 실러(sealer)처리보다 한 단계 높은 필러로 처리한다.
  - 바탕 하지에 붙은 먼지, 분말 등은 세심하게 제거해야 한다(표면줄눈은 V-Cut하여 치장줄눈으로 함).

내부패널의 마감

내벽마감으로 ALC구조용 벽체에서는 주로 전용 미장으로 마감하지만, 패널에서 석고보드를 붙일 때는 장선을 걸고 붙이는 방법 외에 특수 집착제를 띄엄 띄엄 둥글게 붙여서 붙이는 방법이 주로 이용되고 있다.

패널에 사용되는 실링재

ALC패널에 사용되는 실링재는 아크릴, 폴리우레탄, 폴리설파이드, 변성실리콘, 실리콘계를 사용하고 있는데, 사용되는 재료에 적합한 실링재를 선택하는 것이 중요하다.

ALC 전용 실링재 종류

실링재	성능	특징
아크릴계	KS F 4910 (JIS A 5758 내구성능 구별 7010)	- 저모듈러스 - 수축이 약간 크다. - 시공성이 좋다. - 내구성이 좋다. - 경제성이 높다.
	KS F 4910 (JIS A 5758 내구성능 구별 7020)	
폴리우레탄계	KS F 4010 (JIS A 5758 내구성능 구별 7020) 이상 (50% 인장응력 2kg/cm² 이하의 것)	- 신축이 크고, 수축은 적다. - 내구성이 크고, 약간 고가이다.
폴리설파이드계		- 신축이 크고, 수축은 적다. - 내구성이 크고, 고가이다.
변성실리콘계		- 신축이 크고, 수축은 적다. - 내구성이 크고, 고가이다.
실리콘계		- 신축이 크고, 수축은 적다. - 내구성이 크고, 고가이다.

실링재의 작업환경

일반적으로 기온이 15~25℃ 정도에 습도는 80% 미만으로 맑고, 바람이 없는 날이 최적의 작업조건이다. 기온이 낮은 경우 재료의 경화반응이 지연되고 줄눈 부위에 무브먼트(movement)[7]에 의한 주름이나 균열이 발생하고, 경화지연으로 진애의 부착이 심하고 작업성이 저하되어 불량이 발생한다.

또 기온이 현저히 높아 피착체가 50℃의 고온이 되면 실링재의 경화에 이상이 생기며, 습도가 80% 이상이 되어 고습하면 접착 불량이 발생한다.

따라서 작업성이 나쁘면 결국 내구성 저하로 이어지기 때문에 사전에 작업환경을 고려한 면밀한 주의가 필요하다. 실링재작업전에 반드시 프라이머를 도포하고 양생된후에 작업해야 한다.

주 7) 지진, 풍압, 온도변화 등이 원인으로 건축물을 구성하는 부재의 접합부에 생기는 각종 움직임을 총칭한다.

패널로 만드는 주택

ALC 패널로 주택을 짓는 경우도 있다. PC프리패브 방식인데, 1980년대에 많이 짓던 (구)대한주택공사의 조립식 아파트와 유사한 건립공법이다. 건립은 가능하나 주택 평면구성의 제한이나 외형디자인 등이 패널로 조립하는 것으로는 보통 지으려는 개개의 주택구조를 실현하려는 데는 개구부 절단 등에 무리가 있다.

비용면에서나 여러 여건이 바람직하지 않아 여기서는 기술하지 않기로 한다. 지진이 많은 일본의 경우는 철골재와 병용하기 때문에 주로 패널을 이용하여 건립한다. Block을 사용하는 경우는 매우 드물다. 다음 그림은 패널방식으로 주택을 건립하는 모습이다.

ALC패널 주택 건립 모습

외벽패널걸기 표준 줄눈폭

ALC 바닥패널과 벽패널을 공사할 때 필요한 줄눈의 수평 및 수직 방향에 대한 치수는 다음 그림에서 나타내고 있는 것을 표준으로 삼으면 될 것이다.

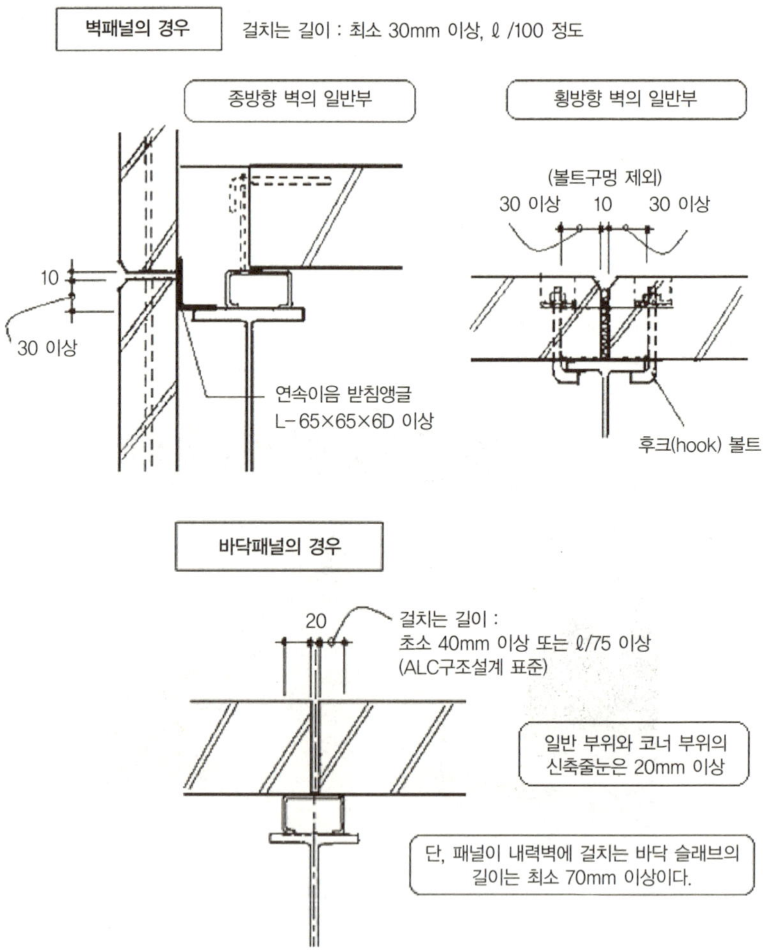

반입재료 관리

재료반입 조건은 현장마다 다를 수 있지만, 초기에 반입되는 과정에서 지반의 불규칙이나 크레인 이동으로 지반상태가 고르지 않아서 파손 제품이 많이 발생하는 경우가 있다. 재료의 단면결손은 결국 ALC 단열계수와 직결될 것을 생각하면, 펑~하게 홈이 파져 있던가 모서리가 깨진 상태의 ALC 벽체를 보고 있으면 가슴이 쓰려온다.

깨져서 보수된 곳의 단열계수를 맞추는 것도 어렵기 때문에 사용하지 않는 것이 좋다. 무엇보다 현장반입 제품의 관리가 중요하다. 사용할 부위별, 재료이 크기별, 운반과 이동이 쉬운 방법으로 적재하는 계획이 필요하다.

통기성이 차단된 비닐포장으로 출하하고 있다.

저에너지(준패시브)하우스 조건

ALC 단열계수의 확보 관리

국내 주택의 단열기준은 외벽의 경우 열관류율(U값, W/m^{2}K)을 중부지방의 0.36 이하(0.27 이하로 개정)로 설계하도록 규정하고 하고 있다. ALC의 경우 재료 제조업체에서 제공하는 대부분의 열전도율은 건조된 기건상태일 때 시험한 데이터이므로 현장에 반입된 습기가 높은 재료의 열전도율은 설계수치보다 높게 된다.

앞서 이야기한 것처럼 경량기포콘크리트(ALC)의 경우 함수율이 보통 15~25%로 알고 있지만 실제는 25~30% 정도인 경우가 많다. 따라서 구체가 건조되지 않으면 당초 설계수준 이하로 단열성이 상당히 떨어진다는 것을 의미하게 된다. 그러므로 ALC주택은 짓는 과정에서부터 완전 건조되는 데까지는 사용하는 외벽두께에 따라 좌우되지만 가능한 지속적으로 건조시키는 것이 좋다.

다음 그래프에서 보는 바와 같이 평균습도를 유지하기까지는 통상 1~2년 이상이 소요되고 있다. 이는 곧 시간이 지남에 따라 주택의 단열성능이 높아진다는 의미이다. 그러므로 ALC주택의 내·외벽에 사용하는 재료는 대단히 중요하다. 때문에 발수성능과 투습성능을 동시에 갖고 있는 전용 마감재를 사용해야 하는 이유가 여기에 있고, 시공방법도 중요한 것이다. 간혹 ALC가 건조되지 않은 내부를 목재나 석고보드 등으로 공기순환시설도 하지 않은 채 내부 인테리어 치장을 하는 경우를 보는데, ALC로 짓는 친환경주택으로는 바람직하지 않는 방법이다. 아래 그림은 ALC 건물의 건조와 관련한 연구자료이다. 반입된 ALC의 함수율이 20%일 때, 1년 후의 함수율은 12~15% 정도이지만 2년이 지나서부터는 평균 3~6% 정도의 일정한 함수율을 나타내고 있는 것을 알 수 있다. 함수율이 30% 이상으로 반입된 것이라면 아래 도표에서 10% 정도 상향된 함수율로 보면 되지 않을까요?

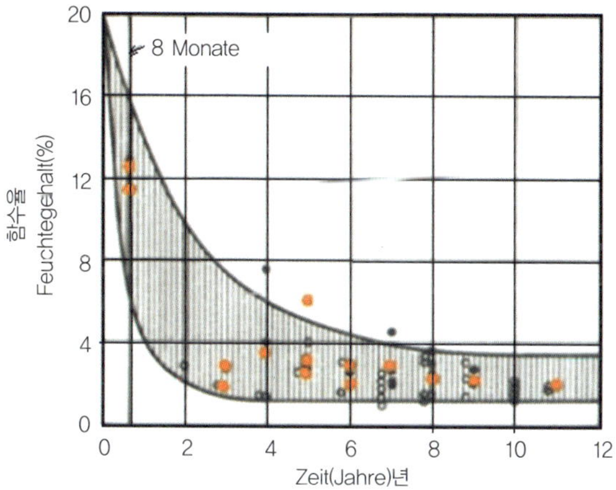

자료출처 : Gasbeton Waerme-und Feuchteschutz

우리가 가구용 목재로 사용하고 있는 건조목인 경우 함수율이 8% 정도인 것을 감안하면 습기로 인한 걱정을 하지 않아도 된다는 것을 알 수 있다. 지역에 따라 차이는 있겠지만 위 그림에서와 같이 두께 200mm를 사용한 ALC의 경우 2년째가 지나서부터는 일정한 함수량을 가지고 있는 것은 ALC가 숨을 쉬기 때문에 대기 중의 습도를 항상 유지하고 있다는 것으로 볼 수 있다. 따라서 ALC로 짓는 주택의 열관류율은 일정 정도 건조된 경우를 기준으로 설정하였다. 참고로 독일의 ALC 함수율과 열전도율에 대한 데이터를 보면 다음 TIP 8의 2)에서와 같이 해를 거듭할수록 단열성능이 높아짐을 알 수 있을 것이다.

[TIP 8]

1) 패시브하우스 정량적 요구조건

표: 독일 패시브하우스 참조

구 분	세부 구분	조 건
외벽	외벽 열관류율	0.15 $W/m^2 \cdot K$ 이하
	지붕 열관류율	0.15 $W/m^2 \cdot K$ 이하(한국 : 0.12$W/m^2 \cdot K$)
바닥	바닥 열관류율	0.15 $W/m^2 \cdot K$ 이하
창호	유리 열관류율	0.8 $W/m^2 \cdot K$ 이하
	창틀 열관류율	0.8 $W/m^2 \cdot K$ 이하
	창호설치 후 열관류율	0.85 $W/m^2 \cdot K$ 이하
	유리 g값(SHGC)	0.5 이상
문	문 열관류율	0.8 $W/m^2 \cdot K$ 이하
	문 기밀성능	0.45 $W/m^2 \cdot h$ 이하
열교환 환기장치	효율	75% 이상(난방, 전열)
	소비전력	0.45 $W/m^2 \cdot h$ 이하
	Out Air 조건	0℃ 이상
열교	급기/배기 비율 차이	10% 이하
	선형 열교	0.01 $W/m^2 \cdot K$ 이하(고려치 않는 경우 많음)
	접형 열교	0.01 $W/m^2 \cdot K$ 이하(고려치 않는 경우 많음)
건물 전체 성능	기밀성	0.6 회/h @50~60Pa 이하
	가전기기의 효율	고효율 가전기기 사용
	조명부하	최소한의 조명기기 사용(전체 LED 사용)

2) 독일의 ALC 함수율과 열전도율에 대한 데이터

함수율(%, M)	4.5%	10%	15%	25%	45%
열전도율($W/m \cdot K$)	0.10	0.122	0.142	0.182	0.262
열관류율($W/m^2 \cdot K$) T=300mm 외벽 기준	0.317	0.383	0.441	0.555	0.77

국내산일 때 함수율 25%는 재료 반입시이고, 4.5%는 건조 후 함수율임.

창호의 단열계수와 내구성

창호에서의 유리는 단열성이 매우 취약한 곳이다. 따라서 패시브하우스나 저에너지하우스에서는 거실의 남쪽 전면 전체를 통유리로 하는 것은 무리다. 유리창은 조망권 외에 겨울철의 낮동안 햇빛에너지를 실내로 가져올 수 있는 유일한 통로이지만 유리창을 너무 크게 해도 문제이고 너무 작게 해도 문제점이 있다.

우리나라에서는 주로 남쪽으로 크게 창이 집중되어 있고, 다른 쪽은 최소화한 창으로 설치하는 것이 일반적이다. 남쪽방향의 창이 크면 맑은 날 겨울철 낮동안에는 실내온도가 높겠지만 햇빛이 없는 날이나 밤에는 실내온도가 너무 내려가 온도변화를 크게 하는 단점을 가지고 있다.

건축법의 피난방화구조 등에 관한 법 제17조에서 건물의 채광에 필요한 면적은 바닥면적의 1/10 이상으로 규정하고 있다. 따라서 창호의 크기, 규모에 맞게 계획하면 되겠지만 창호의 선택에서는 많은 고민이 필요하다. 무엇보다 중요한 것이 창호의 단열이기 때문이다.

창호의 단열성능은 유리뿐만 아니라 프레임의 열관류율, 유리에 사용되는 간봉, 창호 설치시의 열교 발생 등을 포함하여 열관류율과 기밀성이 있어야 한다. 독일의 패시브하우스에서 요구하는 창문의 열관류율은 0.8W/㎡k로 높은 단열성능을 요구하고 있다. 우리나라의 경우 '건축물의 에너지절약 설계기준' [국토교통부 고시 제2013-587호. 2013.10.1. 일부개정]과 '친환경주택의 건설기준 및 성능' [고시 제2013-584호. 2013.10.8. 일부개정]에서 공동주택에 적용하도록 한 창호단열 기준이다.

부위		열관류율 기준(W/m²k)		
		혹한지 및 중부지방	남부지방	제주지방
부위	외기 직접 면함	1.2(1.5)	1.5(1.8)	1.8(2.6)
	외기 간접 면함	2.1(2.2)	2.3(2.5)	2.8(3.3)

※괄호 내의 수치는 공동주택법 기준이며, 밖의 기준은 친환경주택의 건설기준 및 성능 고시에 강화된 기준이다.

법 제7조 창호의 설계조건은 별표 15에서 정한 지역기준에 외기에 면한 창호의 평균 열관류율은 중부지역 1.2W/m²k 이하, 남부지역 1.5W/m²k 이하, 제주지역은 1.8W/m²k 이하가 되도록 설계하여야 하며, 외기에 간접 면한 창호의 평균 열관류율은 중부 2.1W/m²k 이하, 남부지역 2.3W/m²k 이하, 제주지역 2.8W/m²k 이하가 되게 설계하도록 규정되어 있다.

창호의 종류와 제조사는 대단히 많은 편이다. 국내 제조사 외에도 수입 · 판매되고 있는 제품들이 많지만 막상 건축주들은 선택의 기준을 정하지 못하고 업체별 가격만 놓고 저울질하는 경우가 많은데, 사실은 창호가 가지고 있는 열관류율과 내구성에 초점을 맞추어야 한다. 창호는 건축물과 같이 50~100년의 내구성을 가져야 한다. 대부분 완제품으로 수입되는 것이 아니라 프로파일을 수입하여 국내에서 제조되는데, 획득한 국내시험성적을 참고하여 짓고자 하는 주택의 에너지 레벨에 맞추어 결정해야 하는데, 가격만을 저울질하는 경우를 보면 안타깝기도 하다.

참고로 인터넷으로 알 수 있는 정보만 해도 창호성능이 모두 다른 것을 알 수 있다. 예를 들면 패시브하우스 및 등급별 주택에 알맞는 단열계수를 가진 창틀과 유리두께, 창호의 개폐시스템을 고려하여 선택한다면 좋을 것이다. 국내산 시스템 창호와 독일 수입산 창호제작사인 '캐멀링', '베카', 이탈리아산의 '알파칸' 등을 사전에 조사하였는데, 인터넷상에서 사용자들이 올려놓은 글들을 참조하여 기밀이 안 되거나 열에 의한 변형이 있다는 글을 참조해보니 인터넷에서 제공한 시험데이터만 믿을 것이 못된다는 생각에 많은 고민을 하게 되었다.

어떤 곳은 열관류율에 대한 시험데이터를 제공하지 않아 결국 시험성적표를 근거로 PVC프로파일이 납성분이 없는 Greenline 인증서를 획득했고, 국내에서 내부보강재를 넣어 내구성이 뛰어날 뿐만 아니라 아르곤가스는 98.7%를 충전하여 가스누수가 없도록 Swisspacer-Ultimate 단열간봉을 사용한 독일 '캐멀링' 사로부터 수입, 국내 가공한 제품을 선택하였다.

'캐멀링' 사 국내제품은 몇 년 전만해도 70mm 프로파일에 39mm 유리를 제공하였으나 현재는 88mm에 46mm유리를 공급하고 있다. 다음은 88mm와 70mm일 때 창호의 단열계수와 기밀성능에 대한 성능을 나타낸 것이다. 캐멀링 창호는 88mm에 46mm 3중 유리일 때 열관류율은 0.88W/m^{2}k, 기밀성은 0.00m^3/hm^2(1등급)이고, 70mm에 39mm 3중유리일 때의 열관류율 1.106W/m^{2}k, 기밀성은 0.00m^3/hm^2(1등급)이다.

또 창호시스템은 PAD(Tilt & Turn)와 PAS(Tilt & Sliding) 중에서 모두 PAD 시스템으로 설계하였다(다음 표는 창틀두께 88mm일 때 시험결과 : 독일).

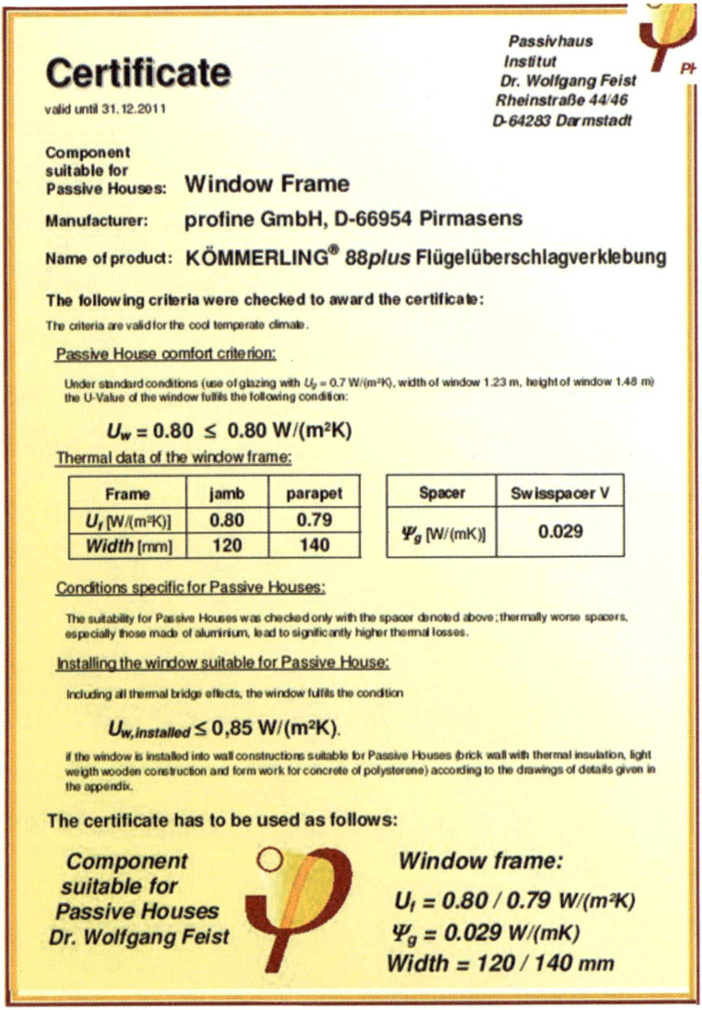

Certificate

valid until 31.12.2011

Passivhaus Institut
Dr. Wolfgang Feist
Rheinstraße 44/46
D-64283 Darmstadt

PH

Component suitable for Passive Houses: Window Frame

Manufacturer: profine GmbH, D-66954 Pirmasens

Name of product: KÖMMERLING® 88*plus* Flügelüberschlagverklebung

The following criteria were checked to award the certificate:

The criteria are valid for the cool temperate climate.

Passive House comfort criterion:

Under standard conditions (use of glazing with $U_g = 0.7$ W/(m²K), width of window 1.23 m, height of window 1.48 m) the U-Value of the window fulfils the following condition:

$$U_w = 0.80 \leq 0.80 \text{ W/(m}^2\text{K)}$$

Thermal data of the window frame:

Frame	jamb	parapet
U_f [W/(m²K)]	0.80	0.79
Width [mm]	120	140

Spacer	Swisspacer V
Ψ_g [W/(mK)]	0.029

Conditions specific for Passive Houses:

The suitability for Passive Houses was checked only with the spacer denoted above; thermally worse spacers, especially those made of aluminium, lead to significantly higher thermal losses.

Installing the window suitable for Passive House:

Including all thermal bridge effects, the window fulfils the condition

$$U_{w,installed} \leq 0{,}85 \text{ W/(m}^2\text{K)}.$$

if the window is installed into wall constructions suitable for Passive Houses (brick wall with thermal insulation, light weigth wooden construction and form work for concrete of polysterene) according to the drawings of details given in the appendix.

The certificate has to be used as follows:

Component suitable for Passive Houses
Dr. Wolfgang Feist

Window frame:
$U_f = 0.80 / 0.79$ W/(m²K)
$\Psi_g = 0.029$ W/(mK)
Width = 120 / 140 mm

창틀두께 88mm인 경우 시험성적표

〈자료출처: 앤썸시스템, kommerling Tilt&Turn〉

참고로 창문틀의 두께에 따른 여러 가지 성능을 다음 그림의 데이터에서 알 수 있다.

3중 유리 시현

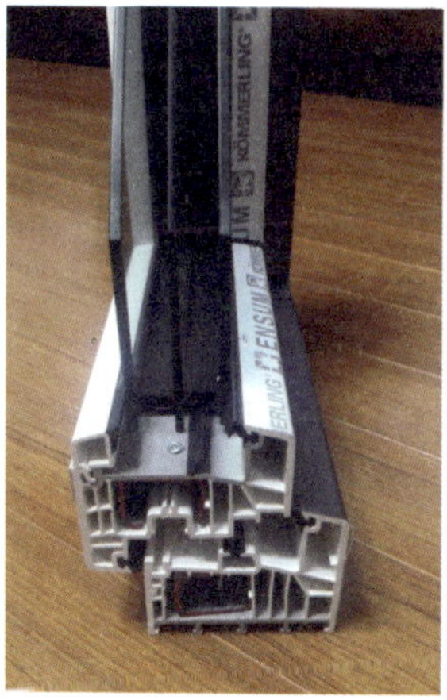

캐멀링 창틀과 3중유리 단면부

시험결과

성적서 번호 : KIER-13-1-0129호

페이지(2)/(총6)

※창세트 시험결과

창세트 사양						
단창/이중창	단창				개폐방식	Till & Turn
프레임 재질	합성수지				프레임 폭(mm)	70
유리조합	1	두께(mm)	39	상세	5mm Low-e+12mm Ar+5mm CL+12mm Ar+5mm Low-e	
	2	두께(mm)	N/A	상세	N/A	
간봉재질	합성수지					

시험결과			
시험항목	시험방법	성능값(SI)	측정불확도 (신뢰수준 약 95%)
단열성능(열관류율)	KS F 2278(물리적 시험)	1.106 W/m²k	±0.118 W/m²k
기밀성능(통기량)	KS F 2292(물리적 시험)	0.000 m²/hm²	±0.016 m²/hm²
소비효율등급	2등급		

창호성능시험 결과 (70mm바, 39mm유리, 열관류율 1.106W/m²k)

패시브하우스용(3L 이하 주택)

86mm, 6 Chambers, 3중 유리(아르곤가스 주입, 로이 코팅, 단열간봉, 3중 가스킷, 보강재 없이 시공가능(열교없음)
풍압, 기밀(바람, 물), 보안성, 내구성, 단열성 모두 검증

독일 ift rosenheim 연구소와 SKZ에서 검증한 REHAU의 RAU-FIPRO(실험으로 입증된 신기술 혼합재료)의 내구성과 안정성

저에너지주택(3L이상 주택)

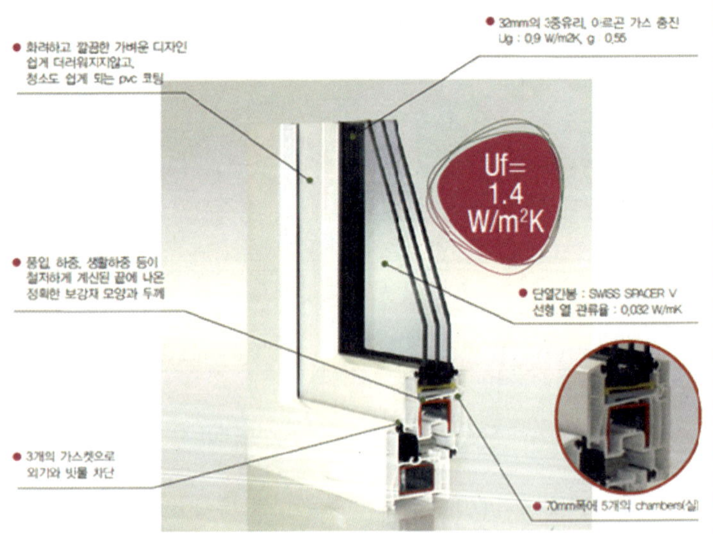

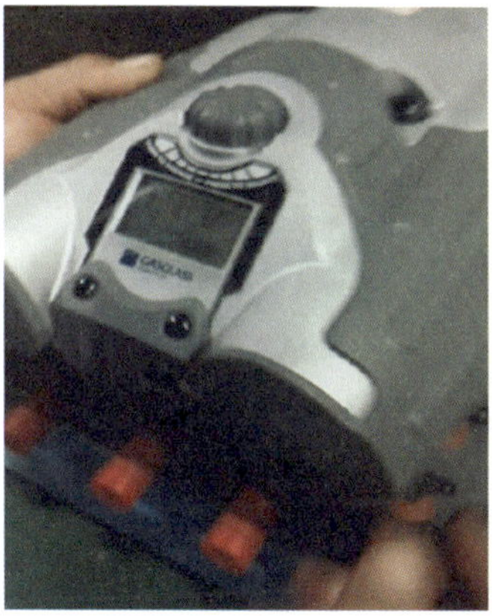

아르곤가스 측정기 98.7%의 가스가 충전되고 있다.

새시 조립장

에너지절약 주택의 표준설정

저에너지주택을 짓기 위한 표준시방은 다음과 같이 설정하였다.

1. 바닥 : 기초콘크리트 위에 고름모르타르를 바르든가, 방습지를 깔고 방습합판으로 수평을 맞춘 다음 압출스티로폼 단열재(아이소핑크 1종 1호)를 두께 200mm(바닥 아이소핑크는 50mm를 테이핑하여 4겹으로 깔았음)를 이음이 없도록 밀실하게 붙여서 깔고 비닐을 덮어서 모르타르 80mm(난방 피이프매입) 위 마루판 깔기(단, 2층 바닥의 경우에는 단열재 두께 50mm임)
2. 벽 : ALC두께 300mm 이상, 위 내·외부 전용미장재(내부 8+외부 10mm) 위에 전용 친환경도장제 미감

3. 지붕 : ALC 패널(0.6품) 두께 200mm 위+방습지+서까래(2′×6~10′)+단열재(R11-89mm+R19-159mm) 248mm+방습지(Tyvek)+공기층 50mm+OSB깔기+지붕용 자체 점착성 있는 방습지 Tyvek 붙이기+기와 걸이에 오지기와 잇기(지붕용 Tyvek은 -73℃에서 95℃까지 극한온도 범위에도 견딜 수 있고 내구성은 70년 이상이다)

4. 창호 : 독일 '캐멀링' 사 합성수지제(PVC)에 내부보강재를 삽입한 것으로 열관류율 1.106W/m²k

5. 유리 : 3중유리(5mm 로이유리+12mm 아르곤가스충전〈Swisspacer- Ultimate 단열간봉〉+5mm 투명유리+12mm 아르곤가스충전〈Swisspacer-Ultimate 단열간봉〉+5mm 로이유리)

6. 외부출입문 : 현관-단열문, 다용도실-캐멀링 24mm 복층유리 단열문

7. 열회수 환기장치 : 국내산 로터리형으로 열회수율 85% 이상

8. 내부 천장 : 목재틀(공간 30~50cm) 위에 Tyvek 방습지 붙이고, 라돈 함유량이 적은 친환경 석고보드 9+9mm 이중부착 위 친환경 도장재 마감(침실의 천장은 종이도배 마감)

9. 난방 : 온수 및 난방용 등유보일러 30,000Kcal/hr-1대(경동 콘덴싱보일러) 보조난방으로 벽난로 설치

Ⅲ. 실행하기

Chapter 8

ALC 집짓는 이야기

주택신축공사 사전 점검 사항

ALC 공사 사전 점검 사항

<table>
<tr><th>항목</th><th colspan="2">점검 사항</th><th>문제점 및 대책</th></tr>
<tr><td rowspan="15">1. 현장</td><td colspan="3">1) 공사장 진입도로를 확인한다.</td></tr>
<tr><td colspan="2">- ALC는 25톤 트럭으로 운송되므로 진입도로를 확인해야 한다.(도로폭 4m, 골목길 회전각도, 지장물 등)
- 레미콘 차량이 들어올 수 있는 도로여건이 조성되어 있어야 한다.</td><td>1) 소운반 비용 증가
- 지게차 또는 소형트럭 상하차, 운반
- 도로상태에 따라 자재 파손 발생</td></tr>
<tr><td colspan="3">2) 가설동력 및 공구 확인</td></tr>
<tr><td>- 둥근톱</td><td>220V단상, 1KW</td><td rowspan="2"></td></tr>
<tr><td>- 교반기</td><td>220V단상, 0.5KW</td></tr>
<tr><td colspan="3">3) 전용 공기구 확인</td></tr>
<tr><td rowspan="4">- 건립용</td><td>Band-Saw 둥근톱</td><td rowspan="4">- 레벨 조정시에는 반드시 고무망치를 사용
(파손 방지)
- 벽체두께에 맞는 흙손을 사용</td></tr>
<tr><td>흙손 및 수평 레벨기</td></tr>
<tr><td>교반기, 고무망치,
모따기용 쇠망치</td></tr>
<tr><td>면갈기 기구, 수동톱 등</td></tr>
<tr><td rowspan="2">- 패널설치용</td><td>밧줄(Sling), Gripper, 용접장비</td><td></td></tr>
<tr><td>지렛대, 목재 받침목</td><td></td></tr>
<tr><td>- 소운반기구</td><td>지렛대 Car, Hand-Carrier</td><td></td></tr>
<tr><td>- 계측기구</td><td>수평기, 먹통 및 먹줄</td><td></td></tr>
<tr><td>- 홈파기기구</td><td>전동 및 수동 Groover</td><td></td></tr>
</table>

<table>
<tr><td rowspan="8">1. 현장</td><td colspan="3">4) 전용 부자재 확인</td></tr>
<tr><td rowspan="2">- 연결철물</td><td>Band-Plate</td><td rowspan="6">- 파장핀은 임시 고정용에 사용할 것.

- 접착용으로 사용하는 미장재는 17/kg/m³ 을 사용할 것.</td></tr>
<tr><td>Tie-Plate, 사각못</td></tr>
<tr><td>- 패널연결용</td><td>D10, 13 철근 및 시멘트 모르타르</td></tr>
<tr><td>- 설치장비</td><td>용접기 및 용접봉</td></tr>
<tr><td>- 접착용</td><td>쌓기용 및 내 · 외부 미장용 모르타르
PU-700, PU-010 등</td></tr>
<tr><td>- 면 보수용 재료</td><td>보수 전용 모르타르</td></tr>
<tr><td>- 충전재</td><td>우레탄 폼, 코킹재, 전용 실링재</td><td></td></tr>
<tr><td rowspan="2">2. 기초</td><td colspan="3">1) 줄기초 또는 복합 매트기초인지 확인</td></tr>
<tr><td colspan="2">- 동결선 이하까지
- MAT 두께 300mm 이상, 칸벽 부분 중간보 설치
- 규격 철근을 상하 이중배근으로 할 것.</td><td>- 기초의 부실은 지진, 부동침하로 인한 균열을 유발시킴으로써 반드시 구조설계사의 검토를 받을 것.</td></tr>
<tr><td rowspan="6">3. 벽 구조체</td><td colspan="3">1) 1층바닥 레벨을 점검한다.</td></tr>
<tr><td colspan="2">- 레벨기 및 계측기구를 이용하여 각 모서리 높이를 점검하여 가장 높은 곳을 기준으로 레벨을 조정할 것.</td><td>- 정밀도는 후속공정에 영향을 미침</td></tr>
<tr><td colspan="3">2) 1층 바닥 먹매김을 확인한다.</td></tr>
<tr><td colspan="2">- 내 · 외부벽체 및 개구부의 정확한 위치를 확인할 것.
- 개구부의 크기는 창문틀보다 10~15cm 크게 할 것.</td><td>- 정밀도는 후속공정에 영향을 미침</td></tr>
<tr><td colspan="3">3) 첫단 공사는 올바른지 확인한다.</td></tr>
<tr><td colspan="2">- 작업은 벽체 끝에서부터 시작한다.
- 바탕 방수모르타르로 레벨을 조정한다.
- 첫단은 발수블록을 사용한다.
- 가능하면 수평자는 1.8m 긴 자를 이용한다.
- 모르타르 교반기를 이용하여 정확한 가수량으로 혼합한다.</td><td>- 벽구조체의 기본이 되므로 부실공사는 건물 하자로 이어진다.
- 곰팡이 발생 및 강도저하를 가져 온다.(출하시의 흡수율은 최대 20% 이하)</td></tr>
</table>

<table>
<tr><td rowspan="2">3. 벽
구조체</td><td colspan="2">4) 벽체 건립</td></tr>
<tr><td>- 건립용 흙손은 벽체두께와 동일한 크기를 이용한다.
- 줄눈 크기는 2mm 혹은 3mm 이내로 일정하게 한다.
- 줄눈은 막힌줄눈으로 하고, 수평잡기는 고무망치를 이용한다. 또 수직줄눈 접착은 PU-700 등을 이용하여 공사하도록 한다.</td><td>- 기준 미달 접착재료는 균열발생의 원인(17kg/m^3 이상 사용)이 됨
- 수직줄눈 미충전 접착으로균열 발생
- 쇠망치 사용 금지(파손방지)</td></tr>
<tr><td rowspan="2">4. 2층
바닥</td><td colspan="2">1) 바닥패널 설치 준비가 되어 있는가.</td></tr>
<tr><td>- 인양용 크레인을 이용하여 바깥쪽에서 안쪽으로 설치한다.
- 패널 걸침길이는(장변) 70mm 이상으로 한다.
- 패널 이음줄눈용 철근은 D10 이상을 사용한다.
- 사춤용 모르타르배합은 시멘트 : 세사=1 : 3 (보통 공장배합된 레미탈을 사용)
- 패널 단면이 걸치는 부위에 인방이 있을 때는 내력용 인방을 사용할 것.</td><td>- 걸침턱 부족과 보통 인방을 사용했을 때 하중을 견디지 못해 처짐이 발생한다.</td></tr>
<tr><td rowspan="2">5. 개구부</td><td colspan="2">1) 창호의 설치는 적절한가.</td></tr>
<tr><td>- 창, 문틀 고정은 전용 앵커를 사용한다.
- 벽체와 문틀 사이는 고정 부분을 모르타르로 충전한 후 견고하게 한 다음 우레탄폼으로 밀실하게 충전시킨다.
- 창문틀은 벽체 외부선에 맞추는 것을 원칙으로 한다.(단, 창대, 물받이 등을 설치하는 경우는 예외)
- 창, 문틀 상부에는 구조에 합당한 인방을 설치하고 걸침길이는 양단에 20cm 이상 걸치게 한다.</td><td>- 후 설치로 창, 문틀의 오염을 방지
- 외부선에 맞춘 공사로 동절기 동해발생 방지
- 내력인방 사용으로 창틀의변형 방지</td></tr>
<tr><td rowspan="4">6. 지붕</td><td colspan="2">1) 지붕용 패널 재료를 확인한다.</td></tr>
<tr><td>- 패널의 두께와 길이를 확인했는가.
- 패널의 파손 부분은 허용규정 내에 있는가.</td><td>- 균열, 파손품 및 휘어진 패널은 사용하지 말 것.</td></tr>
<tr><td colspan="2">2) 패널 건립 취부상태를 확인한다.</td></tr>
<tr><td>- 벽체가 지붕바닥판의 취부할 장소까지 건립되어 있는가.
- 패널 인양용 크리프는 준비되어 있는가.
- 패널이 처마와 수평으로 되어 있는가.
- 크레인을 이용하여 처마쪽에서부터 용마루쪽으로 설치되고 있는가.</td><td>- 지붕 하단까지 벽구조체가구축되지 않으면 구조적 불안정과 차음성능의 저하로 내부 실 간의 방음처리가 안 됨</td></tr>
</table>

<table>
<tr><td>6. 지붕</td><td>- 패널의 걸침길이는 70mm 이상인가.(장변방향)
- 패널은 철근으로 보강되고 이음면의 충전상태는 올바른가.(누수방지 시설 확인)
- 패널의 돌출길이(내민길이)는 두께의 4배 이하인가.</td><td>- 이음 모르타르는 방수모르타르를 사용한다.
- 인양용 지그 사용으로 패널에 구멍을 뚫든가, 단면 결손을 내지 말 것.</td></tr>
<tr><td rowspan="4">7. 마감</td><td colspan="2">1) 내 · 외부 미장재는 ALC 전용재인지 확인한다.</td></tr>
<tr><td>- 미장할 바탕면을 깨끗이 청소하고, 면고르기를 하였는가.
- 공사할 현장의 환경은 적절한가, 먼지, 분진, 강풍 등이 없는가, 작업현장의 기온은 적절한가.
(5℃ 이하 작업금지)
- 미장재의 반죽상태는 적절한가.(가사시간이 경과된 미장재를 혼합하여 재반죽해서 사용해서는 안 됨)
- 초벌, 재벌(정벌바르기)로 공사하고 있는가.
- 통기성이 있는 전용재인가.
- 메시는 몇 겹을 붙이는가, 규정된 제품인가.
- 미장두께는 일정하며 고르게 발라졌는가.
(바름두께, 얼룩, 들뜸 등을 확인)
- 미장재는 제품에 따라 바름두께가 다르므로 사전에 확인이 필요하다.(수입 인택S의 경우 4~5mm, 국내산의 경우 7~10mm를 공사함)</td><td>- 미장재는 메이커에서 인정하는 전용재료를 사용할 것(ALC제조사의 내 · 외부미장재, 유성테크의 '에코플라스터' 등의 국내산 ALC 전용재와 독일 수입산 외장재료는 알세코사의 '알시톱', 스토사의 '스토 레벨노보', '스투륌K', 내장제료는 알세코사의 '인텍S'와 스토사의 스토레벨 인 등의 제품이 있음).
*Alsecco사의 인택S는 초벌 바름용 임.
소요량 : 약 4kg/m²당
- 외부 미장마감재는 균열, 들뜸, 오염, 내구력 등을 고려하여 독일수입산 시공을 권장함(고가이나 현장을 조사한 결과는 알시톱 등의 수입산 마감이 ALC 전용 자재로 가장 우수한 것으로 나타 나고 있음)</td></tr>
<tr><td colspan="2">2) 기타, 내 · 외부 마감재 공사를 확인한다.</td></tr>
<tr><td>내부에 노배할 경우에는 반드시 통기성이 있는 합지나 종이벽지를 사용할 것.
- 미장재 이외의 마감을 할 경우(예 : 내부 석고보드, 외부 사이딩 마감 등)는 반드시 설계자와 협의하여 ALC환경에 적합한 공법으로 공사하여야 한다.</td><td>- 실크벽지 등은 곰팡이 발생의 원인을 제공함
- 미장 후 전용 도장을 권장함</td></tr>
</table>

<table>
<tr><td rowspan="2">7. 마감</td><td colspan="2">3) ALC 전용 도장재를 사용하고 있는가.</td></tr>
<tr><td>- ALC 전용재인가를 확인하고 바르기 횟수를 확인한다.
- 우레탄수지, 에폭시수지 등의 수지재, 반응경화형 수지재 등을 사용해서는 안 된다.
- 표면에 분말, 먼지 등을 완전히 청소한 다음 도장한다.
- 전용 실링재를 사용하는지 확인한다(제6장, 171P의 ALC 전용 실링재 참조).</td><td>- ALC 전용도장재는 합성수지에멀션계 도료를 사용해야 하며, 반드시 공장배합 제품을 사용한다(현장배합하는 재료를 사용해서는 안 됨).
- 국내산 메이커의 합성수지재료와 수입산 전용 도료가 있다.
(국내산 : ALC전용 KS제품),
(수입산 및 수입가공품 :
① SKK화연한국(주)의 ALC전용 내 · 외부용 도장재
② alcmate의 '노롤'(내부)
③ Sto사의 '스토 컬러 로투산'(외부), '스토컬러인'(내부) 등의 도장재가 있음)</td></tr>
</table>

건축 규모 확정

1) 부지면적 : 대지 297평(대지에 딸린 농지가 별도로 350평 정도)

2) 건축면적 : 1층 42평, 작업실로 사용할 2층 10평에 다락이 8평 정도로 확정 (1F-138.74m^2, 2F-31.5m^2, 기타-27m^2=197.24m^2)

3) 기초구조 : 철근콘크리트 복합매트구조(동결심도 1.2m)

4) 구체구조 : 경량기포철근보강콘크리트구조(ALC 블록 및 패널)

- 외벽두께 300mm(구조 250mm+단열판 50mm), 내벽두께 200mm, 슬래브패널 두께 200mm(모든 구조는 마감을 제외한 두께임)

5) 지붕구조 : ALC 패널 T=200+서까래(2′×8′), 단열재248mm+OSB합판 위 오지기와

6) 최고높이 : 7.5m(거실 천장 최고높이 : 6.5m, 1층 각실의 천장높이 : 2.7m, [서재 천장높이 : 2.8m], 2층 천장높이 : 평균 2.20m, 다락 : 1.8m)

선행공사 확인

주택의 기초

터파기 공사

IRC(International Residential Code)의 FPSF(Frost Protected Shallow Foundation) 정의에 따라 기초깊이를 결정한 터파기는 동결선 이하로 하고 외부 줄기초와 연결된 T=300 매트기초로 내부에 내력벽체가 있는 부분에는 철근으로 별도로 보를 만들어 보강한다.

기초 저변에 배수설비를 하여 동결방지를 위해 기추로 유입되는 물이 즉시 빠져나가도록 조치한 후 기초 외부에 단열재를 부착하여 부가적인 동결방지 조치를 한다. 바닥 버림콘크리트는 강도 210kg/cm^{2}를 사용한다.

외벽 라인을 따라 줄기초 파기

줄기초용 비닥콘크리드 타설(T=200)

기초 철근콘크리트공사

1) 기초공사는 동결선 이하로 하고, 기초의 형태는 줄기초가 원칙이나 중앙 부위를 매트기초로 할 경우에는 외부 줄기초와 매트기초를 긴결하고, 내력벽이 있는 위치에는 보강보를 설치하는 것이 바람직하다. 특히 ALC 주택의 기초는 부동침하가 생기지 않도록 구조검토를 해야 한다.

기초는 짓고자 하는 주택규모의 구조에 적정한 철근을 일정간격으로 배근한 후, 지하에 매설되는 배수로, 우수관로, 전선관 등을 연결한 다음, 소요 콘크리트 강도를 얻을 수 있는 기초콘크리트를 타설한다.

주택의 경우 주변의 오 · 배수 관로를 기초공사시 동시에 매설하여 주변정리를 하는 것이 공정관리상 바람직하다. 기초철근배근에 대해서는 건축설계사무소에서조차 아무렇지 않게 직경 10mm 철근을 30cm 간격으로 한 단만 배근하면 된다는 곳도 많다. 경악할 노릇이다.

기초자갈 포설(좌)과 버림콘크리트 타설(우)

기초용 철근을 가공하고 있는 작업팀

2) 기초는 공사할 벽체공사의 중심선을 체크한 다음, 설치할 벽구조재의 외벽선보다 최소 20mm에서 최대 50mm 정도 작게 거푸십을 설계하는 것이 좋다. 즉 외벽 ALC 구조벽체를 건립할 때는 기초 끝단으로부터 20~50mm를 내밀어서 세팅하기 때문이다. 다만, '에어셀' 등의 단열판을 추가로 부착할 때는 내밀어 세팅하지 않고 오히려 들여서 쌓는 경우가 있으므로 면밀한 검토가 필요하다.

줄기초 배근 및 시트 위 버림콘크리트 타설
(D13-@200에 보강근 D16)

줄기초 및 매트기초 배근
(D13-@200가로/세로, 2줅배구)

3) 거푸집을 설치하고 나면 가공된 철근을 배근하게 되는데, 일반적으로 구조적으로 확인된 ALC주택 기초에서는 D13, D10를 상단과 하단에 이중으로 배근하며, 배근간격은 20cm 이내로 하고 있다. 또 내부에 주요 내력벽이 있으면 바닥에 보를 설치하여 보강하기도 한다. 기초 규모에 따라 D16으로 보강하기도 한다. 당연히 내진을 고려한 구조라야 한다.

오 · 배수관로를 매설한다.

내력벽이 있는 곳은 보강보를 만든다.
(4-D16, Stirrup D10-@300)

4) 철근결속공사가 끝나면 바닥에 매설되는 전기 및 설비 배관라인을 재점검하고 나서 다시 한 번 거푸집 등의 긴결상태를 재점검한 다음에 기초콘크리트를 타설한다. 타설 후 2~3시간 이내(하절기의 경우는 시간이 더 단축될 수 있음)에 수분이 증발하면 재다짐을 해야 하는데, 만약 이때 재다짐을 하지 않으면 콘크리트에 침강균열이 발생하여 시멘트의 경화조직을 손실시켜 콘크리트 내부에 생성된 물, 틈, 공기 등을 폐쇄시킬 수 없으므로 기초

콘크리트에 균열이 발생하게 되어 열화의 원인이 되고, 재다짐 하지 않아서 생긴 균열로 기초콘크리트의 수명을 단축하게 되어 구조안정을 해하게 된다. 결국 부실한 기초는 ALC 구조의 장기 내구성에 영향을 미치게 되는데, 대부분 잘못된 타설습관에 의해 재다짐을 하지 않아서 균열을 발생시키고 있다.

기초콘크리트 타설

콘크리트(강도 210kg/cm^2) 타설 후 재다짐 실시

5) 기초의 바닥은 평활하도록 해야 한다. 만약 바닥이 평활하지 않으면 모르타르로 바닥을 평활하게 바르는 작업을 추가로 해야 하기 때문이다. 비용이 더 드는 것은 뻔한 일이다. 만약, 상단이 불균일한 곳이 있으면 수평이 되도록 만든다. 이 작업은 매우 중요하기 때문에 작업과정이 까다롭다. 또 기초작업시에는 측정기구를 이용하여 정확한 각을 잡아야 한다. 그렇지 않으면 나중에 기초 일부가 외부로 돌출되든가 움푹들어간 기초를 만들어 보기에 흉하다.

기초 단열, 기초 주변 되메우기 및 유공관 매설

기초양생 및 먹놓기

6) 바탕이 평활하게 되었으면 세로먹놓기(marking)를 하여 매단마다 벽구조체가 수평으로 일정하게 건립될 수 있도록 하고 매단마다 재확인하여 잘못된 곳이 있으면 즉시 수정하고 정정표시를 한 후 교정한다.

용수 및 기타

1) 구체 공사에 사용할 양질의 물이 준비되어야 한다.
2) 전기 등의 가설설비를 준비한다.
3) ALC 자재를 적치할 야적장(Stock Yard)이 준비되어 있어야 한다.
4) 기타 운용할 장비와 설치 운반 및 인양에 필요한 것들을 수배한다.

구체 건립방법

1) 사용할 제품을 쌍용ALC를 선택했다. 주택에서는 ALC블록과 패널을 사용하는데, 내력벽으로는 보통 두께 200mm 이상을 사용하고 있다. 단열을 요구하는 주택의 외벽으로는 중부지방의 경우에는 주로 300mm~325mm(0.5품~0.6품)가 사용되었으나, 최근 법개정으로 단열성능이 강화되어 외벽의 경우 두께 300mm에서 350mm로 증가시켜 사용하고 있다. 따라서 최근에는 두께 350mm로 공사하고 나머지는 내 · 외부 미장으로 외벽이 두께를 맞추어 공사가 되고 있다.

단열을 강조하는 경우 외부에 외부단열보강공법으로 ALC 판재인 '에어셀' 또는 '미네랄울'을 부착하여 마감하기도 한다. 또 특수 단열블록(ALC-i)을 사용할 경우에는 두께 300, 325, 350, 375, 400까지 주문생산되고 있다. 벽 두께가 두꺼울수록 건축실 내면적이 줄어들어 비경제적이 면이 있다. 단열블록(쌍용 ALC-i)을 사용할 경우에는 압축강도를 김도힐 필요가 있다. 내벽의 경우에는 T=150~200mm(0.5품)가 주로 사용되고 있다.

ALC 벽체 블록 외부에 ALC단열판 '에어셀'을 부착하는 모습

2) 구조벽체의 구축에서는 비내력벽의 경우를 제외하고는 막힌줄눈으로 축조하는 것이 기본이다. 외벽용으로 600×300×200을 사용한다면 내벽용 600×200×200으로 높이 200mm를 주문하여 쌓는 것이 엇물리게 건립하는 데 매우 좋다.

3) 블록 건립에서는 앞에서 말한 것처럼 첫단 놓기가 매우 중요하다. 즉 기초바닥의 레벨을 평평하게 맞춘 위에 방수시트를 예정된 구조벽체 폭에 맞도록 잘라서 부착한다(방수시트는 자체 점착 기능이 있음). 그런 다음 시트 위에 시멘트모르타르(또는 시멘트 방수모르타르)를 고르게 펴서 발수처리된 ALC블록(엷은 분홍색임)로 첫단을 평활하게 세팅한다.

4) 첫단 상부에 섬유용 메시(mesh)를 붙여 ALC 전용 접착모르타르를 고르게 바른 다음에 둘째 단을 세팅시킨다. 이때 사용하는 구조재는 설계에서 정한 강도의 ALC등급(보통 일정 크기의 백색덩어리로 된 블록인 0.5품 또는 0.6, 0.7품)을 사용하며, 접착방법은 각 단마다 ALC 접착 전용모르타르를 두께 2~3mm로 포설하고, 동시에 마구리 부분을 접착해가면서 공사한다.

이때 바탕레벨링용 깔모르타르는 ALC접착용 전용모르타르를 사용해서는 안 되며 시멘트 모르타르를 사용해야 한다. 첫단이 설치되면 충분히 양생시키고, 다시 레벨을 측정하여 평활하지 않은 凸 부분은 연마기로 갈아서 첫단 전체가 수평이 되도록 레벨측정기로 확인해가면서 평활하게 다듬는다(수평이 만들어지지 않으면 건립해 갈수록 높이가 맞지 않아 부실공사가 되고, 또 내력벽과 비내력벽 구조체가 엇

물리지 못해서 내력이 약해져 균열이 발생하는 불량 구조물로 전락하게 됨). 첫단 세팅방법은 다음 그림과 사진으로 설명하고 있다.

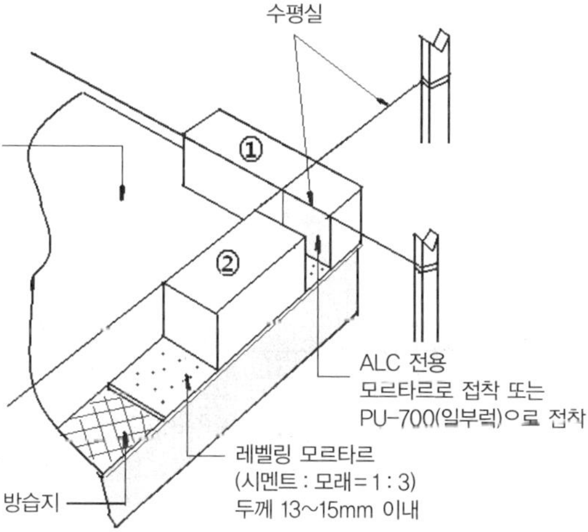

①번 ALC구체 첫단 1번 세팅
②번 ALC구체 첫단 2번 세팅

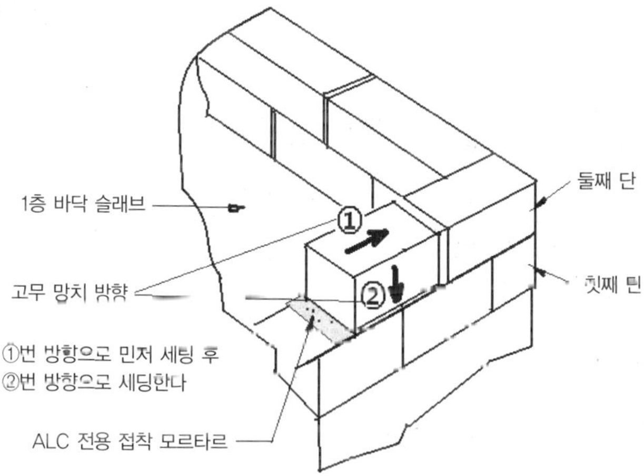

ALC Block 첫단 세팅순서(그림-작업순서)

BLOCK 첫단 세팅 (사진 - 공사현황)

기초 위에 방습지를 깔고 '시멘트모르타르' 로 고르게 펴서 첫단 ALC 발수블록을 세팅한다. 세팅한 후 수평이 맞춰졌는지 확인하고, 만약 凸한 곳이 있으면 갈아 내어 조정한다. 외벽에 단열시스템 '에어셀' 단열판을 추가 부착하는 경우에는 첫단을 기초 끝에서 외벽마감을 고려하여 오히려 들여서 쌓기도 하기 때문에 사전에 벽 중심선 계획을 수립해야 한다.

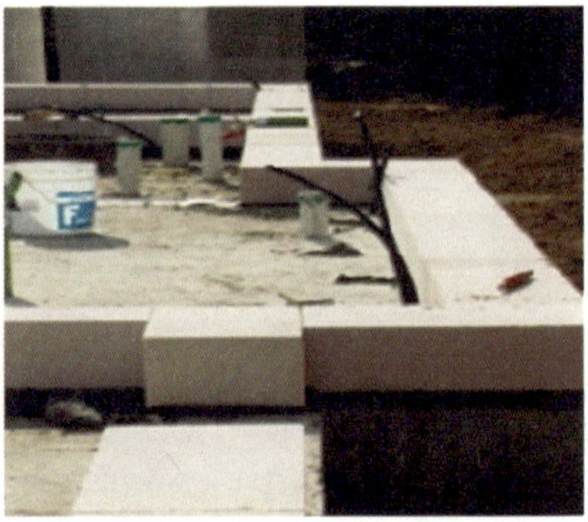

첫단 놓기 전 방습지를 깔고, 발수블록(분홍색 블록)으로 첫단을 세팅한다.

바탕면에 사용하는 보강 메시는 와이어 메시를 사용하기도 한다.

상단은 주로 섬유보강메시를 부착한다.

방수시트를 붙이고+와이어메시+방수고름모르타르 깔고, ALC 첫단 발수블록을 놓고 수평보기, 첫단 발수블록이 기초보다 5cm 밖으로 내밀어져 있다.(우측 좌 상단의 장비는 ALC 절단 가공장비)

최근에는 건식공법으로 공사하는 경향이 많다. 독일로부터 수입·공급되고 있는 ALC 전용 특수접착제(PU-700 : illbruck)를 이용하여 접착시키는 공법이다. 매 단마다 깔모르타르를 접착용 전용 모르타르로 사용할 때도, 세로줄눈의 접합면에 줄눈 모르타르가 흘러내려 유실되어 공극이 발생하므로 PU-700을 사용하는 건식방식으로 공사하는 경우가 많다.

또 전용 모르타르로 접착할 경우 세로줄눈 부위에 접착모르타르가 완전히 충전되기 어렵기 때문에 구조벽체 접점의 이음부 양 끝단을 충전재가 흐르지 못하도록 전용모르타르로 막은 후 중앙 부위에 충전용 분말재를 부어넣어 점착되게 하는 방법도 있다. 부어넣은 충전용 분말재는 ALC의 내부에 함유되어 있는 수분에 의해 시간이 경과하면 경화된다.

분말재 충전공사는 부득이 공극면이 어중간하게 발생되는 부위에서만 실시하는 경우가 많다. 이렇게까지 해야 하는 이유는 구조체가 단열성이 있는 ALC의 특성상 공극이 발생하도록 공사하면 단열효율을 기대할 수 없기 때문이다. 간혹 ALC로는 단열주택을 지을 수 없다고 하는 이들이 있는데, 아마 앞에서 이야기한 것처럼 부실한 공사 때문일 것이다. 패시브하우스 단열 규정에 맞출 경우에는 외벽의 두께를 더 크게 하거나 외부단열 시스템을 추가하여 단열계수 R의 값을 조정해야 한다.

또 '에어셀' 제품 같은 외부단열판을 추가로 부착할 때는 전용 앵커와 함께 접착제 PU-010(일부럭)을 사용한다(다음 사진 참조).

[일부럭 접착시험] :
부착하여 10분이 경과한 후 망치로 쳐보면 ALC가 깨어져도 접착제가 붙은 곳은 떨어지지 않는다.

일부럭 제품과 사용 현황

3~4단마다 설치하는 섬유메시는 종류도 다양하다.

PUP-500 충전재

5) 매단마다 평활상태를 점검한 후, 凸 부분이 있는 곳은 수평을 맞추기 위해 갈아낸 다음에 젓단처럼 세팅해나간다. 섬유메시(mesh)는 3~4단마다 설치하는 것이 좋다(위 사진 참조). 또 메시를 부착하기 전에 홈을 파서 철근(D10~13)을 삽입하여 보강하고 모르타르를 충전시킨 다음 메시를 부착하는 경우도 있다.

6) 창대 부분에서는 하부인방 또는 현장 보강철근이 삽입된 ALC(벽구조재)를 설치한다. 또 벽구조 건립 중에 '파장핀'을 사용하는 경우가 있다(다음 좌측 사진). 원래는 ALC 패널 설치시 임시로 서로 물려있게 하기 위해 사용되는 것인데, Block의 코너 부위 등에서 레벨조정시 밀리지 못하게 임시 고정하는 핀으로 사용하고 있다. 꼭 사용해야 할 필요는 없다. 그러나 습관적으로 파장핀을 박아서 불필요하게 많이 사용하는 이들도 있다. 파장핀은 아연도금되어 부식이 방지되는 것을 사용해야 한다. 다음 사진은 외벽과 내벽을 물려서 쌓는 모습이다.

파장핀 사용 예

외벽과 내벽 연결부 물려쌓기

외벽과 내벽블록을 끼워 물려쌓기

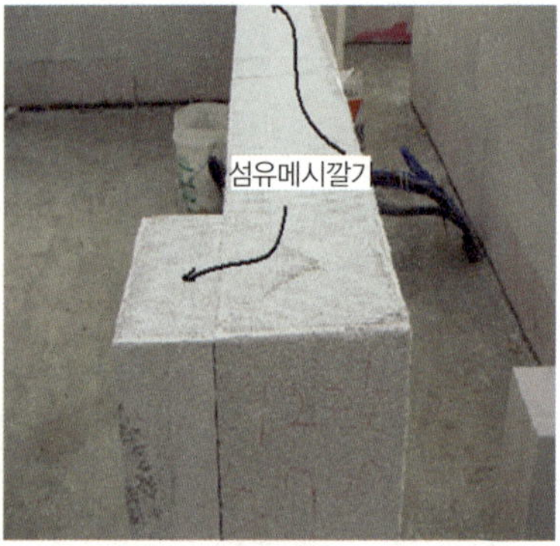

3단마다 섬유메시 깔기를 함

내진구조로 철근을 배근하는 경우도 있다.

7) 상부 인방재는 공장주문제작 제품을 사용하고, 양 끝단이 벽체에 최소 20cm 이상 물리도록 설치한다. 인방의 최대길이는 대개 3m 내외이다. 인방의 길이가 길어질수록 춤높이가 커지는데, 이로 인해 구조벽체와 연결이 어려워지는 경우도 있으므로 사전에 세밀한 검토가 필요하다. 상부구체의 일부를 보강하기 위해 H빔을 설치할 경우에는 구조내력에 견딜 수 있는 벽체에 설치해야 하고, 먼저 받침플레이트(T=9mm)를 평활하게 설치한 후 바탕 보강용 무수축콘크리트(210kg/cm^2 이상)를 타설한 후 2~3주 충분히 양생한 다음 아래 사진에서처럼 구조보강용 H빔의 상부가 구조체와 수평지게 받침플레이트에 세팅한다(방청처리된 H빔은 추후 마감시에 온도변화에 따른 결로를 방지하기 위해 단열재로 철저히 감싸줌).

상부 인방재 설치

상부 구조보강용 H빔 부강설치

8) 소정의 높이까지 완료되면 저층부 상단 전체에 철근으로 보강된 테두리보를 설치하고 양생시킨다. 다시 상층부에서의 건립은 저층부 첫단과 동일한 방법으로 세팅해나간다.

수평을 잡기 위한 면갈기 작업

공극충전작업(사각형 내의 재료 : Fischer)

보강 인방보 설치

중간 부위 철근으로 보강(홈을 파고 D10~13)

홈을 파고 철근을 넣어 하인방 등의 내력을 보강한다.

취약 부분인 경우는 2중으로 보강한다.

PU-700으로 ALC를 접착시키는 모습

보강근 삽입을 위한 홈파기

ALC 인방보강(철근매입 후 모르타르 충전)
(인방보강용 모르타르의 종류는 다양하다. 여기서는 레미탈을 주로 사용하였다.)

인방보가 설치된 모습(걸침길이 20cm 이상)

ALC 1층 구체공사(주택 전면), ALC 외벽 T=300, 내벽 T=200(0.5 및 0.6품)

구체작업 진행을 위한 겨치도

9) 지붕층의 경우는 소요두께의 ALC 바닥용 패널로 평슬래브로 하던가(다음 페이지 우측 사진), 지붕용 패널을 이용하여 경사지붕으로 소정의 각도에 맞추어 콘크리트 PC패널 건립과 유사한 방법으로 크레인을 이용하여 건립한다. 건립에 이용하는 지그(ZIG)는 PC패널 건립용과 다른 ALC패널 전용 지그를 사용하는데, 설치순서는 처마 부분의 낮은 곳에서부터 위쪽으로 설치해 나간다.

가끔 패널의 단면을 손상시키는 구멍을 뚫어 건립하는 경우가 있는데, 바람직하지 못하다. 이때 지붕패널은 반드시 구조벽체의 테두리보와 철근으로 긴결시켜야 한다.

또 ALC패널을 목재에 합판을 못으로 박아 넣듯이 경사면에 비스듬히 얹고 돌출처마로 된 상태에서 ALC 벽체에 기다란 볼트로 박아 넣는 경우를 보게 되는데, 내진상 위험한 방법이다.

패널의 생산길이는 구조설계에 따라 보통 5~6m까지 가능하나 현장에서는 최대 5m 내외로 공사되고 있다. 이외에도 여러 공법이 이용되고 있다. 다음은 작업 중인 주택신축공사에서 벽구체공사 일련의 과정을 사진으로 나타내고 있다.

상부 구체공사 작업

2층 슬래브 패널깔기(T=200)

테두리 보강의 예

2층 바닥 슬래브 깔기

슬래브 패널 연결부는 철근 D13을 보강한 후 콘크리트나 모르타르로 채운다.

바닥 슬래브 철근보강 후 모르타르로 충전

내력벽과 슬래브 패널 철근 연결

슬래브와 테두리보 설치

2층 테두리보 콘크리트 타설

2층 슬래브 설치 완료 후의 모습

2층 경사지붕 구체공사

경사지붕 ALC 패널 설치

지붕 슬래브 패널(T=200) 설치

지붕 패널 설치 후 테두리보 콘크리트타설
(패널 위 목재는 임시 미끄럼 방지재임)

ALC공사에 소요되는 각종 공기구

ALC충전 및 접착용에 사용하는 건(Gun)

동해방지 처리

경량기포콘크리트(ALC)는 다공질인 무기질재료이므로 콘크리트에 비해 흡수 · 흡습이 쉽고, 강도가 낮기 때문에 한랭지에서는 수분공급을 차단하고, 다음과 같은 점에 유의하여 동해방지 대책을 강구하는 것이 중요하다.

- 첫째로 발수(내수)블록 및 패널을 사용하든가, 방수성이 높은 마감재를 사용하여 흡수를 방지한다. 기초 하단 부위에서는 반드시 발수처리된 발수용 블록을 사용한다.
- 둘째로 실내에는 습도가 높은 공기를 차단하기 위해 외벽의 기능도 통기성을 좋게 하고 동시에 방습이 가능하게 해야 한다(결로, 흡습의 방지).
- 셋째로는 결로수를 배제시키는 것이다.
- 넷째는 빗방울, 적설(積雪), 얼음덩어리 부착을 방지하는 마감을 해야 한다.
- 다섯째는 노출평지붕 미장면에는 알루미늄판, 아연, 철판 등으로 덮개를 씌워서 동해를 입지 않도록 해야 한다.

다음 그림들은 기초, 창호, 처마 부위에 대한 동해방지의 대표적인 일례를 나타내고 있다.

기초 부분 동해방지 대책

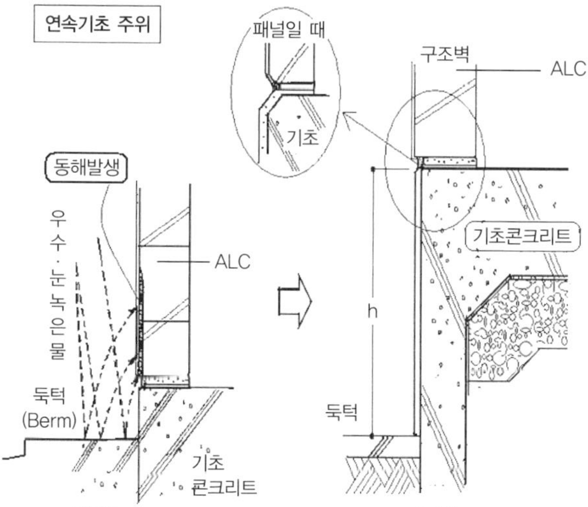

(원인)

기초의 높이가 낮아서 벽체에
항상 눈, 비가 뿌려져 동해 발생

(대책)

기초의 높이를 가능한 높이는 것이 좋다.
h=최소 300~500mm가 적당

창호 새시 주위 동해방지 대책

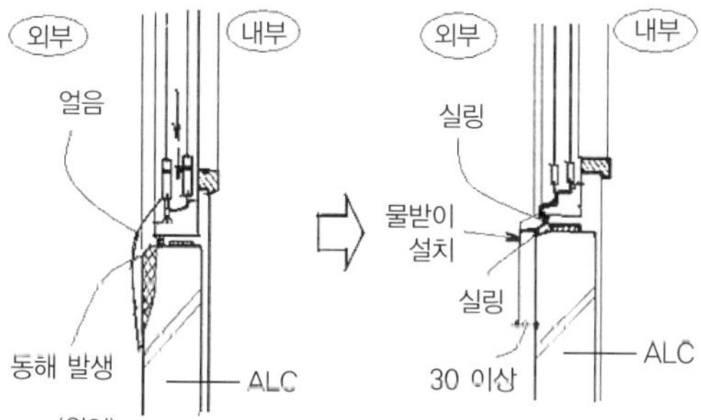

(원인)

새시의 하부 모서리 부분으로
실내에서 결로수가 흘러나와
벽체에 동해 발생

(대책)

새시 하단의 물끊기
부분의 돌출된 큰
물받이를 설치하다

처마 부분 동해방지 대책

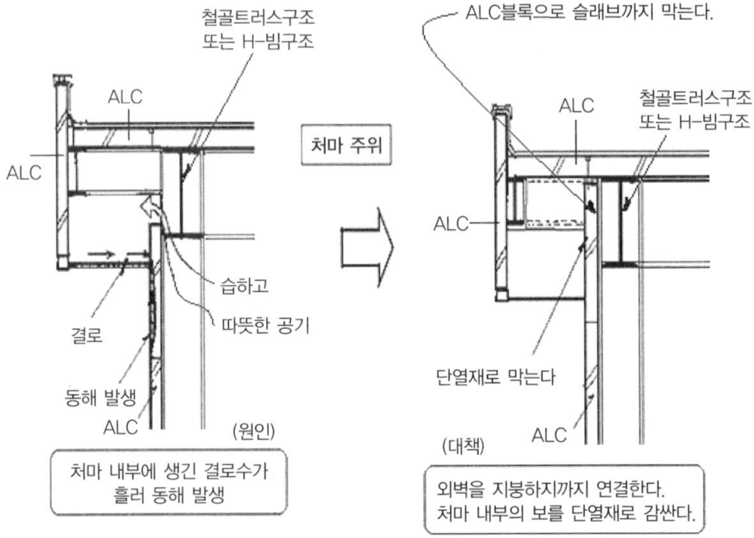

ALC 구조벽체일 때

대문기둥 상판 및 경사지붕 굴뚝 미장면의 동해방지 대책

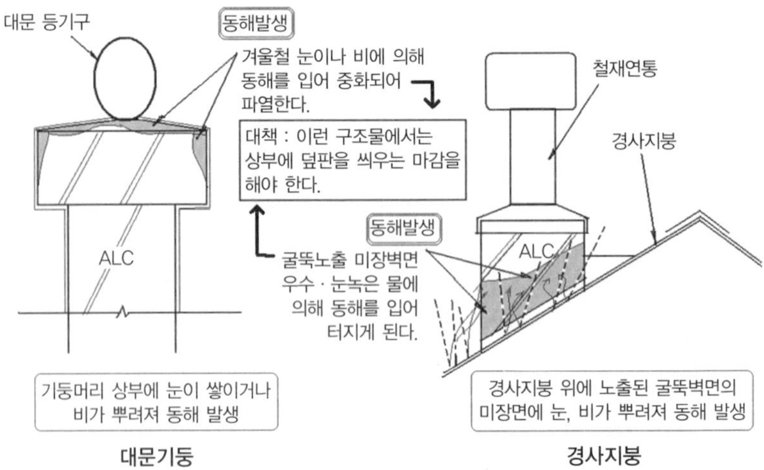

지붕 및 목공사

경량기포콘크리트로 짓는 주택에서 지붕공사를 패널로 덮는 것은 기본이다. 보통 주택을 짓는 곳을 가서보면 벽체만 블록으로 공사하고 지붕은 목조 또는 샌드위치패널로 덮은 것을 보게 되는데, 벽체만을 ALC로 공사한 그런 주택을 100% 경량기포콘크리드 주택이라고는 할 수 없다. 또 인터넷 카페를 통해 집장사하는 이들이 경량철골구조에 샌드위치패널로 벽과 지붕을 해놓고 내부 칸벽만을 ALC블록으로 공사한 것을 ALC 주택이라고 하는 경우도 있다

경우에 따라서는 목조트러스를 만들고 단열 규정에 맞는 지붕공사를 할 수는 있다. 부득이한 경우 목구조로 지붕을 해야 할 경우에는 테두리 보를 만든다음 지붕과 벽체가 연결되는 부분의 구조를 기초와 벽체, 지붕구조가 일체가 되도록 해야 하고 벽과 지붕재가 만나는 부분의 구조문제와 열교현상이 발생하지 않도록 각별한 주의가 필요하다.

구조의 일체성과 보온병 효과를 극대화하기 위해서는 지붕패널로 벽체를 테두리보로 연결시켜 일체화하는 것이 바람직하다.

지붕 굴뚝 부위 패널절단부의 보강철물

내부에서 본 구체벽 테두리보 위에 슬래브 패널이 연결되어 있는 모습

경사지붕 기와마감일 때

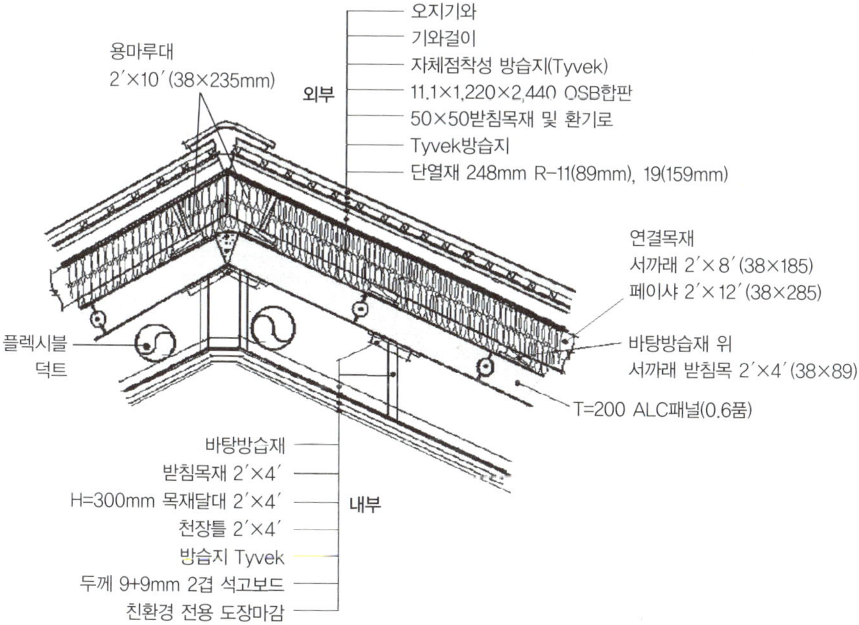

ALC지붕 패널 위 목재지붕틀 단면상세(기와 마감)

처마길이 시공

처마길이는 기본적으로 90cm로 계획하였는데, 시공중에 목공들에 의해 75cm로 축소하여 시공하였다. 목공들이 좋아하는 처마길이는 45cm였다. 따라서 현관입구부분 처마는 45cm로 줄여 마감했는데 줄인 것을 후회하고 있다.

평지붕 노출방수 마감일 때

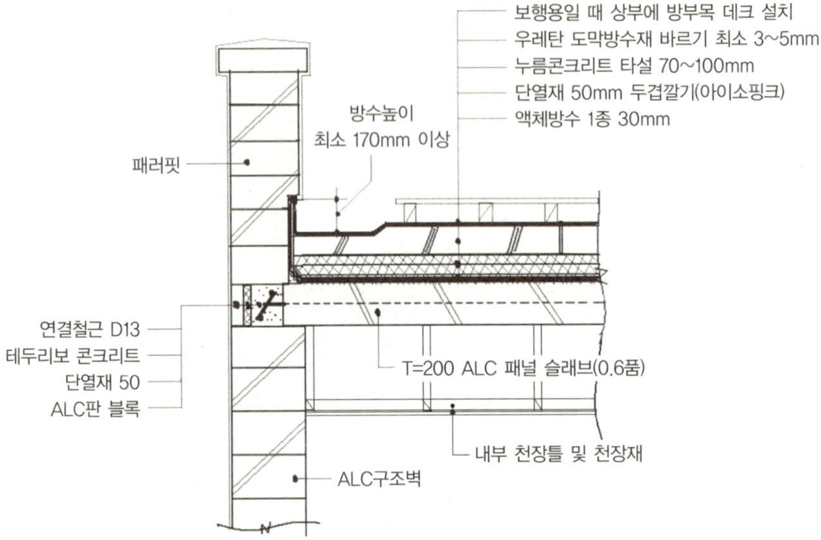

ALC패널 평슬래브 지붕(옥상노출방수마감)

스틸패널 지붕방수 시공현장

지붕슬래브에 보행 가능한 스틸패널방수로 시공한 예

지붕 목공사와 기와잇기

지붕 ALC 패널의 이음 부분이 빈틈없이 정밀하게 시공되어 있다. 벽난로 굴뚝을 설치할 곳은 앞 페이지(220P) 사진에서처럼 철골로 보강한 후 패널을 설치하고 걸침 부분을 확인한 다음 필요한 만큼 패널에 구멍을 뚫는다. 다음 사진은 패널에 방습재를 부착한 후 서까래받침목을 설치하는 작업이고, 우측은 서까래(2′×8′)를 43cm 간격으로 설치중이다.

서까래 받침고정목을 패널에 볼트로 긴결

지붕 서까래받침(각재 2′×4′) 긴결과 접합, 서까래(각재 2′×8′) 간격 @43cm

서까래를 설치하는 작업(2′×8′ @43cm)

서까래를 설치하는 작업(2′×8′ @43cm)

지붕 1차 단열재 R-11, 89mm 채우기

용마루 부분 서까래 접합(각재 2′×10′)

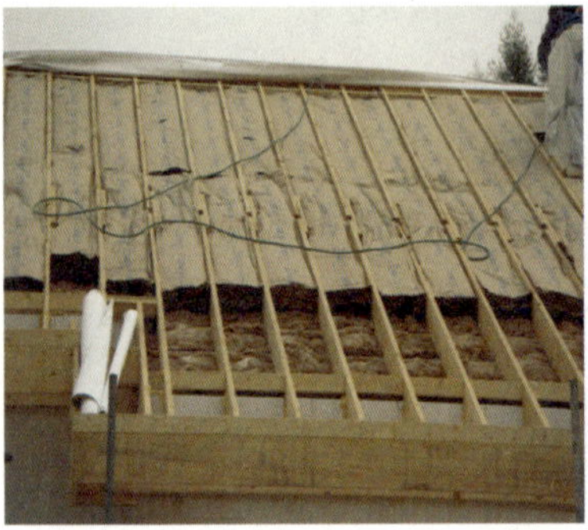

지붕 2차 단열재 R-19, 159mm 채우기

지붕 단열재(R-11+R-19), 248mm 채우기

단열재를 밀실하게 채운 후 Tyvek 방습지로 덮는다(페이샤 2′×12′설치)

단열재 위에 방습지 Tyvek을 겹쳐 깔고 각재로 환기통로를 만든다

마구리면 방습지 고정 접착테이핑 작업과 환기통로 만들기

방습지를 깔고 나서 열발산 통풍구를 만든다

지붕에 Vent를 설치한 후 상부에 OSB합판으로 덮는다

OSB합판 위에 다시 자체 점착성 Tyvek 방습지로 덮고 기와걸이를 설치한다

기와 시공팀의 기와 올리기

지붕 물구배 30°(원형 부분: 굴뚝크리켓)

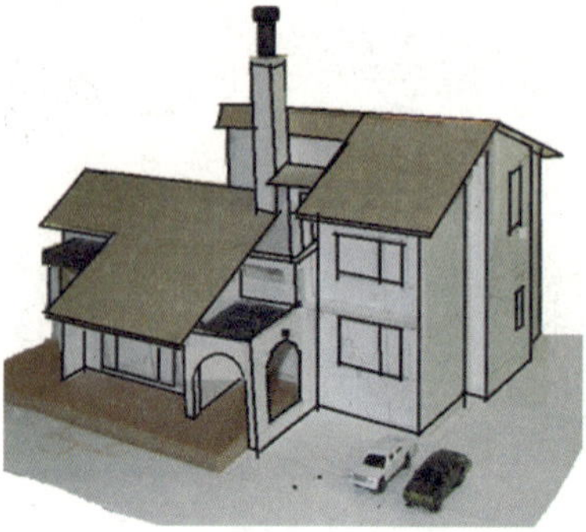

원래 계획했던 주택 모습

돌담장과 정원

기와공사가 완료됨 : 지붕 가운데 흰색 부분은 벽난로용 굴뚝

내 · 외부 마감공사

ALC 주택에서 중요한 부분이 내 · 외부 마감재 선택이라고 할 수 있다. 앞서 이야기했듯이 소재의 특성상 내 · 외부 마감재의 선택은 통기성이 대단히 중요하기 때문에 재료가 가지고 있는 성능과 유사한 제품을 선택하는 데 어려움이 있다.

필자는 마감재 선택에서 한 번 실패한 경험이 있어 주택에 사용할 내 · 외부 마감재의 선택을 위해 많은 고민을 했고, 기존 주택들을 찾아다니며 시공한 마감재를 조사하느라 많은 시간을 소비했다. 그러나 준공 후 몇 년이 지난 다음의 결과를 파악하기는 어려웠다.

또 외부 단열시스템 재료는 외단열재인 EPS(Expanded Polystyren)나 불연단열재 등을 부착하여 마감하는 방법과 미장재로 마감하는 방법을 봐왔는데, 결론은 벽두께를 300mm로 하고 내 · 외부를 미장마감으로 결정하였다.

대표적인 미장 마감재로는 외부용으로 독일 수입재인 알세코사의 '알시톱' 과 Sto사의 '스토 레벨 노보', 내부용으로는 알세코사의 '인텍S' 와 Sto사의 '스토레벨 인' 이 있었다. 국내산으로 공급되고 있는 미장재는 유성테크(수입가공품)의 '에코플라스터', … 등 ALC제조사가 공급하고 있는 수지미장재 중에서 많은 고심을 했었다. 현장조사 등을 통해 ALC 작업팀의 의견을 받아들여 국내에서 생산되고 있는 ALC 전용 미장재인 유성테크의 '에코플라스터' 를 선택하여 마감하였다. 외부미장재의 강도는 '알시톱' 을 능가하지 못했다.

내부 목공사

내부 목공사는 특별하게 치장하는 마감이 없고 단지 천장공사뿐이므로 다음 사진에서처럼 천장은 일정 간격을 두고 목재(2′×4′)를 걸고 Tyvek 방습지를 부착한 후 친환경 석고보드 9mm를 2겹으로 부착한 후 친환경 마감 도장재를 바른다.

거실 상부 천장 목구조공사(2′×4′)

내부 미장공사 초벌 메시를 붙인 것이 보인다.

실내 천장마감(Tyvek방습지+석고보드 2겹 붙이기)

내부 미장/마감공사

미장공사를 하는 동안 기능공들의 노력으로 큰 어려움 없이 공사는 예정된 기간 내에 마쳤다. 집의 모양이 제법 완연하게 갖추어졌다. 구경왔던 사람들이 벌써 마감도장을 했나요?하고 묻는 것이 일상이었다. 도장을 하지 않았는데도 마치 도장을 한 것처럼 미장한 면이 곱고 매끄럽다. 그렇지만 의문이 생긴 것은 재료를 공급한 제조회사의 사양서를 보면 외부는 10mm, 내부는 8mm 이상 발라야 한다고 되어 있었다. 그런데 바름 두께를 보니 내부는 6mm 정도로 되어 있고, 외부는 8mm 정도로 마감되어 있어 소요두께가 두꺼워져야 하지 않는가? 하는 의문이 들었다.

미장한 면이 곱고 깔끔한 반면에 강도가 약한 느낌이 들었다. 조금만 부딪쳐도 움푹 들어가거나 깨어지기도 한다. 양생이 덜되어 그럴 것이라는 생각은 들었지만 보통 미장용 모르타르(시멘트+모래를 배합한 것)에 비하여 강도가 너무 약한 점이 큰 흠이다. 향후 강도를 증강시키는 재료개발이 필요할 것 같다. 그보다 앞서 유지관리가 걱정이다. 적은 강도로 조그마한 충격이나 긁힘에도 표면의 흠집을 보수해야 하는 일이 빈번히 발생하면 어쩌나하는 생각이 들었다.

미장작업이 완료되고 나니 집은 제법 모양이 갖추어졌지만 외부 '알씨톱' 과 내부 '인택S' 로 해야 할 것을 ..... 하는 아쉬움이 남는 것은 왜 그럴까! 80년대 미장재의 결함으로 한 번 쓰라린 맛을 본 일이 있어서 일까? 어떤 곳에서도 검정받은 적이 없는 재료를 업자들의 이야기를 믿고 지금 사용한 재료로 시공한 주택들의 2~3년 후의 결과를 알 수가 없었고, 또 확인 없이 시공한 것이 마음에 걸렸다.

벽면에 덕트배관용 구멍뚫기

2층 계단과 내부 미장마감

재벌바르기 메시와 내부 미장작업

내부 미장 정벌바르기 작업

미장작업 전 ALC벽의 면처리작업

제단된 미장용 메시

바닥 열손실 방지용 단열재(기초 슬래브 위 아이소핑크 T=50mm×4겹 깔기)

미장작업용 소공구

틈새 충전용 PUP 750 B2
(미세한 틈도 빈틈 없이 막음)

바닥 모르타르 바르기를 완료한 상태

친환경 내부용 미장재(화이트플라스터)

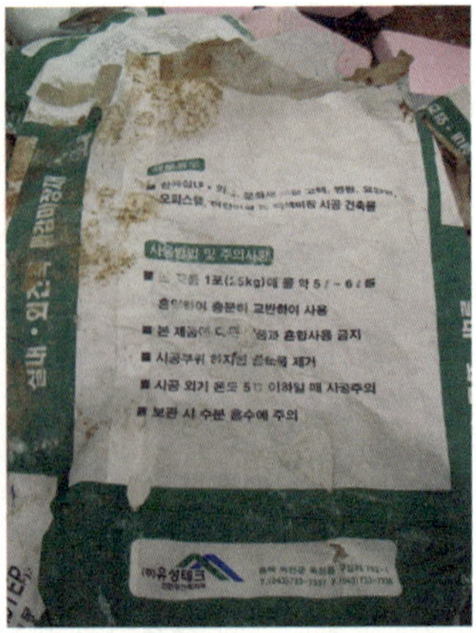

친환경 외부용 미장재(에코플라스터)

외부마감 도장공사

미장재가 충분히 양생된 후, 그 위에 실리콘에멀션수지계로 항균성, 곰팡이 발생을 방지하는 일본후생노동성이 지정한 새집증후군 물질 13가지가 전혀 들어 있지 않은 ALC 전용 내 · 외부용 친환경오염방지도료(수입공급 : SKK)를 사용했다.

내부 도장공사 전 퍼티작업

내부 친환경 도장재 바르기

전면 외벽 도장작업

외부 도장작업이 완료된 모습

기밀성이 우수한 3중유리 PL창호(Fix+Tilt & Turn)

ALC외단열재 에코민(ecomin) 시스템 : 독일수입품

환경설비와 기계 · 전기 · 위생 · 난방설비

환경설비 이야기

폐열환기설비의 원리

기밀성 있게 잘 지어진 주택이 환기를 제대로 하지 않으면 실내공기오염[특히 취침시의 이산화탄소(CO_2)량 증가]으로 건물내(이산화탄소량은 최저700~최고1,000ppm 이하로 규정하고 있음) 거주자들이 일시적 또는 만성적인 질환을 앓게 된다고 한다. 그러나 한겨울 에너지절약을 생각하면 환기로 인한 에너지 손실을 고려하지 않을 수 없다. 일반적으로 성인은 시간당 25~30m^3(패시브하우스 30m^3)의 신선한 공기를 필요로 하는데, 이는 3시간에 15분 정도 창문을 열거나 시간당 1~3회의 자연환기를 하여 얻을 수 있다. 밖에서 신선한 공기를 들어오게 하려면 값비싼 실내 에너지를 잃어야 한다. 폐열회수 환기장치는 이러한 문제를 해결하는 설비이다. 폐열회수 환기설비는 실내 에너지를 유지하면서 환기를 가능하게 하기 때문이다.

폐열회수 환기장치의 원리는 겨울철에 건물에서 빠져나가는 따뜻한 공기를 이용해 외부에서 들어오는 차가운 공기를 데우는 것이다. 열전달률이 높은 금속판을 이용하여 급기와 배기관 사이를 나누어 주는 격판이 있는 격판식으로 급배기관의 공기가 완전히 분리되기 때문에 탁한 공기가 섞이지 않고 열만을 회수하게 된다. 열전달 면은 대체로 금속관이 쓰이며 열회수율을 높이기 위해 물결모양의 판을 겹쳐 격판으로 사용하기도 한다.

필터를 통해 들어오는 외기는 먼지나 꽃가루 알레르기를 예방하는 효과도 있어 건강한 실내공기를 유지시켜 준다. 이러한 장치는 최근 열회수효율이 90% 정도로 매우 높아졌고 가격도 경감되어 널리 보급되고 있는 실정이다. 이러한 시설들은 건물을 지을 때 초기 투자비가 상승하는 요인이 되지만 결국 건물을 사용하면서 지불하게 되는 유지관리비를 절감하게 된다.

건물을 지을 때 드는 비용은 건물의 유지관리비용 약 절반 정도에 지나지 않는다. 지금까지 우리는 건물의 초기 투자비만을 생각했지 건물을 사용하는 데 드는 비용은 간과했다는 생각이다. 서구 사람들은 건물을 지을 때 100년 이상을 내다보고 짓는다고 한다. 기름값이 오를 때마다 연료비를 걱정하지 말고 주택을 지을 때 에너지를 절감할 수 있는 방안을 적용하면 환경문제와 에너지문제를 동시에 해결할 수 있을 것이다. 수입제품도 국내에 많이 들어 와 있는 것으로 알고 있다.

다음 그림과 사진은 폐열회수 환기장치(열교환 환기장치라고도 함)의 원리와 설치되는 설비이다.

열교환 환기장치 개념도

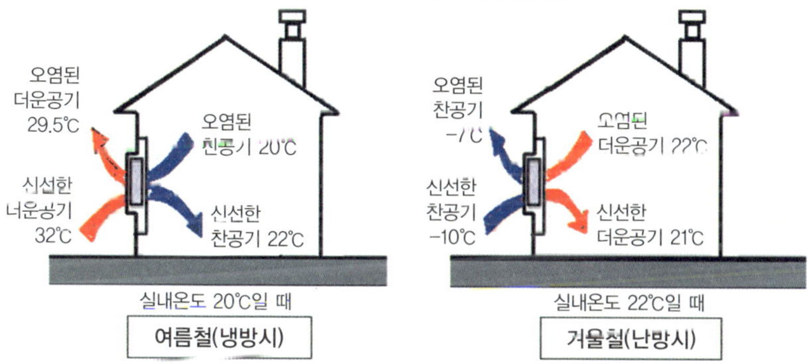

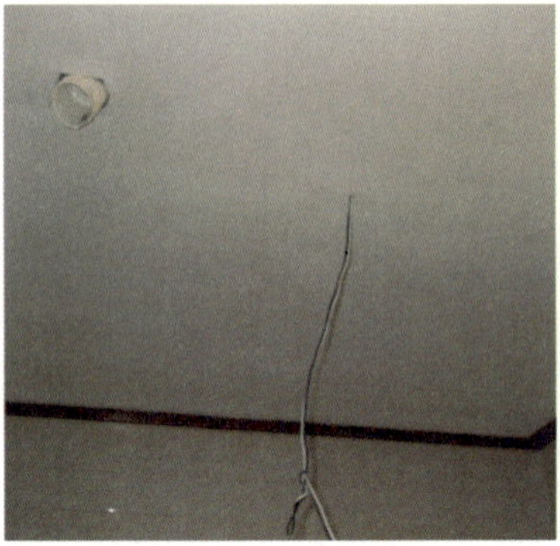

열교환 환기장치 덕트와 전등용 전선

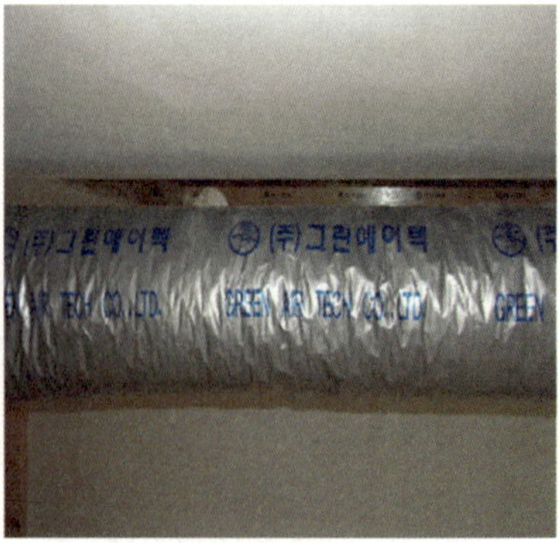

열교환 환기장치 소음기 설치

폐열환기설계 및 장비선정

필요 환기량 계산(m³/h)

	실명칭	실면적(m^2)	천장고(m)	내부체적(m^3)
1	현관, 보일러실	-	-	-
2	복도	10.56	2.7	28.51
3	다용도실	8.88	2.7	23.98
4	샤워 및 화장실	3.91	2.7	10.56
5	주방	16.65	2.7	44.96
6	거실 및 계단	34.72	평균5.5	190.96
7	서재	12.96	2.8	36.29
8	드레스룸	11.84	2.7	31.97
9	안방	15.91	2.7	42.96
10	파우더룸 및 욕실	11.44	2.7	30.89
11	2층 작업실 및 방	43.99	평균2.2	96.78
12	다락 및 기타	14.64	평균1.8	26.35
	계	185.5		564.21

※제외면적 : 보일러실 및 현관 11.74m^2

장비선정 사양

1) 공기순환비 설계기준 : Min 0.3 ACH

- 공기 순환비 : ACH(Air Change Per Hour)
- 공칭 바닥면적 : TFA(Treated Floor Area)

∴ ACH=환기량/TFA×실내 천장높이(m)

따라서 ACH=185.5/564.21=0.33 ACH

2) 1인당 외부공기 공급량 설계기준 : $30m^3$/hr.인(패시브하우스 - 주거용)

3) 열회수 환기장치의 효율 : 85% 이상(로터리방식)

4) 부하의 고려

- 하설기 : 냉방부하에 의한 열회수 환기장치의 열회수 조건 중 하절기 난방잠열부하의 회수는 고려하지 않음.
- 동절기 : 난방부하는 잠열의 부하가 작으므로 현열 위주로 열회수 조건을 검토함.

5) 제품 선정 기준

- 동절기 혹한에도 충분한 성능을 발휘할 수 있도록 동결방지 기구가 내장될 것.
- 필터교환은 환기장치에 대한 전문적인 지식이 없어도 교환과 구입이 용이할 것.
- 설치장소는 보일러실 및 천장 매입이 가능할 것.
- 팬(Fan)의 동력은 회전속도 약 1일때를 기준하여 $0.45kWh/m^3$ 이하의 적은 전력을 소비할 것.
- 디퓨저는 환기장치 전용 Flexible Hose를 천장 내에 설치할 것.

6) Flow system 구성

- 욕실, 화장실, 주방은 상시 급 · 배기하고
- 거실 및 각 실과 다락은 항시 급기 및 국부배기로 한다.

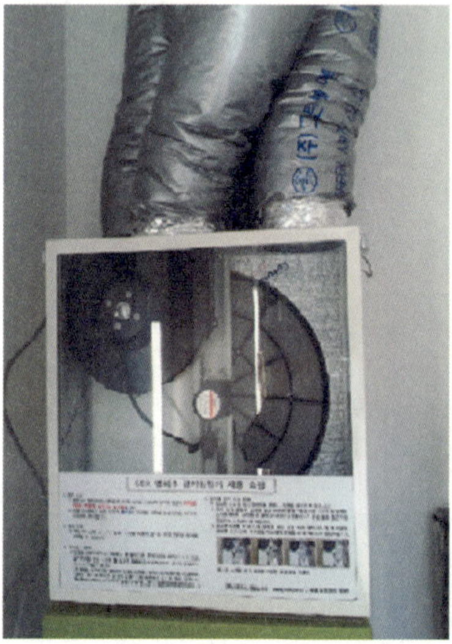

로터리식 폐열회수 환기장치 : 국내 SSK제품

천장 내부에 설치된 폐열교환장치 소음기

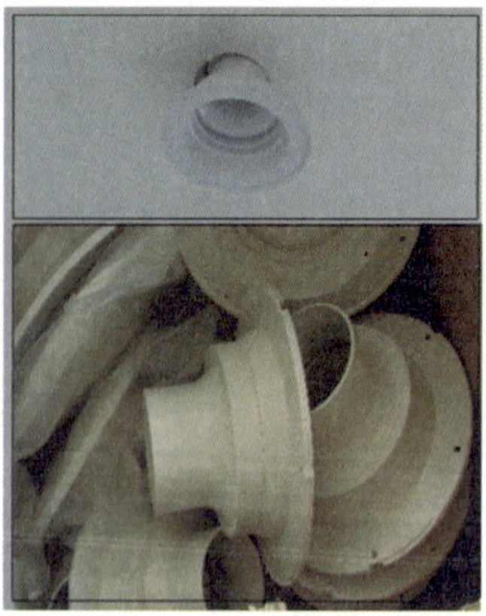

위

아래

천장에 설치되는 디퓨저(위)와 디퓨저 형상(아래)

덕트의 급 · 배기량 측정

열교환 환기장치 설비공사

열교환 환기장치 설비는 지인으로부터 소개받은 업체에서 시공하였다. 평소 설비시설에 전혀 무지한 것이 아니었지만 주택에서 폐열환기 시스템에 대한 시공경험이 없어 상세한 내용을 알지 못하는 상태여서 기계설비를 담당한 설계자에게 상세한 설계를 요구하여 설계되었다. 실제 시공에서는 설계도와 전혀 다른 방식으로 배관 · 설치되었다. 설계와 다른 이유는 시공하는 제조사의 시스템에 맞추게 되어 장비를 납품하고 시공을 맡은 업체에만 의존하다보니 '장님이 혼자 시장 가듯이 한다더니' 덕트가 어디로 설치되는지 알 수가 없었다.

구조벽을 함부로 뚫어 손상을 입히는 짓을 하지 말아야 하는데, 덕트(Duct)가 지나갈 구멍을 뚫어달라는 요구대로 두꺼운 벽체에 구멍을 여기저기 뚫어 두었지만, 막상 덕트를 설치할 때는 요구한대로 애써서 뚫어놓은 곳을 제대로 사용도 하지 않고 변경해 버리는 경우도 있었다.

덕트 구멍은 반드시 사전에 장치를 설치할 업체가 뚫도록 해야 한다. 그럼에도 먼 산골까지 와서 일을 해주는 것이 무척 어려운 듯했다. 덕트구멍은 Ø80mm로 뚫고 주로 Ø65mm플렉시블관을 사용했는데, 설치가 완료되고 내부 마무리공사가 완전히 끝난 다음 공사중에 먼지 등의 오염으로부터 보호하기 위해 막아두었던 덕트를 준공 후 2개월이 지나서 열고 풍량이 제대로 나오는지 각 덕트마다 규정량의 풍량이 공급되는지와 리턴 공기가 잘 배출되는지 등을 최종 점검했다. 덕트 각 개소마다 풍량점검을 위해 테스트기로 측정해보니 가장 약한 운전상태에서 1시간 동안 순환되는 공기량(m^3)이 배출구는 $28m^3/h$,

유입량은 30~35m^3/h이 측정되었다. 창문이 모두 닫힌 상태에서 장비가 운전될 동안 여름날 실내와 외부의 온도 차이가 평균 9~10℃ 정도로 나타났다. 건조가 덜 된 ALC주택의 아침 외기온도 14℃일 때 실내온도 24℃, 낮 외기온도 33℃에 습도가 32%일 때 실내온도 25℃에 습도 89%를 기록하였다. 실내의 습도가 매우 높다는 것을 알게 되었다.

폐열회수 환기장치는 첫째 신선한 공기를 실내에 공급하고 이산화탄소농도를 인체에 해가 없는 700~1,000ppm 이하로 유지하고, 필터를 통해 먼지, 황사, 꽃가루 등의 실내유입을 막아주는 공기질의 개선, 둘째 열교환 효율로 난방비용 절감, 습기를 조절하여 곰팡이, 진드기 발생을 억제하고(독일 PAUL제품이 으뜸이라는 평을 받고 있음), 셋째 지속적인 환기를 통해 악취를 제거하며, 외부 소음을 차단하여 조용한 실내공간을 만들고, 넷째로 여름철 바이패스 환기가 가능하며 냉각된 공기의 공급이 가능하여 냉방기능을 가지는 기밀주택에서의 필수장치이다. 그러나 가끔 유난히 폄하하며 거부하는 이해할 수 없는 사람도 있다. 업체변경으로 욕실, 화장실에는 배기만 설치되었다.

설치한 국내산 열교환 환기장치는 습기 조절이 거의 안 된다. 팬 속도가 '약', '중'에서는 거의 소음이 없으나 '강'에서는 소음이 크다. 또 완공 후 환기를 위한 풍량을 측정하고, 소음 및 동력 사용량을 측정, 크로스 플로우를 확인하기 위한 실내의 문 틈새 측정을 해야 하는데, 국내 시공업체는 완공 후의 조치는 외국산 장치업체에 비하면 대단히 미온적이었다. 참고로 대표적인 제품으로는 독일(Zehnder사, PAUL사), 미국(Ultimate Air) 등이며 국내는 삼성, LG, SSK, 셀파씨앤씨, 두영 등이 있다.

벽난로를 설치할 위치 선정

벽난로는 열을 발생시켜 집안의 공기를 따뜻하게 데우는 데 이용한다. 벽난로 안의 장작들이 활~활~ 타고 있더라도 그 열이 바깥쪽으로 다 뺏겨버리면 무용지물이 되고 만다. 그래서 벽난로 위치는 주로 거실 내부 또는 한쪽 귀퉁이나 발코니 창과의 사이에 설치하는 것이 좋다. 만약 출입구쪽이 춥다하여 현관 출입구쪽에 벽난로를 설치한다면 많은 열이 바깥으로 빠져나갈 것이다.

벽난로의 선택도 중요하지만 위치 선정 또한 중요하다. 벽난로 연통설치방식으로는 벽난로에서 천장으로 직선으로 설치하는 방법과 벽난로에서 옆벽이나 뒷벽을 통해 밖으로 뺀 후 위로 올리는 방법이 있다. 이때 연통이 건물 벽면보다 낮거나 엇비슷하게 올린다면 거센 바람이 벽면에 부딪친 후 연통으로 들어오는 경우가 있다. 그렇게 된다면 집안으로 연기가 역류하게 되어 벽난로로 집안 난방을 하려다가 너구리잡는 경우가 생길 수 있다. 그러므로 고정시킬 수 있는 범위 내 연통을 최대한 위로 올리는 것이 바람직하다. 공사 완공 후 벽을 뚫어 설치하는 경우 등 부득이한 경우가 아니면 수직연통설치를 권장한다.

사용연료로는 장작, 가스, 전기, 갈탄, 펠릿 등이 있는데, 주로 장작을 사용한다. 장작을 사용하는 벽난로의 설치 위치와 연통설치 방법은 다음 사항을 고려하여 정한다.

① 벽난로 위치는 열손실이 적은 내부에 설치한다.

② 수평연통의 길이는 최대 2m를 넘지 않게 설치한다.

③ 수직연통의 길이는 최소 3m 이상으로 건물 벽면(또는 처마)보다 높게 설치한다.

벽난로 선택에서 장 · 단점

난방방식을 벽난로로만 할 것인지 보조난방으로 할 것인지를 결정해야 하는데, 그 장 · 단점을 알아보자.

① 장 점

- 짧은 시간에 실내온도를 높이는 데 최고의 효율을 얻을 수 있다.
- ALC의 축열성능으로 상당시간 온도가 유지된다.
- 집안의 잡냄새가 없어지고 군고구마 등을 구워먹는 운치가 있다.
- 보조난방으로 보일러 난방 유류비를 절감시킬 수 있다.

② 단 점

- 초기 투자비용이 크고 청소 및 굴뚝관리가 힘들고 보조난방인 경우 사용빈도가 많지 않다.
- 연료로 사용하는 장작이 결코 싸지 않다. 돈이 적게 들게 하려면 부지런해야 하고 겨울 4개월(경우에 따라서는 6개월)을 위해 9개월을 준비해야 하므로 몸이 고생해야 한다.
- 겨울철 바람은 굉장히 거세게 부는 경우가 많아 연기가 역류하면 연기냄새로 실내공기가 오염된다.
- 외부공기를 유입시키지 않으면 실내 산소를 소모시켜 일산화탄소(CO)량을 증가시킨다.
- 겨울철 사용하지 않을 경우 연통에서 결로가 발생하여 실내

로 결로수가 흘러든다.

벽난로 사용할 때 주의할 점

① 물이 묻으면 얼룩이나 녹이 생길 수 있으므로 반드시 마른걸레를 이용하여 청소한다.

② 잘못된 연료 사용이나 청소 불량으로 굴뚝의 화재사고가 의외로 많이 발생한다. 따라서 화재예방을 위해 정기적인 굴뚝청소는 기본이다.

③ 안 쓰던 벽난로는 작동 전에 반드시 굴뚝의 변형 여부, 화실 내부의 손상, 그레이트와 재받이의 파손 등과 특히 목조주택에서는 목재의 수축으로 연통의 변형이 없는지를 확인한다.

④ 불을 붙이는 순간을 조심해야 한다. 점화 전에 반드시 기후조건 및 기압에 따라 역류된 기류는 열기구를 이용하여 기류의 흐름이 아래에서 위로 바꾸어졌는지 확인한 후 점화한다.

⑤ 연소 중에는 화실의 문을 단박에 열지 말아야 한다. 연기와 미세먼지가 실내로 유입되므로 화실 내부의 압력을 안정시키기 위해 서서히 뜸을 들인 후에 열어야 한다.

벽난로(Power & Power 시공)

끝으로 벽난로 연소용 외부공기 유입장치를 설치한 경우 실내에 모터 소음이 발생할 수 있다. 만약 폐열회수 환기장치(열교환 환기장치라고도 함)를 설치한 경우라면 외부공기 유입장치를 설치하지 않아도 무방하다. 앞 페이지의 벽난로 사진은 거실 중앙부에 설치한 것인데, 연통설치방식은 직선타입이다.

전기 · 기계설비 이야기

전기설계는 '(주)우덕전기컨설턴트' (대표 전홍주)에서 기계설비는 '진경엔지니어링' (대표 최순선)에서 하였다. 전기, 기계설비공사는 우리 인체를 비유한다면 구체와 마감은 사람의 내 · 외골격을 구성하고 있는 몸체라면 전기 · 설비시설은 인체 내부의 기능과 같다.

전기는 인체 내부를 흐르는 혈관과 같아서 혈류가 잘 흐르지 못하게 되면 많은 문제를 일으키게 되는 것처럼 전기 · 기계설비공사에서의 세밀한 작업은 대단히 중요하고 사용 장소와 용도에 따라 사용 전기 기기의 부하가 다르므로 콘센트와 전등결선 하나까지 규격 제품으로 정밀하게 시공해야 하는 공정이다.

전기공사

내선공사

신축하는 건물에서 전기누전현상이 발생한다면 전기공사는 치명적이다. 따라서 전기 · 기계설비업체 선정은 공사 착공 전에 면밀하게 조사하여 견적을 받아 검토한 다음, 기초공사 착수 전에 필히 업체를 선정하고 착공에 임해야 한다. 주택에서 전기공사와 설비업체를 선정하기는 쉽지않다. 규모가 작은 면도 있지만 외딴 전원에 집을 짓는다면 규모를 갖춘 업체들은 대부분 기피하게 된다. 그러다 보면 소위 집장사 집을 짓던 업체들을 만나게 되는 경우가 많은데, 각별히 주의해야 할 사항이다. 이런 업체 대부분이 요구하는 도면은 건성으로 보는 것이 통상적이고, 주로 평당 개념으로만 생각하기 때문에 사용재료의 질이나 공사능력에 한계가 있음을 알아야 한다. 집을 지으면서 수없이 들었던 이야기는 일하러온 사람들이 으레 하는 소리가 '내가 10년 이상 집을 지어온 사람이다' 라고 자랑하는 말이다.

그런 사람 대부분이 현장에서 일하면서 배운 것이 전부이므로 잘못 배운 습관을 언제나 옳은 것처럼 하는 데 문제가 있었다. 설계도에 명시된 사항을 잘 이행할 수 있는 업체를 사전에 충분히 조사하여 선정해야 한다.

공사를 시작해 놓고 급하게 선정하려면 문제가 발생하게 되는 경우가 많다는 것을 잊지 말아야 한다. 시진 준비에서 계약서를 작성 전에 시공범위와 사용재료 등을 명시하고 배관결선 방법 등을 상세하게 기술한 다음에 공사범위 외에 추가로 발생하는 일이 종종 있게 되므로 명시하여 계약하는 것이 좋겠다. 어느 정도까지 서비스가 가능한지도 확실하게 해둘 필요가 있다. 비용이 조금 더 든다는 생각으로 문제가 있을 경우 협조를 쉽게 받을 수 있는 현장 근처에서 착한 업체를 구하는 것이 좋겠다. 사실 건축주 입장에서 잦은 주문이 부담스러울 때가 많다. 특히 조명과 콘센트(Concentric plug)의 결선은 사용할 전등의 위치에 따라 스위치를 달리해야 하는데, 한두 개의 스위치로 동시에 전등을 켜도록 한다면 조명으로 집안분위기를 만들게 되는데 엉망이 되고 마는 것이다.

전기는 사용에 편리하도록 배치되고 연결되어야 한다. 그러므로 설계도에 명시된 위치와 조작상태는 공사 전에 면밀하게 협의 · 확인한 후에 공사하도록 해야 한다. 배관이나 결선을 잘못하고나면 고치는 것이 쉽지 않다. 배관공사를 하기 위해 구체벽을 절단할 때는 ALC 전용 홈파는 공구를 사용해야 한다.

보통 정(현장에서 일본어인 '노미' 라고 부름)으로 마구 파내는 행위를 해서는 안 된다. 혹, 'OO방식' 이니, 무슨 '카페 스타일' 이니 하고 특별한 노하우가 있는 것 같은 소리에 현혹되지 말아야 한다. 그런 말장난에서 '오랜 경험으로 경제적이면서 견고하고 안전한 전기공사를 하는 시스템이 있는가 보다' 라는 생각은 금물이다. 그런 말은 귀담아 듣지 않는 것이 좋다.

전선관 매입을 위해 홈을 파는 기구)

신축하는 건물에서 잘못된 곳을 보고도 그냥 넘길 수는 없는 것이다. 하지만 공사를 하다보면 수정 요구를 하게 되어 있다. 건축주의 편의에 의해 위치를 변경하는 경우도 있고, 원하는 것과 다른 공사를 해서 변경을 요구하는 경우도 있다. 아무튼 이런 일이 반복되다가 보면 서로 눈치를 보게 되고 점점 더 피곤하고 부담스러워지게 된다. 전기공사의 결과는 전기수전 후에 나타났다. 스위치 하나로 실내에 설치된 전등이 동시에 전부 켜지고 꺼지도록 되어 있는 것을 그때서야 알게 되었고, 단독으로 결선을 해야 할 부분과 몇 개를 공동결선해야 할 부분 등은 이미 설계도에 명시되어 있었지만 실제 시공하는 이들은 그렇지를 못했다. 이런 경우 도장마감까지 완료되어 있는 천장과 벽체를 철거해야 하는 소동을 벌여야 변경공사가 가능하다. 막대한 손실은 당연하지 않는가. 나중에 알고 보니 주택을 지었던 이들이 공통적으로 불만을 토로하고 있음도 알게 되었다.

마감이 완료된 후 잘못된 전기문제는 모든 것을 원점으로 만드는 결과를 가져온다. 고치려고 벽을 파내고 마감이 완료된 천장판을 절단하여 배관을 수정하고 배선하는 일을 해서는 안 되는 것이다. 또 LED 조명이 완전 소등이 되지 않아 반등상태로 된 곳들이 발생하였다. 이 반등현상은 낮 동안에는 보이지 않지만 야간에 조명을 완전히 소등했지만 밖에서 보면 불을 켜놓은 것처럼 보인다. 공사 중에도 후에도 전기 전문가들에게 조언을 들어보니 모두들 전선의 결선에 문제가 있다는 답이었지만 공사하는 사람들은 엉뚱하게도 조명기구의 결함이라고 역정을 내기도 했다. 전기공사에서의 잘못을 가지고 마치 자동차 브레이커를 밟고 자동차 시동을 거는데 자동차가 미친 듯이 날뛰며 급발신한 경우 자동차 제조사들이 자동차의 결함이 아니라는 말과 같은 업자의 답변이었다.

LED등에 결함사항이 있는지를 알기 위해 야간에 모든 등을 제거하여 한 등, 한 등을 시험기에 올려놓고 테스트해 봤지만 전등은 아무런 이상이 없이 정상적으로 잘 켜지고 완전히 꺼진다. 전등을 달 위치에 BOX도 설치하지 않고 전선만 빼꼼히 나와 있는 곳에 천장을 제외하고는 모든 BOX를 설치하도록 하고 전기공사는 그렇게 마감되었다.

결국 공사를 했던 업체가 떠난 수개월 후, 다른 전기업체에서 와서 이미 결선되었던 전선을 교체 결선한 후에야 스위치 하나로 전등 여럿이 동시에 켜지는 현상을 빼놓고는 모두 해결되었다. 2년이 지난 지금까지 조명은 문제가 없다. 전기공사도 원칙을 무시하고 해서는 안 된다. 관습적으로 공사해 온 탓에 정도를 지켜야 할 사항을 부정하는 이들이 너무 많다. 즉 비정상이 정상이고, 정상이 비정상인 것처럼 한다.

오늘 이 시점까지 살아오는 동안 남에게 피해준 일을 해 본 적 없고, 남에게 손해끼치는 일, 사기친 일이라고는 해 보지 않은 사람이, 정당한 요구로 곤욕을 당해야 하는 것으로 전류가 흐르듯 찌르르 가슴이 아리었다. 잊어버릴 수 없는 경험이었다.

외부 통신공사

외부로부터 집안으로 들어오는 각종 통신선을 인입하기 위해 미리 매입관과 결선을 해두었지만 모두 사용 용도에 맞지 않아서 내부 전선은 제거하고 재결선하였다. 제거하는 과정에서 많은 시간을 소비한 것은 이미 매설한 배관이 약하고 너무 작은데다 여러 가지 배선이 엇갈린 탓으로 빠지지 않아 결국 타설해 놓은 바닥 콘크리트를 굴삭기를 통원해 모두 철거하고 다시 배관, 배선하느라 한 시간이면 족히 끝날

일을 며칠이 걸려서 완료하였다.

외부로 연결되는 통신공사용 배관은 단단하고 직경이 굵은 것으로 넉넉하게 배선할 수 있도록 해놓고, CCTV 등은 배관만하고 내선배선을 하지 않는 것이 옳은 것 같다. 사용할 장비가 결정되었다면 그 장비에 맞는 배선을 결선해야 하는데 장비 선정이 되지 않은 상태에서 해놓은 결선은 아무런 소용이 없었다. 규격에 맞지 않아 모두 철거해야 했다. 또 외선배관은 장비나 중량이 나가는 차량 및 물체에 눌려도 찌그러지지 않는 강도의 것을 사용하여 공사해두는 것이 좋다.

통신공사용 맨홀을 반드시 설치할 것을 권고한다. 이번의 사고도 배수관 하부에 매설한 경질주름관이 눌러져서 이미 결선해 두었던 전선이 눌러져 움직일 수 없도록 되어 있었고, 이것 또한 요구하는 배선의 규격과 맞지 않아서 교체해야 하는데 예비관이 있었지만 모두 사용할 수 없게 되어 배관을 제거했다. 이미 배선된 전선은 모두 철거한 후 다시 배선했다. 돈을 들여서 미리 외부인입용 전선을 매설해 두었지만 아무런 소용이 없어진 것이다. 전선의 규격도 맞지 않았고, 시간과 돈뿐만이 아니라 두꺼운 바닥콘크리트를 백호우(제조사 이름이 포크레인사인데 보통 '포크레인'이라고 부름)로 깨부수고 다시 했지만 마감이음면이 깨끗할 리가 없다. 무더운 8월의 여름날 통신인입에 애쓴 KT와 각 해당 업체에 감사를 드린다.

위생 · 난방설비공사

위생 · 난방 설비작업의 경우도 급히 조달한 업체였다. 보통은 깔지 않던 바닥단열공사로 불편한 관계로 시작되었지만 성심껏 응해주는 업체였다. 부상당한 몸으로도 공사일정에 맞추어 달려와서 해결해 주고 협조해 주었다.

위생도기류는 '아메리칸스탠더드' 제품을 사용해 왔기 때문에 그것을 구입할 생각이었으나 최근의 제품을 조사해 보니 종전과 달리 대부분 중국산 제품으로 예전의 맛이 나지 않았다. 결국 국내산 DL제품을 사용하기로 하였다. 위생도기는 설계에 미리 맞출 필요는 있지만, 미리 구입할 이유나 필요가 없다.

혹시 특정한 시기에 품귀현상 같은 일이 일어나는 것이 아니라면 적정 시기에 구입하고 제품을 바로 확인해야 한다. 간혹 잘못된 제품이 있어도 즉시 확인해보지 않고 있다가 사용할 시기쯤에 발견하게 되면 이미 납품한 시간이 지난 제품에 대한 교환 등이 어렵게 된다. 받는 즉시 바닥에 펼쳐놓고 품목별, 개수별로 하나하나 확인하여 제품 및 부속이 누락되거나 품질이 나쁜 제품이 없는지 확인해야 한다. 보일러는 온수 겸용 난방용으로 설계대로 한 단계 높은 30,000Kcal/hr 콘덴싱 보일러 1대를 설치하였다.

외부 오수, 우수관 매설

정화조 매설 및 관로연결 작업

Chapter 9

주택 방수 이야기

내부 방수공사

내부 방수 부위는 욕실, 화장실, 다용도실과 탕비실 등 주로 물을 사용하는 곳으로 타일로 마감되는 부분이다. 주택에서의 실내방수는 액체방수, 시멘트 모르타르방수, 도막방수가 사용되고 있다. 시멘트방수는 모르타르에 방수액을 섞어서 바르는 방법과 시멘트페이스트[8]에 방수액을 넣어 바르는 방법을 사용하는데, 구조체나 무브먼트(movement)[9]에 의한 균열이 발생할 경우 방수로서의 내구성이 없다. 따라서 도막방수재를 사용하는 경우가 많다.

주로 사용되고 있는 도막방수재는 고무화한 아스팔트방수재나 우레탄방수재를 많이 이용하고 있는데, 롤러 또는 스프레이로 바른다. ALC벽면의 경우는 일정한 두께를 만드는 데 주의를 기울여야 한다. 벽면의 바르는 높이는 바닥으로부터 1m 내외를 기준으로 바르고 있으나 1층의 경우 30~40cm 정도로 바르는 경우가 있다. 주택에서는 일반적으로 샤워기 꼭짓점 높이까지 방수하는 경향이 많다.

또 욕실이나 화장실의 경우 바닥면은 고름모르타르 위에 바르고, 벽면은 초벌미장 후 메시를 바른 다음에 방수재와 접착을 좋게 하기 위해서 나무흙손으로 재벌을 바른 후에 충분히 양생시킨 다음 액체방수나 도막방수재를 바른다(양생된 후는 전면에 타일을 부착함). 특히

주 8) 시멘트 페이스트 : 시멘트에 물을 혼합하여 점도가 좋도록 풀로 만든 상태.

주 9) 무브먼트 : 지진, 풍압, 온도변화 등으로 건축물의 부재에 생기는 각종 움직임.

1, 2층 화장실의 경우에는 바닥과 벽의 꺾임 부분은 방수 규정에 따라 45° 경사모르타르로 각을 잡은(Cant라고 함) 다음에 바르고, 바닥방수가 손상되지 않도록 주의해야 한다.

또 바닥의 배수구는 타일마감 상부의 물을 흘러 보내는 배수구에 2차적으로 타일 하부에 고인 누수를 제거하기 위해 2중 배수관을 설치하는 것이 유리하다(간혹 바탕 방수모르타르의 시공 불량으로 타일이 탈락하는 경우도 있다).

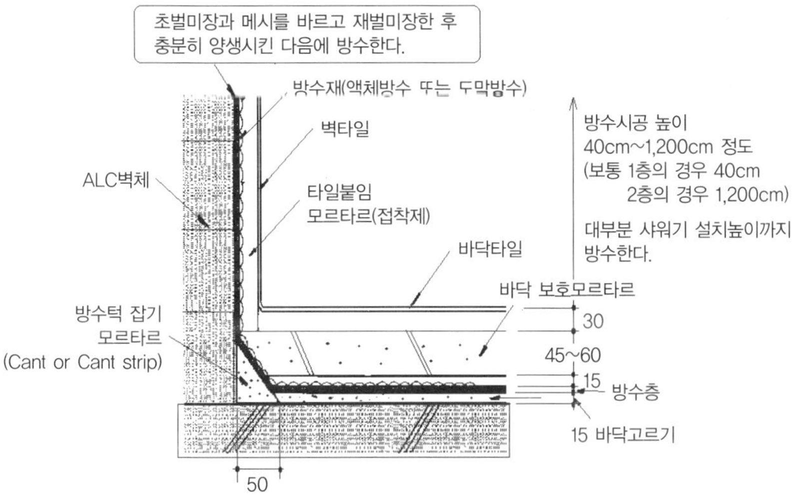

욕실 및 화장실 내부방수

내부 화장실 액체방수
(방수한 구석 부분이
꺾여 있지 않는 것을 알 수 있다.)

지붕 방수공사

평슬래브일 때

옥상방수의 경우는 평슬래브 지붕으로 ALC 패널 위에 노출방수(비보행)인 경우와 보행인 경우를 들 수 있다. 일반적으로 공사를 많이 하고 있는 방식의 순서로는 노출방수(비보행)일 때의 공사순서를 열거해 보면

첫째, ALC패널을 설치한 후 테두리보와 이음 부분을 모르타르로 채우고 凹凸진 곳이 없도록 표면정리를 한다.

두 번째, 양생된 위에 프라이머를 바르고 1차로 방수시트로 덮는다.

세 번째, 그 다음은 지역에 따라 단열재 50~150mm를 깔고(아이소핑크) 이음면을 충전시킨 후 와이어 메시를 깐다.

네 번째, 배수로쪽으로 낮은 곳은 80mm, 높은 곳은 150mm의 누름콘크리트를 평활하게 타설하면서 물구배를 잡는다.

다섯 번째, 콘크리트가 양생되면 신축줄눈을 자르고 코킹을 한다. (이때 하부의 방수층을 손상하게 해서는 안 되며 콘크리트는 완전히 절단해야 한다.

여섯 번째, 프라이머를 바르고 도막방수재를 바른다. 이때 방수재는 롤러나 주걱(spatula) 또는 스프레이(spray)로 바르는 데 소요되는 방수층의 두께가 되도록 바르는 것이 중요하다.

흔히들 방수공사 현장에서 초벌, 재벌, 정벌이라는 용어를 사용하는 경우가 있는데, 아무런 의미가 없는 잘못된 표현이다. 도막방수의

두께를 달성하기 위해 여러 번에 나누어 바르는 경우로써 1회 바름, 2회 바름, 3회 바름 등으로도 부르는 것이 맞다.

결국 표준두께인 최소 3mm 이상의 소요방수두께를 확보하는 것이 중요하다. 건조된 후에 표면보호를 목적으로 상도재로 코팅하는 경우도 있다. 방수재 두께 검사방법은 일정한 곳을 절취하여 두께를 측정해보는 방법과 두께 측정용 게이지로 찔러서 측정하는 방법을 사용한다(검사 후에는 도막방수재를 발라서 막음). 도막재로 주로 사용되는 재료는 다음과 같다.

① 우레탄계 도막재

② 아크릴고무계 도막재

③ 클로로프렌고무계 도막재

④ 고무아스팔트계 도막재

⑤ 시멘트 혼입 폴리머계 도막재(무기질탄성 도막)

⑥ 폴리우레탄수지계 도막재가 사용되고 있으며

가장 흔히 사용되고 있는 제품이 '고무아스팔트계(고무화아스팔트) 도막재'와 '우레탄계 도막재'이다. 어느 것이나 바탕처리제로 전용 프라이머를 사용하고 있으며, 바탕에 균열이 발생할 경우 도막방수층의 동시 파단 혹은 크리프 파단의 위험을 경감할 목적으로 균등하게 보강재를 바르는데, 보강재로는 식포나 부직포를 사용하기도 한다.

특히 바닥과 패러핏(parapet)이 만나는 치올림경사 부분에는 구조직 균열과 방수재의 흐름을 막을 수 있도록 여러 겹으로 붙이는 것이 바람직하다. 옥상 노출형 옥상방수 공법은 방수층이 들뜨거나 부풀어 오르는 등의 하자 발생이 많았으나 최근에는 다공성 방수재료를 사용하여 내부에서 발생되는 수증기를 효과적으로 배출되도록 함으로써 탈기반을 사용하지 않고도 들뜸현상 등을 최소화하는 재료도 개발되어 있다. 지붕단열로는 주로 외단열공사를 선호하는 편이다.

또 평슬래브로 지붕방수가 시공된 주택을 조사해보면 옥상의 균열 발생으로 잦은 보수를 한다는 이야기가 많이 들리고 있다. 단열 또한 제주지방을 제외하고는 부족하다. 평슬래브 지붕의 경우는 건축비용은 적게 들겠지만 열저항이 적어 단열성이 부족한 것을 감안해야 한다.

친환경 유실수

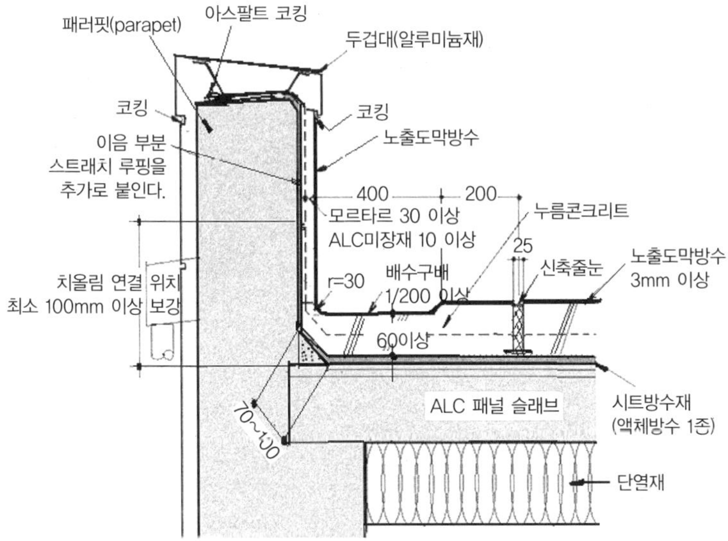

내단열(지붕 슬래브의 내부측)

(위, 아래 그림은 방수공사 이해를 돕기 위한 것으로 구조도면은 아님)

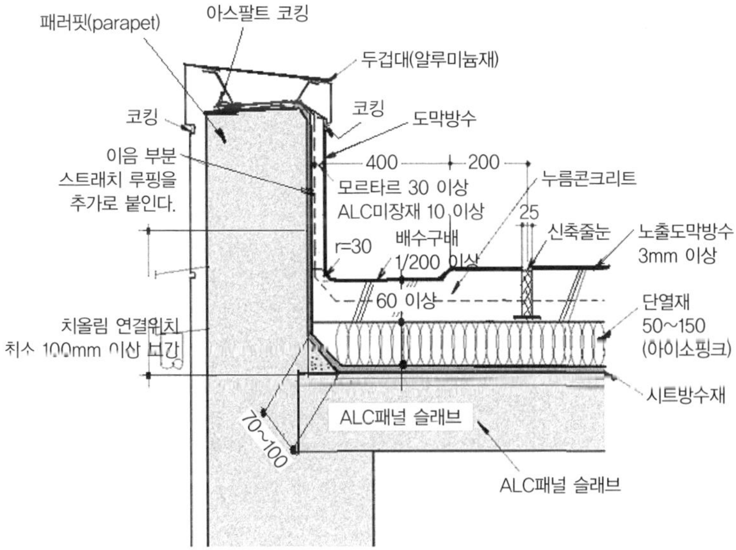

외단열(지붕 슬래브의 외부측)

옥상노출 도막방수 시공

최근 개발되어 사용되고 있는 평슬래브 지붕의 복합단열 스틸재 지붕방수, 패러핏까지 완전히 덮어 씌운다.

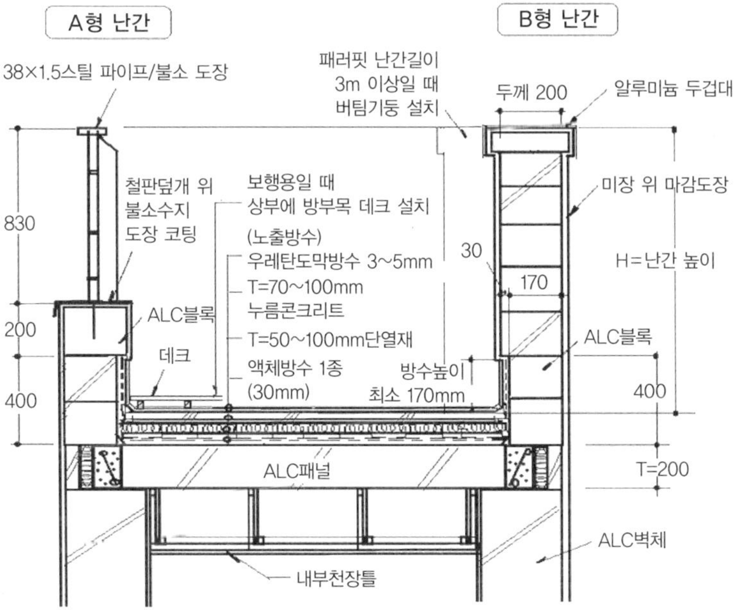

ALC 평슬래브 지붕방수공사 표준상세도

※액체방수 위에 시트방수를 추가하는 경우도 있다.

액체방수 1종 시공순서

① 균열 등 바탕고름 후
② 적당한 습윤상태에서 시멘트페이스트칠(시멘트+방수제+물)
③ 방수액 도포(물+방수액 희석)
④ 방수시멘트페이스트칠
⑤ 방수모르타르 바름(시멘트+모래+방수제+물)
⑥ 방수시멘트페이스트칠
⑦ 방수용액 도포
⑧ 방수시멘트페이스트칠
⑨ 방수모르타르 바름
⑩ 방수액을 혼합한 시멘트페이스트 바른 후 보호모르타르 바르기

Chapter 10

불량공사 둘러보기

기초 및 구체벽 불량공사

다음 사진은 여러 곳의 ALC 주택신축현장에서 공사하고 있는 잘못된 사례 중 몇 가지를 보여주고 있다.

잘못된 기초공사

기초는 대부분이 부실했는데 그 형태는 이루 말할 수 없이 많다. 아래 사진은 대표적인 사례로써 흙바닥에 철근(D10)을 약 30cm 간격으로 적당히 깔고 콘크리트로 덮은 현장이다. 상당히 많은 주택이 이렇게 공사되고 있는 것이 현재의 모습이다. 이 집은 결국 기초를 철거한 후 재시공하였다. 부끄러운 현장이다.

D10철근을 간격 300으로 싱글배근에 부실한 기초로 내려 앉아 헐어내고 재시공했다.

잘못된 첫단 쌓기

첫단 쌓기가 불량한 현장이다. 바탕의 고름모르타르가 블록이 충분히 지지할 수 있도록 고르게 되어 있지 않으며, 첫단에 방습지와 방수모르타를 사용하지 않은 것은 물론이고 불균일한 상태에 발수블록(방수가 아님)도 사용하지 않아서 블록이 물에 완전 흡수된 상태로 되어 있다. 첫단의 깔모르타르 레벨도 부실하게 되어 있다.

첫단 쌓기가 제대로 되지 않은 현장이다. 이렇게 해두고도 ALC공사 전문이라고 했다.

잘못된 벽체 쌓기 1

막힌줄눈으로 쌓는 것이 기본인데, 통줄눈도 아니고 미구잡이로 쌓고 있다. 코너는 서로 물리도록 공사되어 있지 않다. 현장을 다녀보면 이처럼 ALC주택을 짓고 있는 곳이 너무도 많다. 건축구조 지식이 전혀 없는 이들이 한 공사로 보인다.

ALC 구조 시공방법을 모르고 한 공사현장이다.

잘못된 벽체 쌓기 2

다음은 줄눈이 올바르게 충전되어 있지 않아서 불안정구조로 되어 있다. 이러한 공사에서는 단열주택으로서의 역할을 할 수 없게 만들고 있다(다음 페이지 사진). ALC로 짓고 있는 많은 주택신축현장에서 볼 수 있는 대표적인 공사 불량 모습이다.

블록이 맞지 않아 상부에 틈이 발생한 예

마구리 간격이 떠서 공극(틈)이 생긴 예

아무리 단열성이 우수한 재료라도 이처럼 줄눈이 충전되지 않게 공사를 하면 외기와의 열교현상으로 결로가 발생되어 곰팡이가 발생하게 된다.

또 단열이 되지 않는 주택은 말할 것도 없고 구조적 결함까지 생기는 것은 당연하다.

잘못된 벽체 쌓기 3

1) 고무망치를 사용하지 않고 쇠망치를 사용하여 파손된 모습이다.
2) 보기에도 쌍스럽다. 그저 아무렇게나 쌓은 모습이 뚜렷하나. 이 건물은 결국 도중에 헐어야만 했다.
3) 외부벽과 내부벽을 서로 끼워서 물려쌓지 않고, 맞대어 건립되어 있다.

부적절한 공사 사례

테두리 보가 없는 경우

ALC 블록 벽체에 목조트러스와 접하는 부분에 테두리보도 없이 바로 비전용 앵커를 사용하여 목조와 연결한 곳의 구조결손을 만들어 놓았다. 시공한 사람의 답변이 걸작이다. 모르타르로 바르면 된다고 하는 현장이다. 기막힐 정도로 희한한 구조로 짓는 주택을 보고 왔다.

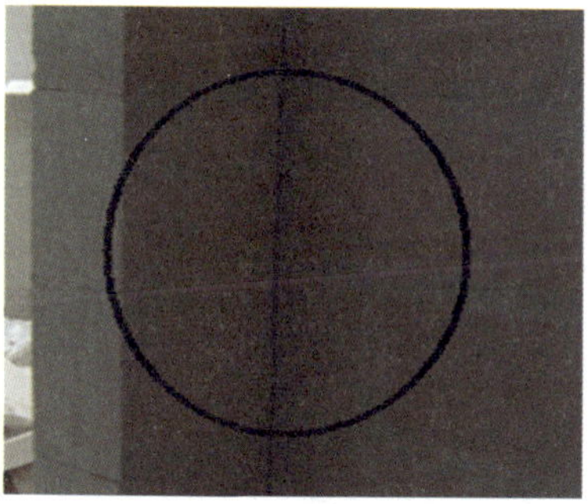

물려쌓기가 되어 있지 않은 벽체

테두리보 없이 트러스를 고정시키고 있다.

부조합 외장재 사용의 경우

1) ALC 성능과 맞지 않는 부적절한 미장재를 외장용으로 잘못 사용하여 박리된 현장이다.
2) 외장용으로 사이딩 패널(Siding Panel)을 붙이기 위해 은박지를 블록면에 붙여 통기성을 차단하고 있다. 구조내력벽을 두께 150mm로 쌓고 외부에 0.5B 치장벽돌을 붙인 주택현장도 있었다. 이런 주택에서 단열은 기대할 수 없는 것이 뻔하며 곰팡이 등의 리스크가 발생하게 될 것이다.

부적절한 마감재 사용으로 탈락한 외부미장재

ALC외벽에 단열 은박지를 부착한 현장

잘못된 구조보강 사례

구조보강이 불량한 경우

구조보강으로 H-빔을 설치하였으나 블록에 구멍을 뚫고 끼워 넣었다(다음 페이지 사진① 원형 내). 구조적 불안정으로 균열이 발생하게 되고 H-빔이 열교현상을 일으켜서 내부로 결로가 발생할 것이다.

H-빔 상부에 콘크리트구조 빔이 설치되어 있다(ALC 건축구조의 기본을 무시하고 지은 건물로 보임). 이런 건물이 시간이 지나면 균열이 발생하면서 문제를 일으키게 된다.

결국에는 '에이~~! 그거 못쓰~!', '결로 생기지', '곰팡이 쓸지!!' 하고 내뱉는 일이 생기는 원인 중의 하나이다.

아래의 사진②도 블록에 구멍을 뚫고 H빔을 설치하고, 그 위에 테두리보를 설치해 놓고 있다. 벽체에 균열이 발생할 것은 뻔하다. 조잡한 공사현장의 모습이 대개 이 모양으로 되어 있다. 또 어느 ALC 주택신축현장에서는 창문 인방의 중앙부에 H빔(300×200)을 걸쳐 놓은 곳도 있었다(대한건축학회, ALC 구조설계 규준 및 표준공사 2.2.3의 다. 보(Beam) 설치에 위배됨). 그래도 자신만의 방식이라고 자랑한다.

부적절한 시공으로 무너진 현장

구조보강이 양호한 경우

다음 사진을 앞의 현장과 비교해 보기 바란다. 안정된 구조로 H-빔 보강공사를 하고 있는 ALC 주택신축현장의 모습이다.

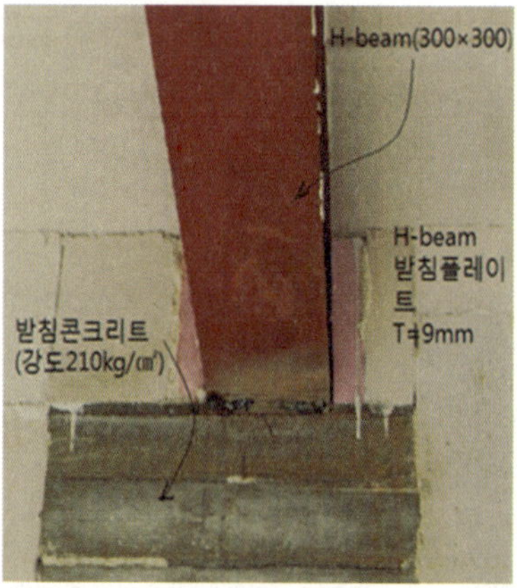

H빔을 설치하기 위해 구조적으로 안정된 곳에 미리 받침콘크리트(무수축시멘트 사용)를 타설하여 레벨을 맞추고 충분히 양생시킨 다음에 H빔(250×250)을 고정시키고 단열재로 감싼 후 온도 차이로 인해 강재에 결로현상이 발생하지 않도록 공사하고 있는 주택신축현장이다. ALC의 공사상태도 밀실하고 양호해 보인다.

내부벽 미장 결함 사례

다음은 국내산 미장재를 사용한 사고 사례이다. 시공 후 2년이 경과된 시점에 발생한 벽면 균열로 들뜸 현상이 발생하고 있는 경우이다.

이상은 잘못된 공사현장의 대표적인 모습을 열거해 보았다. 이처럼 소재의 특성을 이해하지 못하고 부실하게 공사한 건물들이 너무도 많다. 지면상 모두 열거하지 못한 것이 아쉽다.

위 사진은 1993년에 발생한 대형산불로 인해 마을 전체가 화염으로 전소된 외국의 실제 현장모습이다. 그중에 유일하게 화재로부터 보호받은 주택이 ALC로 지은 주택이다.

Ⅳ. 에필로그(Epilogue)

Chapter 11

살아 가는 이야기

부지환지에 대해서

건축공사를 시작하기 전에 토목공사를 먼저 할 예정이었으나 넓은 부지 상황으로 농지와 향후 대지로 환지될 부분을 나누는 것이 배수시설에 더 도움이 될 것으로 판단되어 변경하기로 했다. 건축허가 시 개발행위 허가 도면으로 배수시설을 먼저 할 경우 건축기초공사를 하고 나면, 부지 내 배수시설에 문제가 발생할 수 있어 건축기초공사를 한 후에 환지가 될 부지현황을 재측량하여 대지 부분의 배수와 농지 부분의 배수를 분리하기로 결정했다.

대지 내의 배수는 도로를 횡단하여 개천으로 배수구를 연결하도록 했는데, 건축준공검사(사용검사) 신청 시 동시에 제출하면 될 것으로 생각하고 있었다. 개발행위라고 해야 부지 내의 배수로시설인데 토목공사 준공이 완료된 후에야 건축공사 준공서류가 접수된다고 하여 보류상태로 되어 있었다.

토목준공(개발행위 준공)필증이 첨부되어야만 건축준공서류가 접수된다는 것이다. 생각 같아서는 동시에 접수되고, 검사를 실행해도 무방할 것으로 보이는데, 절차를 그렇게 중히 여기고 있었다. 보전관리지역의 농지에 주택을 지으려면 개발허가를 받는 것은 당연하다. 준공단계에 절차를 따지는 것을 보고 공무원들이 작은 일에 너무 집착한다는 생각을 하게 되었다.

절차를 거쳐서 행정절차를 완료하고 건축대장이 발급되었다.

주택의 가치평가에 대해서

건축대장이 발급되고서야 지금까지 내가 무엇을 하고 있었는지를 깨닫게 되었다. 놀라운 현실을 알게 된 것은 준공 후 등기를 하면서였다. 주택구조형식이 조적구조로 세부사항에는 1층, 2층 벽돌조로 되어 있었다. 따라서 부여되는 세금도 벽돌구조로 받는데 경량기포콘크리트구조에 대한 가치기준이 없다. 다만, 붉은벽돌이냐 시멘트벽돌이냐에 따라 가치가 달라진다고 했는데, 위임받은 설계사무소가 건축허가서 신청에서부터 ALC를 경량기포콘크리트로 보지 않고 조적으로 신청해서 문제가 발생했던 것이다. 준공서류를 받고나서야 그런 내용을 알게 되었다.

경량기포콘크리트라는 엄연한 건축용어가 있고, 경량기포콘크리트에 철근으로 보강된 구조이며, 공장에서 제조된 프리패브를 건식공법으로 건립한 고품격 건물의 가치를 제대로 인정받지 못한다는 것에 분노했다. 군청 해당 부서를 찾아가서 따졌다. "공장에서 철근콘크리트판이나 구조물을 만들어 조립으로 지은 25층 아파트는 철근콘크리트구조냐? 조적식구조냐?" 하고 물었더니 철근콘크리트구조라고 한다. 그럼 보통콘크리트 대신에 경량기포콘크리트로 만들면 경량기포콘크리트구조인가? 벽돌구조인가?

정확하게 말하면 경량기포콘크리트에 철근을 넣고 패널과 블록으로 만들어 건식공법으로 건물을 지었다면 '경량기포철근콘크리트구조' 라고 해야 되는 것이고, '아파트를 콘크리트판으로 조립식으로 지은 것과 어떻게 다르냐?' 하고 되물었다.

건축사와 검토한 후에 연락해 주겠다고 했는데, 며칠 후 연락을 받고 갔더니 패널만 있는 것이 아니고 ALC블록을 사용했기 때문에 기타 조적으로 분류하고, 건축용어에 있는 그대로 '경량기포철근보강콘크리트구조' 로 변경해 주겠다는 것이었다. 따라서 건축행정 문서용어로는 기타 조적이라 되어 있어, 주요구조는 경량기포콘크리트구조가 아니라 기타 벽돌도 블록도 아닌 기타 조적구조이고, 세부구조란에만 '경량기포철근보강콘크리트구조' 로 변경된 이상한 건축물이 되어 있었다.

오래 전에 만들어진 행정용어에는 주택구조형식이 신재료에 신공법이 등장하고 있음에도 현실을 멀리하고 바뀌지 않고 있어 관습적으로 조적구조로 둔갑되고 있었다. 세무업무를 보는 곳도 달라진 것이 없었다. 이런 것들만 바르게 고쳐도 국세청 세수입이 대단할 것이라는 생각이 들었다.

현장에서 부어 만든 콘크리트는 '콘크리트구조' 라고 하고 또 어떤 것은 공장제작한 것을 조립해도 '콘크리트구조' 이고, ALC(경량기포콘크리트)로 만든 건식공법의 주택은 재산상의 가치를 인정받지 못하고 있었다. 일반적으로 사람들은 저평가에는 관심이 없고 세금만 적게 내면 된다고 생각하고 있었던 것이다. 또 ALC 제조사들이 가능한 ALC의 습도를 낮추어 반출해야 함에도 자사 선전용 상표를 알릴 목적으로 포장지 하나도 개선하지 않고 물건 팔기에만 급급한데 자신들이 판매하는 재료가 어떤 재산상의 평가를 받고 있는지는 전혀 관심이 없다는 증거이다.

〈경량기포콘크리트학회〉니 〈경량기포콘크리트협회〉다 하는 조직들은 무얼하는 곳인지 생산하는 제품이 올바른 평가를 받지 못하고 있다는 것을 생각이나 해보기나 했어? 고(故) 정주영 회장께서 "이봐~! 해 봤어!"라고 했다던 말이 생각난다.

건축물대장은 건축물의 탄생 여부를 나타내는 것인 동시에 가치를 나타내는 중요한 문서이다. 소이 '재벌 집 A씨 댁 도시에서 태어나고도 산골 B씨 댁에서 태어난 아이'가 된 결과 같아 등기부를 받고도 지금까지 내가 무엇을 하고 있었는지, 왜 단독주택 부분이 성장하지 못하는 이유를 그때서야 알게 된 것이다.

주택의 구조가 '경량기포철근보강콘크리트구조'로 바꾼 후 달라진 것은 주택의 내구성 등급이나 재산의 가치가 조금은 올라갔지만 화재보험 가입 등에서는 조적식 구조보다는 유리하였다. 주택의 가치평가는 그야말로 도매금이다. 아무리 튼튼하게 친환경 저에너지주택으로 잘 지어졌어도 콘크리트 주택은 내용수명 40년으로 정해져 있고, 공시가격은 그 지역 주택의 전체 평균가격으로 결정한다고 한다.

주택등급의 결정과정도 복잡하고 까다롭기는 마찬가지다. 준공단계에 가서 에너지 절약주택 인증을 받기 위해 국가에서 정해놓은 검증

기관에 문의했더니 착공 전에 신청하지 않았다는 이유로 거부당했다. 이해할 수 없었다. 설계도면에 명시되어 있는 것을 참고하여 현장에서 단열, 기밀을 검증하면 될 것인데, 안 된다는 것과 지불해야 하는 수수료는 왜 그렇게 높은지 알 수가 없었다.

비용을 더 들여가면서도 에너지절약형 주택을 짓는 것을 간단한 절차와 저렴한 비용으로 인증을 받을 수 있도록 정부가 장려하고 지원해야 할 것이다.

여기에도 규제라는 독버섯이 있는 것을 느꼈다. 아무튼 애써 지은 주택의 가치가 실투입공사비의 1/3 정도로만 인정받는 데 황당했다. 반면, 아파트의 경우는 분양가로 평가하는 것이 아니고 실거래가격으로 평가하고 있어 실제로 아파트의 경우는 분양가보다 거래가격이 상회하므로 재산가치가 높게 설정된다고 한다. 외국의 경우는 주택이 고가로 인정받고 아파트는 저가로 인정받고 있는 경우가 많다. 우리나라의 주택정책이 이 정도이니 좋은 주택을 짓는다는 것 자체가 미친 짓인 것이다.

좋은 고급자동차를 구입해도 차량의 가치는 티코 같은 소형차량으로 인정받는 꼴이다. 도시의 아파트는 분양가격이 $3.3m^2$(평당)에 4천만 원에 이르고 있다.

겨우살이 준비하기

벽난로용 목재 준비

보조난방용으로 설치한 벽난로를 사용하기 위해서는 땔나무가 있어야 한다. 온수 사용 외에 가능한 난방용으로 화석연료를 사용하지 않을 생각으로 설치한 것이고, 연료비를 절감할 목적도 있었다. 그런데 땔감목재를 구입하려니 한해 겨울 동안 사용할 목재를 얼마나 구입해야 하는지 알 수가 없었다.

오랫동안 벽난로를 판매해왔으면 어느 정도 소요될 것이라는 데이터가 있을 것인데 말이다. 땔감나무 판매상도 마찬가지다. 그래도 통계적인 범위란 것이 있지 않는가! 돌아온 답은 "불 때기 나름이란다." 일단 1대 분량을 실어 보내라고 했더니 1톤 차량에 3톤의 목재를 싣고 온 것이다. 비용은 80만 원이었다. 목재 1톤당 26.7만 원인 셈이다. (1.6×2.4×1.5×참나무비중 0.4~0.7≒0.55=약 3.16톤 정도 : 적재하중 1톤 차량으로 3톤을 싣고 온 셈이다)

유가가 최고 비쌀 때 등유 1드럼(200리터)에 25만 원인데, 1톤 차량 1대분의 나무값이 등유 3드럼과 비슷한 비용이다. 벽난로 구입 때는 땔나무는 1톤당 10만 원 정도에 구입 가능하다는 말을 들었다.

마을에서는 나무 1톤당 8만원에 구입해 사용한다고 하여 조사해 보았더니 나무를 쪼개고 말리는 것은 직접 수고를 해야 한단다. 일단, 한해 겨울을 지내고나면 알게 될 것이다.

곰팡이 발생

여름 내내 몇 개월 동안 문을 활짝 열어놓고 환기를 시켰고 벽면에 있는 수분을 제거하느라고 했는데, 10월이 되니 곰팡이가 나타나기 시작했다. 입주 전이고 내부 수분을 말리느라 가구도 설치하지 않고 있는데 목제 문틀과 주변몰딩, 주변 사람들을 초빙하느라 임시로 설치해둔 거울 뒷면과 몇 점 걸어둔 그림액자 뒷면 등에 파랗게 피우기 시작했다. 밤, 낮 동안 모든 창을 열고 환기를 시켰으면 밤에는 창문을 닫고 가을밤의 냉기를 차단해야 하는데, 계속 열어 둔 채로 있었던 것이 원인이었던 것 같다.

눈에 보이지 않는 내부 수분이 많다는 것은 저녁이 되어 제습기를 틀어놓으면 물받이통에 물이 가득가득 찬 것으로 알 수 있다. 내부습도가 높고 밤 기온이 차니 유리창 주변에도 결로가 발생했다. 심지어 옷걸이에 걸어둔 옷에도 곰팡이가 발생했다.

문틀의 몰딩에 발생한 곰팡이

내부의 높은 습도로 인해 유리창에 결로가 발생했다.

실내습도는 87~90%를 상회하고 있었다. 할 수 없이 난방기를 며칠간 가동하여 건조시켜 보았더니 야간에는 65%대로 주간에는 55% 정도로 습도가 떨어지기 시작했다. 벽에 발생한 곰팡이도 닦아낸 후 말끔하게 지워졌고 실내습도가 급격히 줄어드는 것을 보고 우려하던 마음은 수그러들었다. 내부습도가 줄어든 지금은 모두 없어졌다.

산골 새집으로 (첫해 겨울 맞기)

10월에 곰팡이 때문에 난리를 친 후로 계속해서 제습기를 틀어놓았고, 그 후로 입주하고서도 제습은 계속 되었지만 행여나 하는 마음에 짐들을 모두 벽에서 20cm쯤 띄워놓고 정리를 못해 피난생활을 하듯 어수선하게 지냈다. 11월 중순이 지나니 눈이 내리기 시작하더니 맹추위를 몰고 왔다. 기온이 급강하해 벽난로에 불을 피웠더니 높은 실내습도가 줄어들기 시작하여 55%에 이르게 되었고, 연 말쯤에 실내습도는 45~50% 정도로 안정되었다. 실내습도가 줄어드니 현관문을 제외하고는 유리창에 발생하던 결로도 없어졌다.

첫해 겨울은 벽난로만으로 난방을 해볼 계획을 세웠다. 한해 겨울 동안 나무를 얼마나 준비해야 하는지를 점검해 볼 생각과 실제로 추운 겨울 동안의 실내온도 변화를 점검해 보기 위해서였다.

벽난로로 난방을 시작하면서부터 창문은 기밀상태로 닫혀졌기 때문에 폐열환기장치를 가동시켰는데 영하 10℃~17℃가 넘어 오르내리는 산골날씨에 실내온도는 평균 영상 23~24℃를 유지하고 있었다. 열교환 환기장치는 평소에는 약하게 조리시간에는 중간으로 가동했는데 실내공기는 쾌석하고 좋다. 그렇게 한 달을 사용한 전기료는 아파트에 있을 때의 1/3인 5만 원대였다. 입주 첫해 12월 16일 밖에는 눈에 덮여있었지만, 낮 실내온도는 영상 24.9℃, 습도 46%를 나타내고 있다.(아래 그림 참조)

한 번 내리기 시작한 눈이.... 전년과 달리 삼사일이 멀다고 내린다. 해보지 않던 뜰과 대문 앞 도로의 눈을 치우는 작업을 2~3일이 멀다고 하다 보니 허리가 무척 아프다. 올 겨울에는 지겨울 정도로 눈이 자주 내린다. 위쪽에 사는 마을 사람들도 집을 짓기 전 해에는 눈이 그리 많이 내리지 않았는데 금년에는 유난히 많이 내린다고 했다. 도로에 눈이 쌓여 한 번씩 제설차가 왔다가 가고나면 금방 쌓여 바깥출입은 엄두를 내지 못한다. 밀린 원고를 쓰는 동안 겨울은 점점 깊어갔다. 12월 한 달 동안 벽난로에 투입된 나무가 1톤 정도이다.

이 상태라면 준비한 3톤으로는 다음해 2월까지 3개월을 사용할 것 같다는 생각이 든다. 3월이 되면 추위는 물러갈 것이다. 한 달에 1톤이 필요하다고 하면 넉넉 잡아 10톤 차량 1대분을 준비해 둔다면 벽난로만 사용할 경우 약 3년은 사용이 가능하다는 계산이 된다.

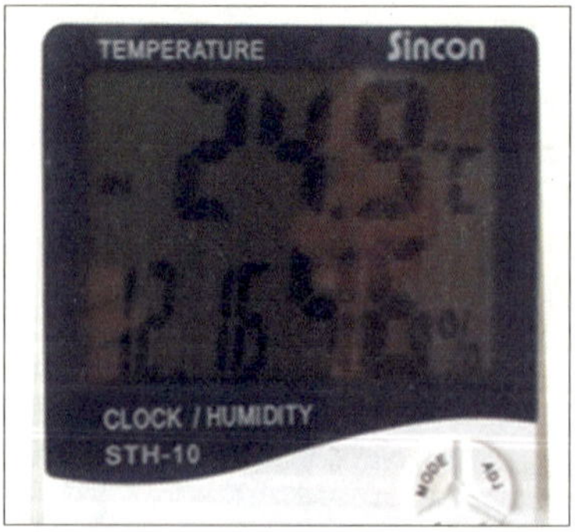

12월 16일 실내온도 24.9℃, 습도 46%

눈에 덮인 겨울 풍경

눈이 내려 쌓인 앞뜰

두 번의 겨울을 맞고

금년 겨울에는 벽난로를 사용하지 않고 보일러로만 난방을 해볼 생각이다. 금년은 보일러유가 1드럼당 14만 원 정도하는 시세이므로 벽난로를 사용할 때보다 저렴한 연료비가 될 것이라고 추측된다. 벽난로만으로 한해 겨울을 맛보았으니, 금년 겨울에는 보일러만으로 3.5L 주택의 실과를 검증해 봐야겠다.

지난해 겨울에는 온수를 사용할 때 외에는 벽난로만으로 난방을 하고 지냈다. 벽난로를 켜면 실내온도가 급상승했고, 내부벽면을 말린 나는 생각과 축열효과를 염두에 두고 하루 종일 불을 피웠다.

자다가도 일어나서 불이 꺼지지는 않았나 하고 살피고, 그리고 피우기를 계속하면서.... 그렇게 보내다가 불 피우는 것으로 잠을 설치는 일이 그리 달갑지 않았다. 거기에다 사고가 발생했는데, 불기운이 약해진 상태에서 역풍이 불면 밤, 낮을 가리지 않고 연기가 실내로 역류하여 실내에 연기가 꽉 차게 되어 화재경보기는 "화재발생!~!", "화재발생~!"하고 소리치는 난리를 피우는 일을 겪으면서 불을 피우고 지냈다. 처음에는 무척 놀랐다. 벽난로를 다루어 보지 않은 초보라 불을 다룰 줄 몰라서 그렇거니 했다. 벽난로 사용이 보기보다 쉽지 않다는 생각을 하면서 이런 상황을 사전에 알았으면 비싼 돈 들여 설치하지 않았어야 하는데 하는 생각도 하였다.

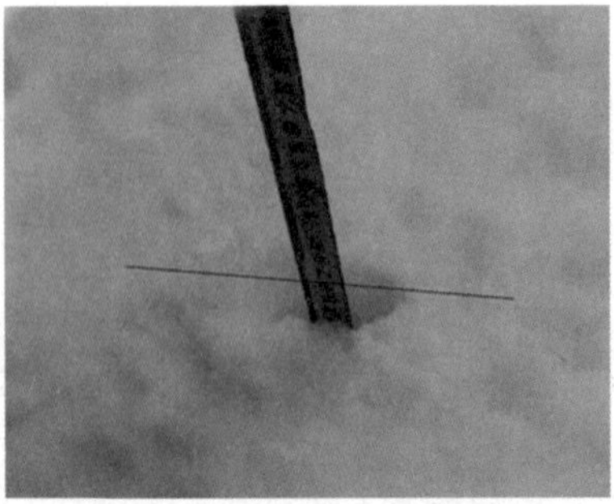

마당에 쌓인 눈이 16.5cm나 된다.

가끔 전원주택에 방문해 보면 벽난로를 설치해 놓고 이유는 말하지 않고 사용하지 않는다는 사람들이 있었는데, 이런 이유로 사용하지 않았던 것은 아닐까? 하는 생각도 들고... 바라던 것과는 달리 공간만 차지하고 보여주기 위한 장치 중 하나로구나! 하는 생각까지 하게 되었다. 화석연료를 사용하지 말아야 한다는 거창한(?) 생각에 설치했었지만, 현실은 이렇듯 다른 면이 있다. 모두들 벽난로 자랑을 했는데 이런 것이라면 왜 설치했겠는가. 어딘가에 문제가 있는 것일 것이다.

참다못해 난로설치업체에 연락했더니 굴뚝을 역류방지용으로 설치해야 하는데 일반적인 비막이덮개가 달린 굴뚝을 설치한 것이다. 모양이 조금 다르기에 지붕을 올라가 볼 수도 없고, 지붕 위 굴뚝에는 반드시 역류방지 장치를 설치할 것을 주문했고 도면까지 있기 때문에 잘 설치되었을 것이라고만 생각했다. 그러고 나서 굴뚝을 교체하고부터는 화재소동을 치던 난리는 잠잠해지는 듯했다. 안심하고 불을 피우고 지낼 수 있겠구나! 했는데, 갑자기 역류현상이 발생하는 일이 또 생긴다. 눈, 비가 오는 날 불기운이 약해졌을 때, 외부의 기압이 낮고 회오리 바람이 불면 나타날 수 있다고 한다. 불기운이 강하면 밀려오는 외부 기압을 뿜어 올리지만 반대로 밀려드는 경우가 있다고 하니 아침저녁 때 피우고 잘 시간이 되면 불을 꺼버렸다. 영하 19~20℃로 내려가는 산간의 밤 기온에도 ALC 벽면의 축열로 추위가 느껴지지는 않았다.

장작을 피우니 자연히 눈에 보이지 않은 분진이 실내에 발생했다. 벽난로 주변을 수시로 청소하는데도 문을 열고 닫을 때 미세한 분진이 발생하는 듯했다. 아무튼 온종일 달궈진 실내온도가 쉽게 떨어지지 않아 취침시 난로에 불을 피우지 않아도 그리 춥게 느껴지지 않았던 또 다른 이유는 온수를 사용할 때 외에는 보일러의 동파를 방지하기 위해 보일러를 외출로 돌려놓지만 가끔 온수 사용으로 보일러가 작동하므로 바닥이 미지근하다. 낮 외부 온도가 영하 13~15℃나 되지만 실내 기온은 영상 23~24℃를 유지했다.

햇살이 좋은 낮에는 벽난로 불을 끄고, 저녁이 되면 벽난로에 불을 다시 피워 실내온도를 높였다가 끄기를 반복했는데, 보일러만으로 난방을 하고 지내는 금년 겨울에는 보일러 가동시간을 밤 동안에 기온이 몹시 내려간다는 예보가 있으면 4~5시간마다 30분을 가동하도록 해 놓고, 외기온도가 조금 올라갈 때면 다시 6~7시간마다 30분이 가동하도록 하여 실내온도를 영상 22℃에 맞추어 보일러가 작동되도록 하고 겨울을 지내는데, 무엇보다 따뜻한 온기가 항상 발바닥에 와닿는 것이 좋았다. 하지만 벽난로로 불을 피울 때나 도시 아파트에서처럼 런닝셔츠만 입고 겨울을 보내기는 어려웠다. 2℃의 차이가 그런 변화라는 것을 알았다. 두 번째 겨울을 그렇게 보냈다. 등유사용량은 이듬해 4월까지 온수사용량까지 3.5드럼을 소비했다. 3.5L주택을 달성한 것이다.

금년 겨울 보일러 유가는 L당 @700원이었으니 200×@700=140,000원/드럼. 따라서 3.5드럼×@140,000원/드럼=490,000원이 소요되었다.

역풍으로 연기가 실내로 들어올 때의 벽난로

잘 연소될 때의 벽난로

주택 내부 2층 그림방

근처마을에 사는 사람들의 겨울 동안 사용하는 난방비용을 조사해 보니 심야보일러를 사용하는 집의 경우 25~30평(80~100m^2) 기준 한 달에 450,000~550,000원이나 지불하고 있었고, 나무 보일러를 사용하고 있는 집의 경우에는 겨울 동안 보통 10톤의 나무를 난방용 연료로 사용하고 있었다. 10톤×@100,000원=1,000,000원(통나무를 자르고 쪼개어 말리는 인건비용 제외)을 소요하고 있었다.

앞뜰의 풍경

또 다른 겨울 이야기

며칠 동안 집을 비울 일이 생기면서 동파를 방지하기 위해 보일러는 외출로 해놓고 집에 거주하는 사람이 없어 당연히 열교환환기장치도 가동하지 않고 며칠을 보냈던 일이 있었다. 난방하지 않은 겨울 실내 기온이 얼마나 떨어지는지를 알고 싶었던 것이다. 낮에는 영하 10℃를 오르내리지만 새벽이나 밤의 외부온도는 영하 17~19℃로 내려가는 추운 때이다.

만 3일간 집을 비워두었는데 실내온도는 영상 16℃로 되어 있었다. 낮 동안 태양이 실내를 데워 놓는 탓도 있었겠지만, 난방이 없는 2층이 걱정되었는데 2층의 체감온도는 오히려 더 따뜻하게 느껴진다. 추위를 싫어하는 탓에 적은 연료비로 영상 22℃ 이상을 유지하기로 고집했던 것인데, 난방하지 않을 때와 난방이 가동될 때와의 온도 차이가 6~7℃ 라니.... 이만한 온도를 올려 유지하기 위해 '벽난로와 보일러가 필요한 것이로구나!' 하는 생각이 들었다. 개별난방을 하는 아파트에 사는 지인이 자기 집은 난방비가 너무 무서워 옷을 몇 겹이나 겹쳐 입고 최고온도 19℃로 겨울을 지낸다고 했다.

다음해 3월이 되어도 여전히 겨울날씨가 계속되었다. 벽난로에 사용할 나무를 모두 소비하고 없어서 낮에는 햇빛으로 견디고, 저녁 시간이 되면 다음날 아침 8시까지 보일러를 7~8시간마다 30분씩 가동되도록 해 놓으면 실내온도는 평상기온 영상 21~22℃로 유지된다. 지난해 습도가 높은 내부를 건조시키기 위해 10월 입주하기 전부터 곰팡이와 전쟁을 하느라 벽난로를 사용하는 기간을 제외하고 보일러 가동은 이듬해 4월까지 야간에만 가동했다.

보일러가 가동되는 동안에도 낮에는 통풍시키느라 문을 활짝 열어 두었다가 저녁이 되면 닫기를 반복하며 오직 내부 습도를 빨리 줄인다는 생각에 기름이 소비되는 것은 염두에 두지도 않았다. LPG가스로 보일러와 취사를 모두 해결하는 주택도 상당히 있었다. 현실적으로 LPG가스는 도시가스보다도 싸다. 사실 연료를 전혀 태우지 않는 100% 친환경 주택이란 현실성이 적다는 생각에서 에너지를 저소비하는 방향으로 계획을 바꾼 것이다.

한편으로는 단열이 잘된 ALC 주택에서 '벽난로'가 반드시 필요할까? '전원주택에는 벽난로가 있어야 맛이지...' 라고 하는 말처럼 아무래도 보여주기 위한 것은 아닐까. 실용보다는 멋으로 설치한 경우도 있을 것이다. 하지만 단열이 잘되지 않은 주택일수록 추운겨울에 벽난로는 없어서는 안 될 필수품이 될 수도 있을 것이다.

서구 주택에서 보는 것처럼 집이 조금 넓으면 벽난로는 벽에 고정시키고 입구가 오픈되어 있어 장작을 그냥 던져 넣고 피우는 그런 벽난로가 좋을 것 같은데, 우리들은 조금 크고 넓은 주택을 지으면 말이 많아진다. 더구나 시골에 조금 큰집을 지으면 더욱 그렇다. 설상가상으로 주택의 가치가 제대로 인정도 받지못하는 나라에서 서구식 벽난로는 작은 우리네 거실에는 맞지 않다.

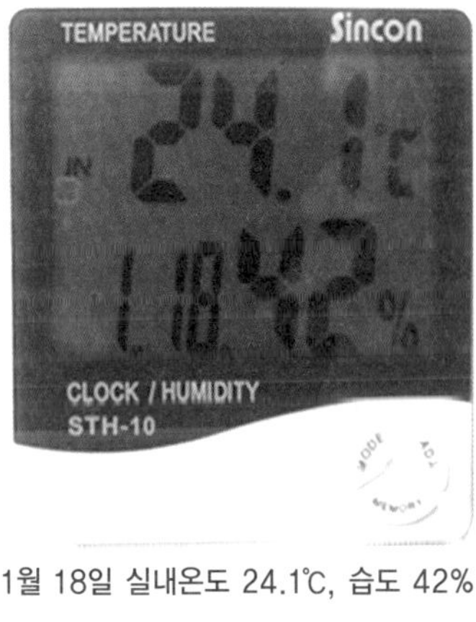

1월 18일 실내온도 24.1℃, 습도 42%

이곳 청산에 설치한 벽난로는 작지만 효율이 좋아 겨울의 실내공기를 데우고 내벽을 축열시키는 데는 아주 적당하다. '열교환 환기장치'는 24시간 가동하고 있으나 전기료는 라디오 하나쯤 켜 놓은 것 정도인 것 같다. 우려했던 소음도 거의 없다. 나름대로 이유가 있겠지만, 폐열회수 환기장치에 대해서 매우 부정적인 사람들도 있으나 기밀이 잘된 주택에서는 반드시 필요한 시설이다. 강력 추천하고 싶은 장치이다. 손해 볼 것 없다.

실험 보고서에 의하면 아파트에서 1인이 취침시 방에서 발생하는 이산화탄소가(CO_2)가 2,500~3,500ppm에 이른다는 보고서를 참조하면 기밀주택에서 폐열교환 환기시스템은 선택이 아닌 필수장치이다(앞 페이지 온도계 사진은 1월 18일 벽난로 가동으로 실내온도 영상 24.1℃, 습도 42%를 나타내고 있다).

결로 발생 이야기 1

보통 주택에서 겨울철 실내온도를 1℃ 올리기 위해서는 많은 연료가 필요하다는 것은 이미 알려진 이야기다. 오늘은 유리창에 발생하는 다른 결로 이야기를 해볼까 한다. 온도 1℃의 차이는 대단한 결과를 가져온다는 것을 시험을 해본 것인데, 우리 집의 경우 구조적으로 세 곳이 결로수로 문제를 일으키는 곳이 있다.

첫째가 현관문이고, 그 외의 한 곳은 욕실 및 화장실이고, 또 다른 한 곳은 다용도실에서 외부로 출입이 가능하도록 되어 있는 유리문이다. 욕실은 3중 유리창으로 되어 있고 바닥난방을 가볍게 한 곳이라도 실제로 난방용으로 보일러를 가동하지 않을 경우 효과는 미미하다. 이런 곳은 물을 많이 사용하는 곳으로 습기가 많아 결로가 발생할 수밖에 없는 실정이다. 겨울철 결로가 심할 때면 결로수의 양이 많아 창 밑으로 흘러내리기도 한다. 또 다용도실 출입문의 경우는 용도상 밖으로 출입해야 하는 문이므로 보통의 외부 출입문 크기이기 때문에 3중 유리의 무게로 유지하기가 어렵다는 제조사의 의견을 받아들여 복층(페어) 유리로 변경되어 단열에 문제가 있는 곳이다.

따라서 이곳은 겨울철이면 결로수의 양이 많아 줄줄 흘러내리는 경우도 있다. 결로수가 흘러내려도 타일 바닥으로 흘러 배수구로 빠져나가니 별다른 생각없이 그럴 수밖에 없는 현실을 인정하며 사용해 왔다(바닥으로 흘러내릴 만큼 많이 생기지는 않음). 다용도실이나 화장실로 들어서면 온도 차이가 있음을 느끼게 된다.

화장실 창문 3중유리 위 뽁뽁이 부착

지난해 겨울은 벽난로로 공기를 데우는 난방을 했으므로 별 차이를 느끼지 못했는데 보일러를 사용하는 금년 겨울에는 확연한 차이가 있음을 알게 되었다. 화장실의 출입은 실내에서 실내로 이동하지만, 다용도실의 경우는 외기가 직접 들어오는 곳으로 출입하므로 열손실이 발생하기 때문에 난방효과에 문제를 야기하고 있는 곳이기도 하다. 그렇다고 욕실이나 다용도실에 맞추어 실내온도를 높이기 위해 불필요한 연료를 소모하기에는 부적절하다는 생각이 들어 지난해 농지에 있는 임시 창고에 사용했던 유리창 보온용 "뽁뽁이"라는 것을 붙

다용도실 외부출입유리문 : 복층유리 내부에 뽁뽁이 부착

여 사용해 본 경험이 있어 불연듯 그 생각이 들어 여기에 적용해 보기로 했다. 시공도 간편할 뿐만 아니라 기존 시설물에 아무런 손상을 주지 않고 붙였다떼었다 할 수 있는 장점이 있어 시도해 보았다.

1℃의 온도 차이 결과는 놀라웠다. 화장실 창에 생기던 결로가 줄어들고, 다용도실 출입문 유리에 발생하던 결로수도 확연하게 줄어들었다. 또 화장실에 들어서면 예전과 다른 온도 차이를 느끼게 된다. 1℃의 온도 차이가 이렇게 큰 변화를 가져다주는 것을 주택에 살면서 실감하게 된다. 1℃의 온도 차이는 대단한 마술이다.

조망을 필요로 하지 않고 딱히 잘 사용하지 않는 유리면의 보온을 위해 "뽁뽁이"를 사용해 보세요. 효과를 얻을 수 있을 것이다.

결로 발생 이야기 2

날씨가 점점 추워져서 평균 낮기온이 영하 10℃를 넘어선다. 욕실, 화장실과 다용도실의 유리면에 부착해둔 "뽁뽁이"로 화장실 창의 결로를 줄이는 데 어느 정도 효율이 있는 듯해 보였다. 그런데 낮기온이 영하 10℃가 넘는 날씨가 계속되니 정도의 차이는 있으나 다시 결로가 생기기 시작한다. 다행히 매일 닦아 낼 정도의 양은 아니기에 잊고 지내기로 했다.

금년에는 겨울철 벽난로에 사용할 나무를 준비하지 않았다. 이유는 앞에서 이야기했듯이, 보일러 난방으로만 겨울을 지낼 생각을 했기 때문이다. 여기에는 지난해 벽난로를 사용하면서 약간의 고충이 있었기 때문이다. 벽난로가 실내공기를 데우는 효율은 대단히 좋다. 실내 평균온도를 영상 23~24℃ 정도로 유지해 주었다. 반면에 미세먼지가 발생하는데다가 가끔 심통을 부리는 일이 발생하여 난리를 쳐내는 일이 있고부터 벽난로 사용을 기피하게 된 것이다.

외부 기압이 낮아져서 기류가 깔리고 눈이 내리는 날에 일시적이긴 하나 연기가 역류하면 온 집안에 연기로 가득차면서 감지기는 "화재발생"을 여기저기서 외친다. 밖으로 연기 내몰기를 수차례 하다가 보니 달콤한 꿈이 깨진 것이다. 엄동설한에 잔뜩 데워 놓은 실내공기를 1, 2층의 창문을 모두 열고 밖으로 내몰아야 하는 것도 고충이었다.

이런 일이 횟수가 잦아지니 벽난로에 대한 환상은 깨지게 되고 사용을 기피하게 된 것이 원인이다. 처음에는 불을 피우는 방식의 잘못이나 벽난로 사용 경험 부족으로만 생각했다. 한 번 발생하면 환기를 시키려고 모든 창문을 열어 놓고 연기를 뽑아내고 나서도 실내에 연기 냄새가 오랫 동안 남아 있어 연기를 내보내느라 여름철에 사용하던 선풍기까지 동원해야 한다. 당연히 실내기온이 급격이 떨어져 영상 23℃에서 18~19℃ 정도로 떨어진다. 알고 보니 요구했던 역풍방지용 굴뚝을 설치하지 않았던 탓으로 인한 결과였다. 그후로 제조사의 도움으로 굴뚝을 교체 · 설치하고부터는 잦은 현상이 없어졌지만 언제나 불안했다. 이러한 이유로 금년 겨울에 작심하고 벽난로를 사용하지 않기로 했던 것이다. "나무를 준비하지 않아야 벽난로를 사용하지 않게 될 것이다"라는 생각에 나무도 구입하지 않았다.

한편으로는 굴뚝이 실내에서 외부로 연결되어 있어 불을 피우지 않음으로써 발생하는 열손실 등의 다른 문제는 없을까 하는 염려를 계속해왔다.

벽난로를 사용하지 않을 경우 벤트(vent)를 막아두어도 연통으로 빠져나가는 실내온도의 손실이 틀림없이 있을 것이며, 굴뚝으로 빠져나가는 열손실로 인한 결로현상이 염려되었지만, 12월이 지나도 아무렇지 않아 다행스럽다고 생각했다. 그런데 ..... 이듬해 1월이 되어 사용하지 않는 벽난로 위에 물이 고여 있었다. 그때까지만 해도 벽난로 위에 얹어 두었던 식물로 인한 것으로 생각했는데 천장에서 물이 주루룩 떨어지는 것을 보고서야 눈이 온 후로 지붕에서 누수가 되는가 했더니 알고 보니 사용하지 않는 벽난로 굴뚝에서 결로가 발생하여 물이 고여 있다가 조금씩 계속 흘러내린 것이었다.

지붕에서의 누수는 긴급사항이다. 그러던 어느 날 어디서 우두두둑! 우두두둑! 쏟아지는 요란스러운 소리가 들린다. 경사진 천장을 타고 거실 TV쪽과 벽난로 위로 물 떨어지는 소리가 요란스럽다. 물통을 받쳐놓고 물이 멈출 때를 기다렸다. 내부에서 고인 물의 양이 많아지니 단번에 쏟아져 내린 것이다. 물의 양이 적을 때는 조금씩 떨어지다가 많이 모이게 되자 '우두두둑' 하고 떨어진다.

벽난로를 설치할 때 지붕 위 조적굴뚝과 내부 원통굴뚝 사이를 단열재로 충분히 채워 넣도록 했지만 제대로 채워지지 않은 것일까? 굴뚝 외부 받침철판에서 결로가 생겨 누수되는 것일까? 난로설치 회사에 연락했다. 결로가 생기는 경우가 가끔 있었던지 상부까지 단열재가 밀실하게 채워지지 않을 경우 그럴 수도 있다고 대수롭지 않은 듯한 답변이 왔다. 그런 사실을 알았다면 시공할 당시에 밀실하게 채워야 했을 것이고, 굴뚝받침용 철판에도 단열판을 붙여서 결로를 방지토록 했어야 했다.

실내 천장으로부터 물이 떨어지는 것을 당하고 보니 내가 지금까지 무엇을 공부했던가 하고 자책하는 마음까지 들었다. 결로수로 인해 지붕 굴뚝 내의 단열재는 당연히 손상되었다. 단열재란 물을 먹으면 단열재 역할을 하지 못한다. 작은 방심이 누수를 일으키는 하자를 유발하는 원인을 제공하는 것이다.

모두가 완벽하게 잘 해 줄 것이란 생각은 하지 말아야 한다. 최근 감사기관에 있던 사람을 만났더니 공공기관에서도 상부층은 많이 변했고 청렴해졌는데 하부는 여전하다고 통탄하는 것을 들었다. 그러나 보도되는 것을 보면 힘 있는 자들은 여전히 섞여 있는 것 같다는 생각이 드는 것은 왜 그럴까! 건설업계도 같은 입장인가보다. 상부의 경영자는 바뀌었지만 특히 현장근로자들이 변하지 않고 아직도 적당히, 대강 대강하는 습관을 버리지 못하고 있는 경우가 많아보인다. 이런 것들은 정작 확실한 지식이 없어 몰라서 못하는 경우이든가 아니면 타성 때문일 것이다. 가능성 있는 모든 부분의 열교현상을 차단해야 하는 것이다. 난로설치 회사에서 와서 지붕의 굴뚝을 철거하고 내부에 채워진 젖은 단열재를 교체하는 작업을 하였다.

주 원인은 추운 겨우내 난로를 사용하지 않아 실내의 높은 온도가 굴뚝을 타고 올라가서 외기와 만나는 연통 내의 찬공기와 만나서 머물다가 발생하게 되는 현상이란다. 또다시 이런 현상이 발생하게 될까?

불을 피우면 이 공기들이 데워져서 밖으로 배출되는데 높지 않은 온도지만 연통 속에 머물다가 발생하는 현상이므로 정기적으로 불을 피워서 날려 보내도록 해야 한단다. 예상했던 일이 현실로 된 것이다.

오늘 낮 기온이 영하 10~12℃(밤에는 영하 17~19℃)의 외기온도에 보일러만 사용하는 실내 온도는 영상 21~22℃를 유지하고 있다. 벽난로를 사용해 본 경험이 있는 사람들의 관리방법 이야기를 들어볼 필요가 있을 것 같다.

결로 발생 이야기 3

겨울철 실내온도 1℃의 차이로 많은 변화가 일어날 수 있다는 것은 누차 얘기했던 바이다. 이번에는 유리에 발생하는 실험적인 결로 이야기를 해보기로 한다. 현관문을 제외하고는 실내의 창틀이나 주변에는 결로가 발생하지 않는다. 그러나 첫해 겨울 동안은 창 유리면에 결로가 발생하여 아침이 되면 창틀 아래로 흘러내린 물을 걸레로 닦아내는 것이 일상이 된 적이 있었다.

창문의 유리는 5mm 투명로이유리+12아르곤가스층+5mm 투명로이유리+12아르곤가스층+5mm 투명로이유리=39mm의 3중 유리창으로 독일 '캐멀링' 사 수입가공한 제품으로 기밀성능이 우수한 창으로 사용에는 이상이 없다. 그러나 겨울만 되면 욕실과 커튼이 설치되어 있는 방의 창문 유리에 적은 양의 결로수가 발생한다.

욕실의 경우에는 물을 많이 사용하는 장소에 바닥난방이 되어 있지만 욕실용으로 별도 라인을 설치하지 않고, 거실을 거쳐서 방으로 연결되어 욕실바닥을 거쳐 돌아 나오게 만든 것이 원인인지 난방효과가 적다. 거기에 보일러난방을 첫해 겨울 동안에는 가동하지 않았고 폐열교환 환기장치가 욕실에 설치되어 있지만 유입공기 라인은 없고 배기만 설치한 것이 잘못된 것으로 판단되어 결국 욕실에 발생하는 결로를 해결하기 위해 때로는 창문을 열어 환기를 시키는 방법 밖에 없었다.

거듭 이야기하지만 원래 설계자가 설계해온 설비도면에 의하면 각 방마다 유입공기와 배기라인이 각각 설치되어 있었지만, 업체를 선정한 후, 장비설치업체가 그들의 방식으로 설치하면서 각 방에 유입라인만 두고 배기는 실내공용으로 중간 중간에 설치했는데, 많은 배기라인을 설치하여 불필요하게 실내공기를 배출할 이유가 없다는 것이었다. 일리는 있어 보이는 말이었다. 창유리의 결로 때문에 겨울철 취침시간이 되면 환기장치 시스템을 끄고 자 보기도 했는데, 끄고 자게 되면 이산화탄소의 증가로 자다가 코와 목이 건조되고 잠을 설치는 경우가 발생하여 환기시스템을 다시 가동시켰더니 그런 현상이 발생되지 않아서 환기시스템의 효과를 다른 방면에서 입증하는 계기가 되기도 했다.

각 방의 창유리에 발생하는 결로는 해결할 수 없어 매일 아침이면 닦아내는 작업이 두 번째 맞는 겨울에도 일상이 되었다. 그것도 밖의 기온이 더 내려 갈수록 결로수는 많이 발생하였다. 그렇다고 창문을 열어 환기를 시키기에는 무리였다. 그러다가 두꺼운 천으로 된 커튼을 설치하지 않은 곳이나 '우드블라인드'를 설치한 거실 등 공기가 유통되도록 된 곳에서는 결로가 발생하지 않는다는 것을 발견하고 창문에 설치된 두꺼운 이중 커튼을 열어두었더니 유리면에 발생하던 결로가 없어진 것을 알게 되었다.

창대면의 온도 : 다음 페이지 그림의 ①, 실내면 창틀 실링이 파괴된 것이 보인다

창벽면의 온도 : 다음 페이지 그림의 ②

아침에 커튼을 제거한 후의 창 유리면의 결로

결로가 발생되는 '노점온도'는 일반적으로 보통의 경우 습도 80% 이상으로 내·외부 온도 차이가 15℃ 정도가 되면 결로가 발생한다고 한다. 창문에 설치한 커튼으로 창과 실내공기가 차단되어 외기의 찬공기가 유리면에 결로수로 변한 것이라면 이해가 되지 않았다. 또 2중으로 된 두꺼운 커튼일수록 결로발생량이 많았다. 따라서 커튼을 2중 커튼에서 싱글커튼으로 바꾸든가 가벼운 커튼으로 교체해 봤더니 결로수로 창을 닦아내는 수고는 겪지 않도록 사라졌다. 그래서 겨울철 맑은 날 정오를 기준으로 창대와 창벽의 온도를 측정해 보기로 했다.

창틀이 접한 창대 부분과 아래쪽 창 벽면과의 온도 차이는 손 끝에 닿아 느끼는 온도 차이는 구별하기 어렵지만 실제 측정온도는 1℃로 별 차이는 없으나 낮 기온 1℃의 위력이면 밤 기온의 차이는 클 것이다. 다음 그림은 결로가 발생하는 창틀의 구조와 측정된 온도이다. 즉 야간에 커튼 속의 온도 차이와 외기온도 차이로 유리면에 결로가 발생한 것이었다.

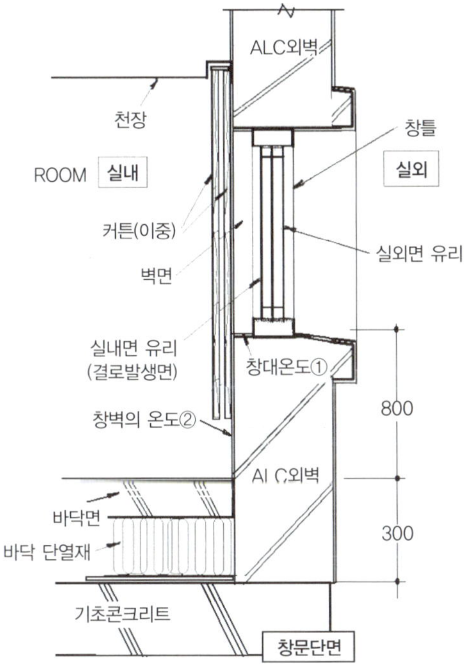

실험을 위해 측정한 오후 1시 20분,
실내온도와 습도

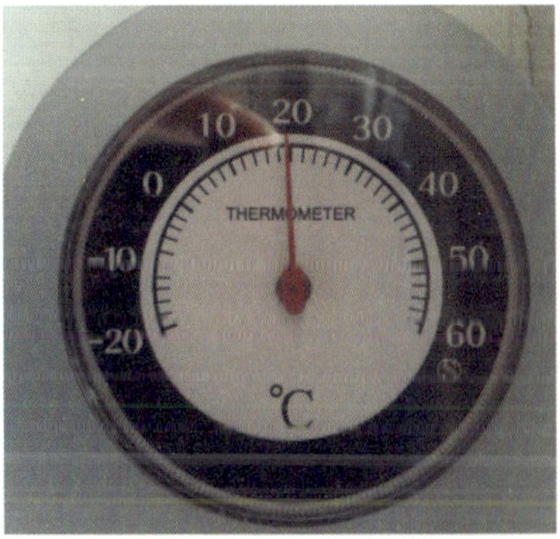

온도 차이를 알아보기 위한 실험으로 오후 1시 20분의 실내온도가 22.9℃일 때(습도 61%) 측정된 창대①의 온도는 20℃, 창벽 면②의 온도 21℃였다.

참고할 사항

집수리 이야기

겨우내 사용했던 벽난로도 청소하고 구석구석 쪼그리고 숨어 있던 먼지들도 날려 보내고 대청소를 하고 보니 몇 곳에 문제가 발생되어 있었다. 지붕 위 굴뚝 벽미장이 터져 있고, 실내 내부 벽에 작은 균열들이 발생한 곳도 있었다.

경량콘크리트 벽체 위에 바른 미장재의 수축작용으로 발생한 것으로 생각되었지만, 일부는 주요구조부의 연결 부위에 수직으로 작은 균열이 발생해 있었다. 다만, 구조적인 결함은 아닐 것으로 생각되는 곳이라 조금 계면쩍 했지만 지켜보기로 했다.

창대 하부 물받침대에 발생한 균열이라던가, T형으로 접합한 구체의 벽에 상하 세로로 길게 발생한 몇 곳의 균열이 창틀 하부인방의 구조적인 결함, T자로 연결된 구체접합부의 부실은 아닐까! 또 창대물받이는 전용물받이를 하지 않고 ALC로 받침을 만들어 붙이고 미장한 것이 문제는 아닐까! 하는 이런저런 생각을 해보며 시간을 두고 더 관찰해 보기로 했다. 공사에 관한 한 거의 완벽주의를 주장해온 탓에 아주 작은 흠이 발생해도 스스로 용납하지 못하는 것이다.

몇 개월 후 더 이상의 변화가 없는 것과 균열이 크지 않아서 도장팀을 불러 테이핑하고 보수하였는데 그 이듬해까지 아무런 이상을 발견하지 못했다. 주택의 내 · 외부 미장 부분에서 더 큰 결함은 보이지 않았으나 외부, 내부 창 주변의 실링재 접합 부분의 물고 떨어지는 곳이 모든 곳에서 발견되었고, 굴뚝벽의 미장탈락 사고의 원인은 초벌미

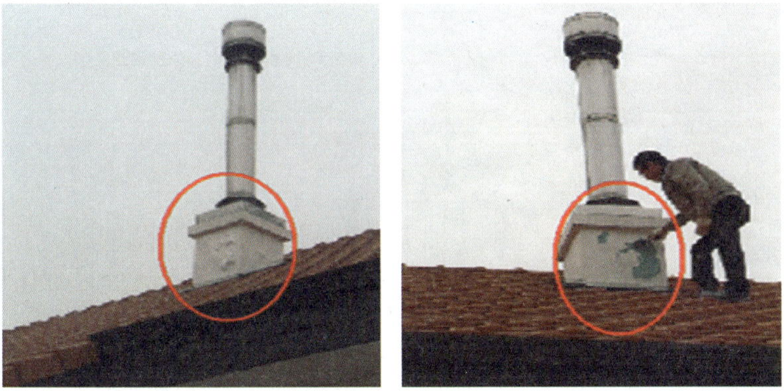

①굴뚝 벽면 투습상태가 좋지 않은 사례(부착된 메시가 초벌바탕과 밀착되지 않고 공간이 생겨 비어 있어 얇은 미장재가 동해를 입고 탈락된 것으로 보임)

장을 바를 때 메시를 부착하면서 메시가 초벌 바탕면과 접착되지 않고 빈 공간으로 남아 있었으니 외부의 찬공기로 인해 동파되어 불룩하게 들떠 올라 터진 것이었다.

사고 부위를 파내고 도장용 퍼티로 메워 보수한 후로 이듬해 겨울이 지나도 이상 징후는 보이지 않는다. 또 창틀마다 주변의 실링재를 모두 퍼티로 때우거나 실링 덧붙임 작업으로 1차 보수는 했지만, 실링재가 미장재를 물고 떨어지는 현상은 실링재의 부착성이 미장재보다 커서 발생하거나 시공방법의 잘못으로 인한 것인데, 바른 시공상태에서라면 미장재의 강도가 낮다는 것을 의미하는 것이다.

우리보다 먼저 지어졌던 모든 주택에서 균열현상은 발생되었다는 이야기를 들었다. 어떤 집에서는 발생된 균열을 보수하는 것이 일이 되었다고 말하는 이도 있었다. 한 번 떨어진 곳은 보수해도 다시 떨어지는 악순환이 생겼다. ALC 전용실링재를 사용했는지? 실링재의 점

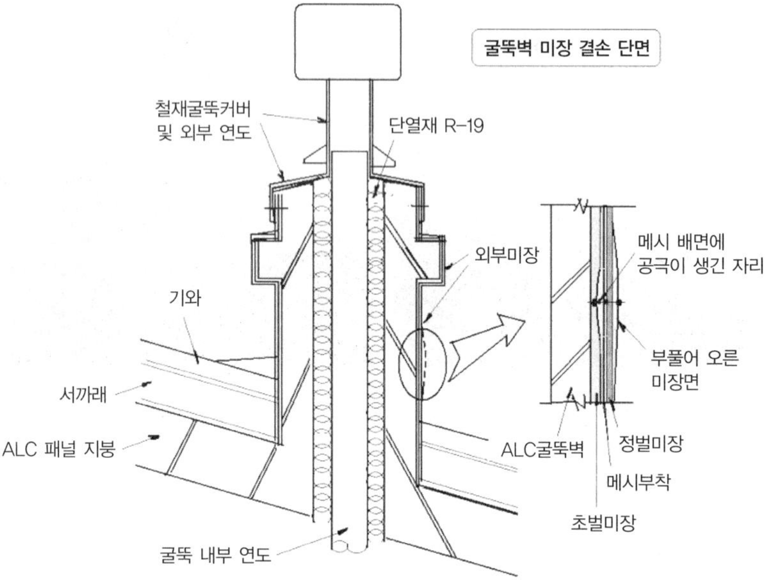

검이 필요하다. 특히 메시를 바르고 난 후 메시가 하지와 부착이 완전하지 않은 상태에서 정벌미장을 바른 곳이 불룩하게 솟아오르는 현상이 몇 곳에서 발생하였다.

외부 코너비드의 안쪽에 미장재가 완전히 충전되지 않은 곳에서, ALC 전용 미장재로 바른 외부계단이 겨울 동안 동해를 입고 터지는 현상이 발생하는 곳도 있었다. 국내산 미장재의 강도가 약하므로 세심한 시공이 필요할 것으로 생각된다. 더 이상은 터지고 균열이 생기는 곳은 없었으면 하는 바람만 가져본다.

다음은 대문 기둥에 발생한 사고인데 대문처럼 상부가 평평한 곳에 겨울에 눈이 쌓여 있다가 얼었다 녹았다 하는 동안 동해를 입고 터지면서 하부로 물이 스며들어 기둥면의 미장도 동해로 불룩 들고 일어

타일로 시공하지 않은 이 부분의 외부계단은 나중에 '데크'로 연결할 예정이어서 ALC 미장재로 바른 것인데, 겨울 동파로 파손되었다.

ALC로 만든 대문기둥 : 미장두께가 얇고 상부에 눈, 빗물이 고여 있다가 얼어서 동해를 입어 미장재가 풍화되고 푸석한 가루로 변했다. 하부는 물이 침투되어 동해를 입고 코너비드 부분이 벌어져 있다.

나는 사고로 이어졌다. 넓고 평평한 면은 ALC 미장재로 시공해서는 안 된다는 것을 의미한다. 철판재 등으로 캡을 씌워서 방수처리가 되도록 해야 한다는 것을 의미한다. 굴뚝 미장면에는 이듬해 겨울 하부가 동해를 입어서 다시 터졌다.

기둥 내부 코너비드 부식

두 번째 겨울을 지내면서 ALC 대문기둥 미장면이 사진처럼 동해로 파열되었다.

기둥표면 미장재 균열

박리된 내부는 풍화되어 있음

대문 문주의 미장재 파손은 지난해부터 발생했던 것인데, 외부용 퍼티를 구입하여 발라두었는데, 위의 사진은 이번 겨울 동안 더욱 심하게 파열된 모습이다. 보수방법이 막연하다.

대문기둥 미장재 파열

다음은 건물 외벽 코너 부분에 균열이 발생한 곳이다. 저런 곳에 물이 스며들면 부풀어 오른다. 아래 왼쪽 사진은 창문틀 주변 실링재가 미장재를 물고 떨어지는 현상이다. 우측 사진은 창문틀 아래 창대받이 여러 곳에 균열이 수시로 발생한다. 여름이 되면 이들 균열에 퍼티를 바르는 작업으로 외벽에 흰 자국을 만들어 놓는다.

주택의 외벽 코너 부분 미장재 균열(두드리면 들떠서 울리는 소리가 난다.)

창틀 실링재 주변의 미장재가 박리된 모습

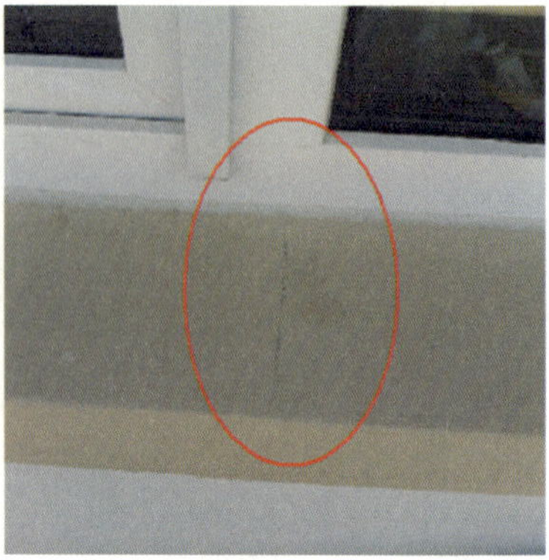
창대 물받이에 균열 발생

마지막으로 현관문의 사고인데 단열 현관문으로는 문제가 있다. 시공했던 모든 주택에서 문제가 없었다는 현관문이지만 우리의 경우 겨울만 되면 익년 봄까지 309페이지 사진에서처럼 문틀 주변에 내부 결빙 또는 결로가 심하게 생겨서 현관 내부를 오염시키고 있다(이 문을 사용하는 주택들의 실상을 알고 싶지만 알 수 있는 방법이 없다). 문틀구조가 단열되지 않는 구조재로 알루미늄 혹은 강재로 된 것으로 보인다. 문틀뿐만 아니라 문짝 내부에도 왼쪽 사진에서처럼 결로수로 하얗게 결빙된 현상이 생기고 있다.

이런 현상은 이른 봄 4월 중순까지 이어진다. 실패한 현관문이다. 현관에 단열중문이 없었다면 커다란 열손실이 발생하게 되었을 것이다. 창호와 달리 현관문에는 앤썸의 라벨이 붙어 있지 않아서 국내 수입 업체인 앤썸의 캐멀링 제품이 맞는지 재차 물었다. 시공한 사람이 그렇다는 대답이다. 단열이 안 되는 현관문은 교체해 줄 것을 요구했다.

단열이 되지 않는 현관 문틀 상부 프레임에 결로로 인한 결빙이 생겼다.(캐멀링 제품)

현관 문틀 세로 프레임 주변에 결로로 인해 발생한 곰팡이

현관문 상부 프레임 주변에 ALC면의 결로수와 프레임의 결빙되어 있다(좌)

현관문 도어록 결빙과 문짝의 결빙(우)

공사를 마치면서 체중이 15kg이나 줄었다. 주택은 ALC만으로 짓는 것은 아니다. 기초와 구체 ALC공사가 끝남과 동시에 창호 · 전기 · 설비를 비롯하여 목공사 등 각종 내 · 외부 정밀한 마감공사와 주변 토목공사가 이루어져야 한다. 아무리 ALC를 전문으로 하는 이들이 공사를 잘했어도 그 다음으로 이어지는 각종 연관공사가 매끄럽게 되지 않는다면 좋은 주택을 짓는 것은 기대하기 어렵다.

우리보다 몇해 전에 앞서 지었던 ALC주택들을 수소문하여 겨울을 보낸 후를 조사해 보았다. 공통점은 겨울과 여름을 지내기가 좋다는 것이 증명되었지만 국내산 미장재 사용으로 발생한 하자와 옥상방수의 결함, 불충분한 마무리로 인해 마음이 무거워져 있었다. 대부분 건축주들이 준비되지 않은 상태에서 ALC구체공사를 위탁하면서 협조를 받는 카페회원들이라고 믿었던 업체들로 하여금 이어서 공사를 개별적으로 도급 또는 직영으로 맡기게 되었는데, 공사품질을 보장하기 어렵고, A/S는 기대도 하지 말아야 하며, 공사중 소송이 발생하는 경우도 있었다.

주택을 짓는 행위는 어느 한 부분만이 아니라 종합적인 협력이 이루어져야 한다. ALC의 올바른 시공에 빠져 모든 공사를 올바르게 시공할 것이라는 망상 때문에 고생만 한 셈이다. 주택을 지으려면 반드시 도급공사로 할 것을 당부드린다. 양질의 품질과 적당한 A/S를 받는 것은 물론이다. 집을 짓기 전에 인터넷 카페는 모두 그들의 영업장이므로 그들을 절대로 믿지 말라던 분들의 조언이 새삼스럽게 너무 생생하게 들린다.

전체를 좋게 마무리할 업체가 있다면 좋겠지만 그렇지 못한 경우

직영공사를 하려면 공종별(전기, 조명, 장비, 설비, 창호, 미장, 목공, 도장, 내부마감 등)로 사전에 철저하게 양질의 업체들을 준비해 두었다가 전문 ALC팀에게 구체만을 도급주는 방식도 좋을 것이다. 그럴 만한 사정이 아니라면 ALC를 올바르게 하는 브랜드 전문업체를 찾아 일괄도급으로 공사를 맡기는 것을 강력하게 권한다. ALC만 올바르게 한다고 다른 것도 잘하는 것은 절대로 아니다. 또 국내산 미장재는 많은 문제점을 여전히 가지고 있음이 밝혀지고 있다.

저자가 조사한 바 현재로서 ALC 외부미장재로는 비교적 문제 발생이 적은 '알씨톱'(수입자재)이 해결점이라는 것이다. '알씨톱'이 고가이긴 하나 외부도장을 별도로 할 필요가 없기 때문에 도장공사비를 상쇄한다면 그리 부담스러운 것도 아니라는 것을 나중에야 알게 되었다. ALC 전용미장재로 지은 주택에서 국내산 미장재의 균열 · 들뜸 발생으로 공통적으로 하는 말이 터질 때까지 두었다가 다른 마감재로 뒤집어씌울 생각을 하고 있음에 놀랐다. 좋은 방법이 있으면 알려 달라고 하는 사람도 있었다.

우리 집은 추후 더 악화되는 문제가 발생한다면 수입산 ALC 전용 외부단열재 '미네랄 울'로 덧씌울 작정이다. 우려했던 것이 현실로 다가온 것이다.

지붕재 징크 이야기

ALC주택의 지붕재로 사용하기 위한 징크에 대한 문의가 의외로 많다. 징크란 아연을 의미하는데, 원사주기율표에서 원자번호는 30이고 화학원소 기호로는 Zn이다. 원소의 이름인 Zinc의 어원은 금속아연이 바늘 모양을 하는 것에서 독일어로 톱니 또는 포크의 끝을 뜻하는 Zinke에서 따왔다는 말과 주석과 비슷하다는 것에서 주석을 의미하는 Zinn에서 따온 것이라는 설도 있다.

아연은 색깔과 모양이 납(Pb : 한자로 연이라고 함)과 비슷하다 하여 붙여진 이름이라고도 한다. 로마시대에는 구리와 합금인 놋쇠만이 알려져 왔으나 13세기 인도의 야금학자들이 순수한 아연을 분리했으며, 중국에서는 16세기에 와서 아연을 대량생산하였고, 아연은 서양에서도 17세기 후반부터 분리되기 시작하였지만 순수한 금속아연은 1746년에 독일 마르그라프가 칼라민과 숯의 혼합물을 밀폐된 용기에서 가열하여 아연을 처음 얻어 1752년에 상업적으로 이 방법으로 생산하기 시작하면서 '볼타' 라는 사람이 1800년대에 구리판과 아연판으로 된 전지를 만듦으로써 아연의 유용성을 확대시켰다.

아연(징크)은 지각의 약 76ppm(0.0076%)을 차지하는 24번째로 많은 매장량을 가진 금속이다. 환경을 구성하는 필수요소로 자연의 모든 부분에 함유되어 있으며, 생명체의 세포를 구성하고 생리적인 기능을 다루는 대표적인 무기물 중의 하나이다. 아연은 철, 알루미늄, 구리 다음으로 많이 생산되어 사용되는 금속으로 상온에서는 단단하고 가공하기 힘들지만 100~150℃로 가열하면 전성, 연성이 대단히 증대하여 강판(panel)이나 철사 등으로 가공이 용이해진다.

200℃ 이상에서는 여리게 되어 분말로도 만들 수 있는데, 분말과 산화아연은 페인트의 안료로 사용되고 있다. 아연은 청색을 띤 회색금속이다. 철의 부식방지를 위한 도금에 전체 생산량의 약 50%로 사용되고, 황동을 비롯한 합금제조에 약 30%, 전지에 약 10%,그리고 화합

물 제조 등의 기타 용도에 약 10%가 사용되고 있다. 아연은 상온에서 공기, 이산화탄소(CO_2)와 반응하여 표면에 산화막을 형성하는 데 이렇게 형성된 막이 외부공기와 단절시켜 내부물질이 녹슬지 않게 보호하는 성질을 가지고 있다. 이러한 특성 때문에 산화될 가능성이 있는 수도관, 배, 보트 등 강철제품의 부식을 방지하기 위한 도금에 많이 사용되고 있는 제품이 아연이다.

지금부터 외장재나 지붕재로 주로 사용하고 있는 징크에 대해 이야기 해보자. 지붕재로 쓰이고 있는 '티타늄징크'를 일컬어 보통 '징크'라고 한다. 그런데 이와 유사한 제품들이 생산되면서 제품명으로 '리얼징크(Real Zinc)'라고 부르다('리얼징크'를 '징그'로 부르는 경우가 있는데 주의를 요한다. 전혀 다른 제품이다). '징크' 물받이의 경우 50년 이상(오염이 심한 도심의 경우 30년), 지붕재의 경우 100년(오염이 심한 도심의 경우 50년) 이상의 수명을 가지고 있다.

오리지널 '징크'는 100% 수입품이고 두께도 다르다. '징크'보다 두께가 얇은 '리얼징크'의 경우는 표면상처가 생기면 바로 녹이 발생한다. 그러나 자연상태에서의 수명이 긴 편이다. '징크'와 '리얼징크'는 눈으로 보아서는 구분하기 어렵다. 자석을 대어보면 구분이 가능하다. 철로 된 '리얼징크'에는 자석이 붙고, 아연인 오리지널 '징크'에서는 자석이 붙지 않는다 '리얼징크'가 보편화된 것은 저렴한 가격 때문이다. 값이 저렴한 중국산 제품도 있다. 일반 소비자들이 구분하기는 매우 어려운 것이 현실이다. 실제로 제품을 시공할 경우 싼 것을 들여오는 경우도 많다고 한다. 신뢰할만한 전문 수입 또는 시공사를 정하는 것이 중요한 이유이다.

"징크"(티타늄 징크)의 원재료는 순도 99.9% 이상의 전기분해 아연에 소량의 티타늄과 구리가 첨가된 것인데, 재활용이 가능하며 인체에 무해한 것이 특징이다. 내추럴징크는 자연 그대로의 은백색이며, 시공 후 표면에 형성되는 연한 청회색의 산화 보호층이 산화의 진행을 억제하면서 내부금속을 보호해주며 산화진전과 동시에 자연스러운 색상의 변화를 나타내는 것이 특징이다.

또 수명은 반영구적이고 보수유지가 거의 필요 없는 무독성 친환경자재로 불에 타도 유해가스가 나오지 않은 특징을 가지고 있다. 가공성 또한 좋은 편으로 절단, 절곡, 접합이 용이하며 3차원 곡선형태도 자유롭게 표현할 수 있는 재료이다. 수입품에 의존하므로 가격이 비싸다. 보통 '리얼징크'의 3~4배, '알루미늄징크'의 2배 이상이나 된다. 다음은 '징크'에 대해서 정리한 내용이다.

① 특수공법에 의한 산화처리된 청회색의 자연색으로 조화가 잘 되고
② 환경에 무해하며 재활용이 가능한 제품이다.
③ 시각적으로 회색, 녹회색, 청회색 등으로 조금씩 다른 색상을 나타내고
④ 19세기 이후 지붕재로 가장 많이 사용되어 온 고급지붕재로 다양한 디자인 구성이 가능
⑤ 내부식성 및 내마모성이 우수하여 수명이 길어 보수유지가 필요 없는 천연재료이다.

반면에 '리얼징크'라는 것은 가면을 벗겨보면 본명이 '컬러강판'이다. 상품명을 '리얼징크'라고 하여 징크와 유사한 질감을 내는 재료

로 갈바륨강판 위에 알루미늄과 아연을 코팅하여 색상을 다양화한 제품이다. 국내에서 생산되는 제품으로는 동부제강(주)에서 생산되는 제품명이 '리얼징크', '칼징크', '아르트징크' 이고, (주)유니온 스틸에서 생산되는 알루미늄에 도장을 한 제품이 '아르프징크' (혹은 프린징크) 이고, 같은 종류로 알루미늄에 특수처리를 한 '팔징크' 는 수입제품이다. 그 외에도 '도마징크', ISO 9001 인증을 받은 '네트징크', 구리, 아연, 티타늄합금인 '라인징크', 높은 부식에 대한 저항성을 가진 'ZM징크', 알루미늄 판재인 'AL징크' 등이 있다. 이 중에서 국내 주택자재 수입업체인 '로자' 라는 회사가 공급하고 있는 제품으로는 강판 위에 알루미늄과 아연을 입혀 스크래치에 강한 것이 장점인 '길바로이 징크' 는 영국산이다. 또 독일산인 '팔 징크', 그리고 99.9% 아연인 폴란드산인 'ZM징크' 등이 있다.

이상은 '징크' 의 종류와 특징에 대해 알아보았다. 리얼징크를 부르기 편하게 한다고 징크로 불러져서는 안 된다. '징크' 나 '리얼징크' 로 지붕공사를 하려면 반드시 재료에 적합한 공법으로 시공해야 한다. 단열, 결로수 처리 등은 건축설계자 및 징크전문업체와 협의바라며 이곳에서는 생략한다.

값을 싸게 한다고 지붕바탕을 절대로 적당히 해서는 안 된다는 것에 유념하기 바란다. 설계자와 협의하여 올바른 방식으로 시공되어야 한다. 다음 페이지의 사진은 징크 지붕의 올바른 시공법을 이해하기 쉽게 만든 지붕단열판 구조와 마감된 주택모습니다. 징크지붕은 비가 오는 날은 실내가 매우 소란스럽다는 것을 고려해야 한다.

목재 서까래와 단열재 위에 '징크' 또는 '리얼징크' 지붕을 시공한 샘플

지붕 징크판을 접는 기구

징크로 마감된 주택의 지붕

ALC로 지은 친환경 저에너지 주택들

건축에 소요되는 비용은 규모와 시설과 지역에 따라 대략 평($3.3m^2$)당 4백만 원대부터 6백민 원대까지 다양하다.

제주 소재 ALC주택

김포 소재 ALC주택

태안소재 ALC주택

금산 소재 ALC주택

인천 영종도 소재 ALC주택

춘천 소재 ALC주택

새로운 시작

텃밭 가꾸기

3월 하순이 되자 모두들 들에 나와 한 해 농사준비를 하는 것이 보였다. 농사라고는 지어본 일이 없으니 열심히 인터넷으로 공부하는데 장님 코끼리 만지기다. 언제 뭘 심어야 하는지 사전작업은 어찌해야 하는지 이해하기 어렵다. 350평이나 되는 텃밭(?)을 무엇으로 갈고, 밭을 일구어 채울까? 엄두가 나지 않아 고개 넘어 이장을 찾아갔다. 이장이 소유한 대형 트랙터로 넓은 밭을 삽시간에 갈아 흙을 부드럽게 만들었다. 장비의 힘을 빌려야 가능한 것을 로터리 삽으로 해결하려고 했던 생각에 혼자 머쓱해 했다. 삽과 곡괭이로 고랑 만들기를 며칠 일을 하고 나니 온몸이 아프기 시작한다. 손마디가 붓고, 허리에는 통증이 와서 병원신세를 지게 되었다.

다시 이장을 찾아가서 심어야 할 봄 작물에 대해 물어보고는 혼자 힘으로 넓은 밭을 가꾸기는 쉽지 않다는 결론을 얻고 100평 정도만 두고 나머지는 과수나무를 심기로 하고 이원묘목시장에서 감(거봉), 두릅, 자두, 사과, 배, 석류, 오디, 홍매실, 포도, 복숭아, 모과, 대추, 호두나무를 몇 그루씩 사다가 심었다.

딸기, 상추밭

고랑을 만들어 북돋우고 며칠 간을 심었는데, 나물을 캐러 나왔던 할멈이 나무를 너무 가깝게 심었다고 훈수를 한다. 심고 보니 어린나무만 생각했지 나무가 자란 후를 생각하고 심어야 하는 것이었다. 그렇게 다시 며칠 간을 힘겹게 옮겨 심고 나니 남은 땅은 또 고랑을 파서 심어야 할 모종을 사다가 심어야 하는 일이 남았다.

봄 작물 심기가 모두 끝난 늦은 시기에 괭이로 고랑을 파고 있으니 마을에 사는 우성이네 아버지가 지나가다 안쓰러운 마음이 들었는지 '관리기' 라는 것을 가지고 와서 뿡~뿡하고 몇 번을 왔다 갔다 하더니 이것 또한 순식간에 해결해 주었다.

밭을 일구는 시기와 작물을 심기 위해 거름을 주는 일에 대해서 세세하게 일러 주었건만 문외한인 내가 그 말을 완전히 이해한 것은 한 해 텃밭농사를 하고 나서야 깨닫게 되었다. 길다란 고랑에 심을 모종을 장터에 가서 토마토, 딸기, 오이, 여러 종류의 상추, 양배추, 가지, 파프리카, 고추, 호박, 단호박, 양배추, 쑥갓, 파, 열무, 고구마, 들깨, 참깨, 도라지 등 눈에 보이는 대로 사다가 심었다. 선무당이 사람잡는다는 말이 거짓은 아니다. 거기에다 잘 자라게 하느라 비료를 듬뿍 뿌려서 모두 말라 죽였다. 어느 것에나 과한 욕심은 화를 부르는 법이다. 다시 고랑을 파준 우성이네 아버지가 와서 보고는 비료를 주는 방법과 시기를 알려주어 고랑을 파서 헤치

봄 텃밭가꾸기

고 이미 끝나버린 모종을 어렵사리 구해 또 심었다.

각종 유실수를 심은 밭

작물이 잘 자라는 듯하더니 열매를 맺기 시작하고부터 병이 들기 시작했다. 토마토는 맺는 열매마다 검정병이 들어 비뚤어져 썩고, 가지, 오이는 꼬부라져 기형으로 자라고, 고추는 하얗게 썩어들고, 열무는 벌레들이 달라 들어 잎을 쳐다 볼 수 없는 지경에 이르렀다. 이렇게 초보농사꾼이 첫해는 혼쭐이 나며 여름을 보냈다. 그래도 상추는 병충해가 없어 여름 내내 싱싱한 상추쌈으로 가을이 되기까지 따서 먹었고, 양호한

신록이 우거진 7월

오이와 가지, 토마토, 고추는 매일 밭에서 공급되는 찬거리로 식단에 올려졌고, 감자 농사는 실패했지만 고구마 농사는 잘되어 여러 사람에게 나누어 줄 정도로 풍작을 이루었다. 뜨거운 여름 햇살에 시커멓게 탄 얼굴만으로도 농사꾼으로 보인다. 다음 해에는 파종에서부터 비료를 주지 않는 유기농으로 잘 할 수 있을 것이다.

뜰과 꽃밭을 가꾸며

뜰 앞과 대지와 농지 사이에 울타리는 나무울타리를 만들기로 하고 3백주나 되는 난천, 사철나무 묘목을 사다가 심었고 언덕배기에는 개나리, 철쭉, 연산홍을 심었는데, 이 또한 빨리 사라세 할 욕심 때문에 비료를 주어 대부분 말라죽게 만들었다.

금년 2월에 다시 잘 자란 풍성한 울타리를 연상하면서 사다가 심었다. 지난해 이웃마을 사람들이 새로 지은 집에 작은 정원에 심으라고 보내준 작약, 목단, 수선화, 넝쿨장미, 그리고 이름을 알 수 없는 뿌리식물의 꽃들을 심었는데, 이 역시 비료로 인해 모두 말라죽어 버렸다. 금년 2월 하순경에 묘목시장에서 싱싱한 꽃나무들을 구해 일찍 심었더니 싹이 트고 봄을 알리는 예쁜 꽃들을 피우고 있다.

화단 주변에 사서 심은 회양목, 둥근향 등은 왜 그리도 키우기 어려운지.....사서 심어놓으면 벌겋게 말라죽는다. 물을 너무 자주 주어서 그런가 하고 물주는 간격을 늦춰주어 보다가 오히려 물이 적어서 그런 것은 아닐까하고 매일 아침, 저녁 물을 주어 봐도 한번 벌겋게 타죽은 잎은 소생하지 않는다. 아름다운 꽃밭을 가꾸기도 거저 되는 것은 아니다.

뜰에 핀 꽃들

봄에 핀 화단의 꽃나무

다시 심은 울타리(난천) 새싹이 나고 있다.

화단 만들기

자라는 풀을 매일 뽑아주고 잘라주어야 한다. 풀을 뽑을 때마다 사람이 사는 세상에도 잡초 같은 사람들을 모두 제거해주어야 장미꽃밭처럼 아름다운 사회가 된다고 주장하는 '쿠쿠다스 박사'의 '아름다운 정원'이란 내용이 생각나서 혼자 쓴 웃음을 지으며 아침마다 풀 뽑는 작업으로 하루를 시작한다.

대문 옆 둔덕에는 심어둔 철쭉, 연산홍, 개나리, 수선화 등의 꽃들이 어우러져 지나는 사람들에게 봄의 기운을 선물로 주고 있다. 여름에는 풍성한 잎으로 가려주어 울타리 역할도 제법 한다. 금년 4월에서야 마당에 잔디를 심었다.

산골 환경에 적응하기

생활 쓰레기 처리

전원에서의 생활은 환경에 생활습관을 맞춰야 하는 것들이 있다. 오랜 습관에서 벗어나지 못하고 부딪치게 되는 것이 쓰레기처리 문제이다. 도시의 아파트에서처럼 쓰레기 처리를 할 수 있을 것이라는 생각이었다. 마을회관 앞에 농약폐기물 처리용 박스가 있는데, 그 옆에 쓰레기를 담은 봉투를 두었더니 쓰레기를 두었다고 마을 사람이 난리를 쳤다. 왜 그러느냐? 하고 물어 보니 쓰레기를 치우는 사람이 없으니 그곳에 두지 말라는 것이다. 그러면 청소업자가 쓰레기를 치우도록 해야 하는 것이 옳은 일이 아닌가. 군청이나 면사무소에 연락을 해 보니 쓰레기는 정기적으로 수거해 간다는 답변이다.

공무원은 업체에 연락해 봤을 것이다. 실상은 그렇지 못하고 있는데 탁상업무라는 생각이 들었다. 3개월이 지나도 쓰레기는 여전히 그곳에 있었다. 쓰레기 처리문제로 옥신각신할 수밖에 없었다. 그나마 전화를 해서 겨우 이런저런 사정이야기를 하면 일시적으로 처리가 되긴 했는데, 도시아파트처럼 일주일마다 쓰레기 버리는 날이 되면 분리수거 장소에 갖다 두면 되는 것인데 시골에서는 그런 것이 이행되지 못했다.

도시에서는 볼 수 없던 녹색으로 된 폐기물 전용봉투(100ℓ)와 소각용 황색쓰레기 봉투(100ℓ)를 면사무소에서 판매하고 있는데, 구입해서 넣어 두면 된다고 했는데 쓰레기를 가져 가지 않는다. 음식물 쓰레기는 처리할 방법이 없어 마을 사람들이 하는 모습을 지켜보니 개울에다 버리기도 하고 퇴비장(덤)에 버리기도 했다.

그래서 텃밭 모퉁이에 구덩이를 파고 음식쓰레기를 부어 두면 낮에는 까마귀나 까치가 와서 먹고 밤이 되면 야생 고양이들이 와서 먹는 것을 보았다. 그런데 생활쓰레기 처리가 문제였다. 마을 사람들 대부분이 간단한 것은 태우거나 산이나 강에 갔다버리는 것 같았다. 원인은 몇 가구 살지 않는 산골에 행정당국의 무관심으로 인한 것이다. 그런 것을 고쳐 보자고 행정업무를 맡아 있는 면사무소나 군청 청소과에 전화해서 처리하도록 해 봤지만 업자들은 겨우 한 달에 한 번 또는 두 번 오다가 돈이 될 만한 빈병류만 수거해가고 나머지들은 소각봉투에 일반쓰레기가 있다는 둥, 이런 저런 이유를 붙여서 가져가지 않고, 또 폐기물처리 봉투에 담을 폐기물이 가정집에서 매달 100ℓ씩 발생하지도 않는다. 그러다 보니 한, 두 번 수거하려 오지는 않는다.

인터넷 분리수거자료를 뒤져서 쓰레기봉투를 어떻게 활용해야 하는지를 조사해봤지만 품목별 분리수거방법만 있을 뿐이다. 청소업자가 주장하듯이 빈병처럼 재활용은 수거대상이지만 다른 것들은 처리되지 않는다는 내용은 없다. 몇 개월 동안 방치된 쓰레기를 보고도 그냥 지나치는 청소업체의 이야기는 가관이었다. 십여 가구가 사는 시골마을에 폐기물처리 차량 따로, 소각 가능한 쓰레기 처리하는 차량 따로, 빈병 등만 수거해 가는 차량이 따로 오기 때문에 자신은 보관동에 담아둔 빈병 등의 재활용 물품만 수거해간다는 것이다.

쓰레기도 돈이 되는 것은 수거대상이 되고 나머지는 모른다는 것이다. 면소재지에는 일주일에 두 번 정도 집 앞에 둔 쓰레기는 어떻게 버려졌던 모두 치워지는 것을 봤는데, 산골에는 한 달에 한 번 정도 오는 청소차량이라는 것이 1톤 정도의 트럭이 와서 돈이 되는 물품들만 수거해 가고 나머지는 나 몰라라 하는 것에 어처구니가 없었다.

청소차가 정기적으로 와서 한 번에 가져가면 될 것을 서로 내가 가져갈 것이 아니라고 지나쳐 버리니 마을 사람들은 편하게 사는 방법을 택한 것이다. 이렇게 버린 것들이 우기 때가 되면 모두 강으로 모여들게 마련이다. 아무튼 쓰레기 처리를 바르게 할 수 있도록 노력해 봤지만 누구도 관심을 가지지 않았다. 산골에 사는 사람들처럼 애타게 구걸하거나 다투지 않고 편하게 적당한 곳에 버리기는 내키지 않았다. 마을 사람들이 올바른 방법은 아니지만 어쩔 수 없이 그들의 편의대로 살고 있지만, 개선해야 할 행정담당자들이 확인조차 하지 않음으로써 발생한 일이다.

인근 마을을 간혹 돌아보게 되면 빈병류 외에는 쓰레기가 없는 경우가 대부분이다. 모아 두어도 처리되지 않는 쓰레기를 도시처럼 모아 두는 일이 없다. 이런 실정이지만 행정담당자는 쓰레기는 잘 처리되고 있는 것으로 알고 있다. 이런 건 직무무유기가 아닌가? 공무를 맡은 이들은 주민의 말은 귀담아듣지 않고 업자들의 말만 듣는 것으로 생각된다. 또 가끔 행정당국에 전화를 해 보면 이장을 통해서 하라고 하는 이상한 소리를 듣게 된다. 그런 연유인지 마을 사람들은 의견을 제시하는 것조차 기피한다.

문제를 제기하는 사람이 오히려 문제가 있는 사람으로 되기 때문이다. '악을 쓰는 것 보다 꾀를 쓰는 것이 났다' 고 하는 말이 있다. 쓰레기는 모아 두었다가 면사무소 소재지로 나갈 때 가져다 버린다. 신문지나 포장지 등의 종이류는 모아두어도 물에 젖었다고 안 가져가고 기피해서 가능한 종이류는 모두 태워버린다. 그래서 산간의 사찰에 있

영농폐기물 수거함

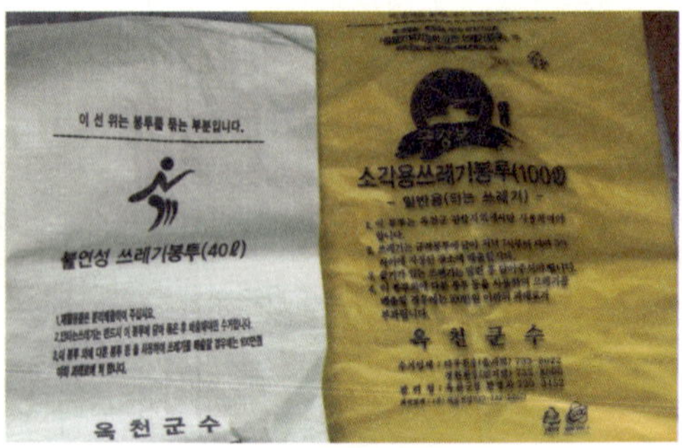

사용할 필요가 없는 쓰레기 봉투

는 것 같은 소각장을 텃밭 귀퉁이에 만들기로 했다. 산골에 살면 똑같은 세금을 내면서도 도시 같은 혜택을 기대하기는 어렵다.

산골마을 사람들

산골로 왔을 때 가까운 마을에 있다는 스님 한 분이 "3년을 잘 지내야 합니다." 하고 가던 말이 생각난다. 첫 해에는 뜻하지 않게 식중독에 걸려 한 달 이상을 고생했고, 이듬해에는 넘어져서 팔뼈가 부러져 큰 고생을 했는데, 세 번째에는 대수롭지 않던 감기로 폐렴에 걸려 한 달이 넘게 심한 고통을 당했는데, 후유증이 또 한 달이나 오래갔다. 나이를 먹으면 첫째 감기를 조심하고, 둘째 식사는 규칙적으로 하고 잠을 푹 자야 하고, 셋째로 상가(喪家) 등의 험한 곳에는 가지 말고 보지도 말라고 충고했는데 잠깐 사이에 위험에 빠지는 일이 벌어졌다.

또 작은 일이 큰 위험을 가져오기도 한다. 밭에 박아 묶어 두었던 작은 지주도 때로는 흉기로 변할 수 있고, 사다리가 미끄러지거나 떨어지는 사고, 여름철 덤불로 가려진 구덩이에 빠져 다치는 일, 농기구 장비를 다루다가 다치는 일, 뱀에게 물리는 일 등이다. 산간 마을에는 사는 가구 수가 그리 많지 않다. 그래서 마을 사람들의 삶은 어느 집에 무슨 일이 있는지 훤히 들여다보인다. 우리는 마을에서 조금 떨어져 있고 도시에서의 생활방식을 벗어나지 못해 대문을 닫고 집안에 있으면 누가 알려주지 않는 이상 마을에 무슨 일이 있는지 알 리가 없다.

하루는 소방차가 들락거리는 모습이 보였다. '마을에 불이 났나?' 불이 났으면 연기라도 보일 것인데.... 앰뷸런스가 오가는 것도 창가로 보였다. 한참 후에 알았지만 마을에 사는 노인이 밭에서 일하다가 장비가 넘어지면서 다치는 사고가 발생한 것이었다. 또 하루는 아무런 사전 연락이 없다가 저녁 무렵에 갑자기 마을회관으로부터 저녁을 함께 하자는 연락이 왔다. 7km나 떨어진 음식점에 마을 사람들이 모두 모였다. 매년 봄, 가을이 되면 시골을 떠나 지내는 자손들이 먼 길을 달려와 마을 어른들을 모시고 저녁을 하는 것이란다. 도시에서는 상상도 할 수 없는 모습을 보게 되었다. 시골은 아직도 '정' 이란 것이 고스란히 남아 있음을 알게 되었고 사람이 많은 도시에서처럼 살벌한 모습은 찾기 어렵다. 그러나 때로는 엉뚱한 일을 당하는 경우도 있다.

이를테면 텃세를 부리는 이가 있음을 명심해야 하고 가끔은 사람대접을 받지 못하는 경우도 있으니 주의해야 한다. 한 번은 외부 강의를 마치고 돌아오니 마을에 사는 노인이 와서 이장이 인삼을 수확한다고 하니 격려도 할 겸 가봐야겠다고 동행하자고 한다. 인삼을 어떻게 수확하는지 궁금하기도 하여 작업현장으로 갔더니 건너 마을에서 소를 키우는 사람이 "이런데 와서 일이나 도울 생각은 안 하고 방구석에 쳐 박혀서 뭘 해!"하며 가르치려 한다.

농사를 짓는 사람은 들판이 작업장이지만 글을 쓰는 사람은 책상 앞이 작업장이 아닌가! 가끔 나이도 들어 보이지 않은 이들이 아무렇게나 내뱉고 대한다. 그런 사람들은 그냥 무시하고 지내야 한다. 반면에 무시할 수 없는 경우도 있다. 의원 등으로 치료를 받으려 가보면 무조건 해라다. 이렇게 해! 저렇게 해으이~ㅇ, 알았지~ㅇ! 반말에 무조건 해라다. 존댓말은 배우지 못한 것으로 보인다. 때론 귀촌한 사람이 그런 꼴 보기 싫다고 도시로 되돌아가는 이도 있다고 한다.

농사철이 지나면 마을 회관에 서너 사람이 모이게 되면 으레 술잔

마을 회합장 정자

벽이 무너져가는 건초장

이 몇 잔씩 오가게 되어 이런저런 이야기도 나누게 되고 세상 돌아가는 이야기로 이어진다. 한 집에서 안주를 마련하면 다음은 다른 집에서 마련하며 정을 나누기도 한다. 마을 사람들이 살면서 한 푼씩 마을 기금으로 모아둔 돈으로 한 번씩 전체 회식도 벌인다. 반상회 같은 것인데 작은 마을이지만 나이가 들어 잘 만나게 되지 못하는 이도 보게 되고 안부를 묻는 그런 모임이다. 이해를 따지는 일도 없다. 마을에 새로 집을 짓고 올 사람을 위해 도로개설 등에 협조해 줄 것을 마을 촌장 같은 연장자나 노인회장이 당부하기도 한다.

내가 이곳으로 오고 나서 서너 집이 땅을 구입해 새로 마을로 들어 올 것이라는 소식이다. 마을 주변에 늘려져 있는 감나무 잎이 무성한 것을 보니 올해도 감풍년이 되나 보다. 해마다 마을사람들이 수확한 감을 한 바스나 주어 홍시가 된 것을 겨우내 먹었다. 집 텃밭 자락에 지난해 심어둔 감나무에는 언제나 주렁주렁 감이 열려 나눌 수가 있을지….

장마철 이야기

3월이 지났지만 외부의 날씨는 강하고 차가운 바람과 함께 피부에 와닿는 것이 여간 을씨년스럽지 않다. 이런 날씨도 산골은 도시와 다른 점이다. 겨울 동안 내렸던 눈은 30° 나 되는 경사지붕 위에서 얼어서 그대로 수북하게 쌓여 있다. 앞쪽 남향받이는 햇빛을 받고 녹아서 기와가 보이지만 뒤편은 그대로 있다가 4월 중순이 되어서야 녹아서 떨어지는 소리가 마른하늘에 천둥치듯 울린다. 지붕 위 얼음 덩어리가 녹아떨어지면서 처마홈통에 낙엽이 쌓이는 것을 방지하기 위해 말아서 넣어두었던 철망이 아래로 함께 떨어져 내렸다. 이런 상태를 고려하여 철선 등으로 단단하게 고정시켜 두는 것이 필요할 것이다.

4월 곡우가 다가 오는데도 추위는 계속되어 밤이 되면 7~8시간에 30분씩 보일러를 가동되도록 해 놓았다. 5월이 되어서야 겨울을 완전히 벗어난 듯했다.

긴 겨울의 터널을 나오자마자 잦은 비가 내리기 시작하면서 산골은 높은 습도로 가득해졌다. 텃밭의 풀이 자라기 시작하자 눈 깜짝할 사이에 무릎 높이까지 자랐다. 이런 환경에 다음에 닥칠 것은 생각도 못하고 겨우내 닫혔던 창을 활짝 열어젖히고 지냈더니 실내습도가 점점 높아져 실내에 축축한 느낌이 들 정도로 습도가 76%가 되더니 90%를 넘어서 버린다. 사용하던 벽난로도 청소하고 집안 구석구석에 겨울 동안 숨어 있던 먼지도 날려 보낼 생각과 겨우내 갇혔던 기분으로 문을 모두 활짝 열어두고 지내는 동안 잦은 비로 밖의 습기가 안으로 그대로 이어지고 있다는 생각을 하지 못했던 것이다. 5월이 되니 내부보다 밖에 있는 것이 더 따스하게 느껴진다.

실내습도가 높아지니 제습기 가동으로 온도는 외부 온도보다 높아져서 시원해야 할 집안의 온도가 외부온도에 비해 2℃나 높아졌고 찜질방처럼 후덥지근해졌다. 이듬해 7월이 다 가도록 제습기로 제습을 할 정도였으니 후덥지근한 것이 계속되었다. 제습기를 가동하여 열기를 계속 발산시킬 것이 아니라 에어컨을 가동시켜 제습시키는 것이 좋다는 조언을 듣고 에어컨을 8일간 가동시켰더니 그 후로부터 예전의 상태로 돌아섰다. 겨우 8일을 사용하자고 에어컨을 설치했다는 억울한 생각도 하면서...... 내부가 완전히 건조되지 않은 첫 여름을 그렇게 보냈다. 폐열환기 시스템을 작동시키고 창을 닫아두어도 아무런 문제가 없다는 것을 생각하지 못하고 긴 장마철에 밤낮으로 문을 열고 살았던 것이 문제였다.

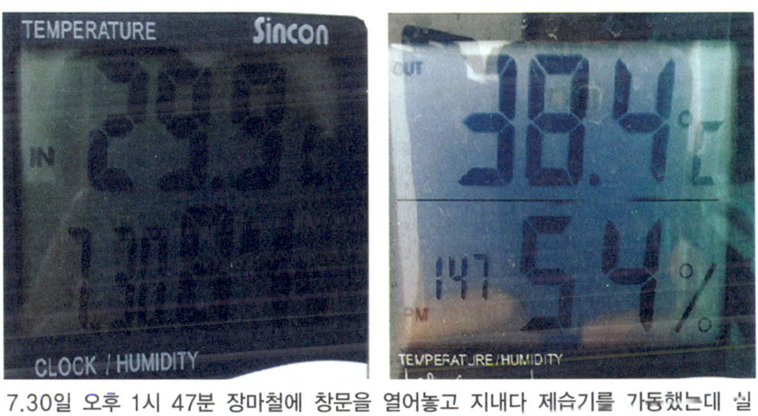

7.30일 오후 1시 47분 장마철에 창문을 열어놓고 지내다 제습기를 가동했는데 실내온도 29.9℃/습도 84%이고, 외부온도 38.4℃/습도 54%로 내부는 찜통이다.

여름철 밖에서 내부로 들어서면 시원한 느낌이 확하고 피부에 와 닿는다. 여름철은 평균적으로 외부온도와 8~10℃ 정도 차이가 난다. 천장에 매달린 실링팬을 틀어 놓는 것만으로 실내에서 여름은 지낼만 하다. 장맛비의 폭우로 배수로로 빗물이 빠져나가는 것을 보니 맨홀을 많이 만들기를 참 잘했다고 생각했다. 설계보다 맨홀의 개수를 늘려서 5m 간격으로 여러 개 설치했는데, 맨홀 속으로 빠져들어 간 물은 도로 옆 개울로 빠져나가는데 그 물의 양이 어마어마하다. 만약 배수가 잘 되지 않아 발생하는 사고는 순식간에 벌어지고 만다. 마당의 배수와 농지의 배수가 각각 반대편 배수로로 흐르도록 한 것은 참 잘된 계획이었다.

또 잘한 다른 것은 원래 집 주변에 데크를 설치하기로 했는데 집 주변을 모두 콘크리트 바닥으로 바꾼 것이다. 바꾸게 된 이유는 주변 마을의 주택에서 뱀이 집안으로 들어온다는 말을 들었고, 실제로 데크 아래에서 뱀을 잡는 것을 보기도 했기 때문이다. 데크 아래가 습하니 뱀이 숨어 지내기에 딱 좋다는 것이다.

또 이름도 모르는 각종 벌레, 작은 들짐승들이 기어들기 좋은 곳이 '데크' 밑이라는 곳이다. 바닥 콘크리트 주변에는 일정 범위까지 자갈을 깔아 두었다. 이렇게 하게 된 것은 마을 이장이 강력하게 추천한 사항이다. 여름에 작은 벌레들이 콘크리트 바닥으로 기어 다니는 것을 보게 되는데 뜨거운 열기 탓에 대부분 죽기도 한다. 맑은 날 여름밤은 집안 불빛을 보고 들어오겠다는 수많은 벌레들과의 전쟁을 치뤄야 했다. 방충망의 작은 틈을 뚫고 들어오다가 방충망과 유리 사이에서 죽은 녀석들이 매일 아침이면 창틀 밑에 수두룩하게 쌓여 있다.

외부 창틀과 벽에 달라 붙은 벌레떼

실링팬은 내부공기를 순환시켜준다.

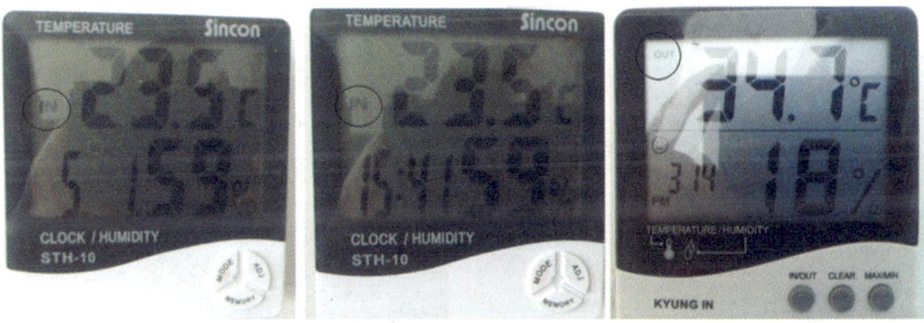

5월 1일 : 오후 3시 41분 실내온도 23.5℃, 습도 59%. 오후 3시 14분 외부온도 34.7℃, 습도 18%

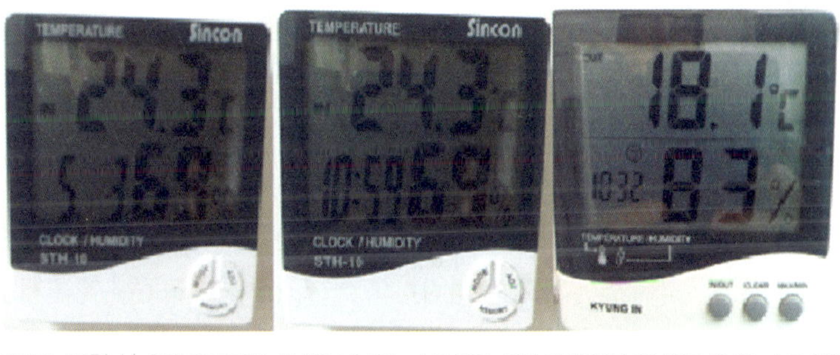

5월 3일 : 비오는날 오전 10시 59분 실내온도 24.3℃, 습도 69%. 오전 10시 32분 외부온도 18.1℃, 습도 83%

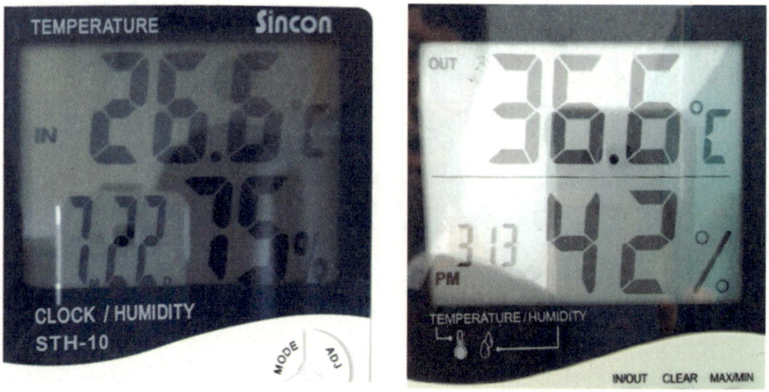

7월 22일 오후 3시 13분 외부온도 36.6℃에 습도가 42%일 때, 제습기를 가동하지 않은 내부온도 26.6℃에 습도는 75%나 된다.

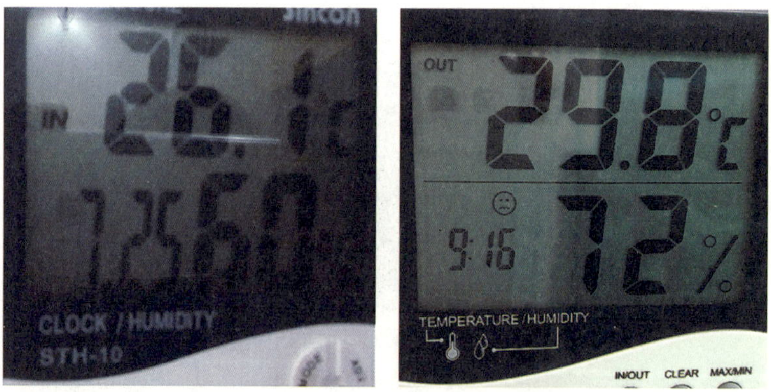

7월 25일 오후 9시 16분 외부온도 29.8℃에 습도가 72%일 때, 제습기를 가동한 내부온도 26.1℃에 습도는 60%나 된다.

텃밭을 가꾸는 일, 주변에 심은 나무를 가꾸는 일, 잡초제거와 방충제 살포 등으로 봄부터 여름의 산골 생활은 바쁘다. 그러다가 넘어져서 다치고, 자빠져서 팔이 부러지기도 하고, 심어둔 묘목에 제초제를 뿌려 말려 주이기도 하며 입주한 다음 해에는 그렇게 한바탕 기승을 부리면서 백로, 추분을 맞으며 난리를 치루고 나서야 입주 후 이듬해 첫 여름이 가는 소식이 들렸다. 그리고 다시 가을이 오고 겨울을 보냈다. 새봄이 오면 봄 작물을 심을 준비에 바빠진다. 그렇게 분주하게 보내고 나면 '홀딱 벗고', '홀딱벗고' 짝을 찾는 휘바람 새 노래 소리, '솥~적다' 고 노래하는 소쩍새 소리를 들으며 또 다시 여름을 보낸다.

금년 봄에도 솥이 적다고 부르짖고 다니는 것을 들으니 올해도 풍년이 오는가 보다. 이제부터 뜰에 심은 잔디를 가꾸며 좀 쉬라고 하는 것 같다. 조금씩 주변을 가꾸는 재미를 맛보며 사는 것이다.

겨울을 맞을 준비는 지금부터 해야 한다. 내년 다시 봄이 오면 아름답게 필 꽃들을 더 심어야겠다. 요즘에 하는 TV광고에서처럼 살이 갈수록 맛이 나는 100% 'ALC 저에너지하우스' 가 친환경주택으로는 '딱- 좋아~!', '아주 좋아~!', '매~우 좋아~!'

봄나물을 캐는 마을 사람들

당부하고 싶은 이야기

가끔 여러 경로를 통해 이런 저런 질문을 해오는 분들이 있다. 내가 건축을 공부한 사람이니까 집 짓을 분들로부터 오는 내용들이 대부분이다. 집을 짓기 위해 계획을 한다면 여기저기서 집 지어주겠다고 그럴듯한 평면을 그려서 보내주는 경우가 많이 있는 듯하다.

무슨 무슨 집을 짓는다는 회사들이 그들이 소유한 계획 설계팀을 이용하여 멋진 집이라고 제공하는 경우도 있고 또 건축주가 잡지나 기타 자료를 근거로 하여 자신만의 집을 구상해서 평면을 만들어보는 경우도 있는 듯하다. 설계되어 있는 평면을 가지고 대부분 어떻다라고 답을 내놓기는 부담스럽다.

애써 작성해 놓은 것을 어쩌구 저쩌구 하는 것은 관련된 분들에게 예의가 아니거니와 대단히 어려운 작업을 거쳐야 가능하기 때문이다. 그러나 계획단계라면 조언도 필요할 것이다.

우선 대지의 입지상태와 주변 여건을 확인해야 하는데, 현장을 가보지 않은 사람이 무슨 감각으로 기본계획을 잡을 것이며 조언을 할 것인가, 출입이 가능한 대문의 위치 등을 알아야 현관의 위치를 정할 것이고, 동서남북의 방향과 조망권, 그 집에 살 가족구성이나 거실의 크기, 방의 개수와 필요한 가구 등이 파악되어야 하고, 외람된 것 같지만 대지에 대한 주택의 구성도 모든 것을 다 맞추기(풍수적인 면에서)는 어렵지만 어느 정도 조합이 되어야 할 것이다. 그런데 아무런 자료도 없이 평면도 한 장으로 봐달라고 하는 경우 어떻게 봐주어야 할지에 난감할 때가 있다.

설계를 업으로 하는 직업이 건축설계사무소이다. 보통 단독주택 한 채를 설계하는데, 건축사의 능력이나 사무소 규모에 따라 3~5천만 원을 받는 것으로 알고 있다. 저렴하게 전원주택을 지을 수 있도록 60~70장이나 되는 건축, 전기, 위생 및 설비도면을 1천만 원 정도에 성실하게 해주는 곳도 있다고 한다.

그 다음이 농어촌의 경우 지방건축사무소에서 3백만 원 정도에 간단한 평면과 입면 등 몇 장으로 신고하여 건축허가를 받도록만 해주는 일을 하는 사무소이다. 전기 · 설비도면은 애시 당초 없다. 토목도면은 별도로 토목설계사무소에서 맡아서 하는 경우도 있고 건축사사무소에서 일괄로 맡아서 하는 경우도 있다. 당연히 비용은 별도로 지불해야 한다. 그 다음은 집을 짓도록 하청을 받은 사람이나 업체가 평면과 입면 몇 장을 가지고 알아서 짓는다. 이러한 것이 작금의 주택을 짓는 실상이다. 신고만 하는 주택허가로 인해 대부분 설계비는 거저 주는 돈으로 생각하기 일쑤이다.

주택설계가 가장 어렵다고 우리는 그렇게 배웠다. 그럼에도 가능한 설계비 한 푼 안 들이고 좋은 집을 지을 생각을 하는 것을 보는 경우가 많다. '집 짓는 것 그것 별거야?', '평면도 한 장이면 대부분 누구나 집을 짓는 거 아니야?', '집 짓는 사람들에게 주면 모두 알아서 짓는거야.'. 그러니 집이란 적당히 지어지는 것 아니겠는가. 또 아무리 좋은 집을 지어도 우리나라의 주택가격은 정당한 재산권을 인정받기 어렵고 소위 도매금으로 인정하는 데에도 문제는 있다(대신에 세금은 적게 내니 좋아하는 것 같고...). 좋은 설계가 있고, 양질의 시공업자를 만나야 좋은 집을 지을 수 있는 것이다. 그런데 아무리 좋은 설계자에 양질의 시공자를 알려주어도 믿고 맡기는 사람이 거의 없다. 그저 참고사항일 뿐이다. 한두 시간 머리를 싸맨다고 답이 금방 나오는 것도 아닌데 하물며 3백만 원 정도를 받는 사무소에서 수십장의 도면 작성에 시간을 허비해가면서 좋은 계획을 해 줄 수 있을까요? 그럼에도 우리 같은 사람들이 아무런 대가 없이 질문에 응답해 주는 이유는 무엇일까? 더 이상은 싸구려에 얼마 가지 못할 창고 같은 주택을 짓지 말자고 하는 사명감 같은 것 때문일 것이다.

또 주택은 내가 잠깐 살고 갈 뿐이니 적당히 짓고 말자라는 생각은 버려야 한다. 시간이 지나고 나면 내가 아닌 누군가를 위한 새로운 삶의 터전이 되어야 한다. 그래서 주택도 아파트처럼 누구나 생활을 공유할 수 있는 구조라야 한다는 것이 내 소견이다. 끝으로 선진국에서 연구발표하고 있는 〈범죄는 주택으로부터 온다〉는 보고서의 내용처럼 어느 정도 건축의학을 고려한 평면 구성이어야 한다는 것이다. 건축설계비에 인색해하지 않았으면 하는 마음에서이다.

3년째가 된 앞뜰

V. 부 록

[1] : ALC 구조설계 규준 및
표준공법 중 발췌 내용
(대한건축학회)

[2] : #별표, ALC 외벽패널공사
주요 점검 사항

[1] : ALC 구조설계 규준 및 표준공법 중 발췌 내용

2. ALC블록공법

2.1 사용재료

2.1.1 일반사항(생략)

2.1.2 블록

블록은 KS F2701(경량기포콘크리트블록)에 적합한 것 또는 동등 이상의 성능을 갖는 것으로 하며, 종류는 도면 또는 특기에서 규정한다.

2.1.3 모르타르

가. 쌓기용 모르타르

블록과 블록이 맞닿는 면에 쌓기용으로 사용되는 ALC 블록 전용 접착모르타르로서, 블록 제조업자 또는 모르타르 전문 제조업자가 블록쌓기용으로 제조한 것으로 한다.

나. 보수용 모르타르

블록의 파손 부위를 보수하거나 배관재 틈새의 충전을 위해 사용되는 모르타르로서, 블록 제조업자 또는 모르타르 전문 제조업자가 블록 보수용으로 제조한 것으로 한다.

다. 충전용 모르타르

KS L 5203(포틀랜드 시멘트)에 규정된 보통 포틀랜드 시멘트 또는 조강포틀랜드 시멘트로 제조한 모르타르로서 블록

조적조의 홈을 충전하기 위하여 사용되며, 블록 제조업자 또는 모르타르 전문 제조업자가 블록 충전용으로 제조한 것으로 한다.

라. 미장용 모르타르

미장용 모르타르는 블록의 내·외부 마감이나 표면경도의 강화를 목적으로 사용되며, 소요의 방수성과 통기성이 있어야 한다.

2.1.4. 철물

가. 보강철물 : KS D 3504(철근콘크리트용 봉강)

나. 집합철물 : KS D 3528(전기아연도금강판 및 강대)

2.1.5 기타

가. 프라이머

블록면에 도배마감 또는 기타 마감의 바탕처리용으로 사용되며, 프라이머 전문제조업자가 제조한 것으로 소요의 침투성, 흡착성 및 통기성이 있어야 한다.

나. 충전재

블록과 블록 또는 블록과 타부재와의 틈새에 충전용으로 사용되며, 종류는 도면 또는 특기에서 규정한다.

다. 실링재

KS F 4901(건축용 실링재)에 적합하거나 이와 동등 이상의 성능을 갖는 것으로 하며, 종류는 도면 또는 특기에서 규정한다.(특기는 본서 16-1-2의 (7)을 참조할 것)

2.2 공법 공통사항

2.2.1 일반사항(생략)

2.2.2 확인 및 준비사항

가. 공사도를 작성하여 담당원의 승인을 받는다.

나. 지표면 이하에서는 블록을 사용하지 않는 것을 원칙으로 하며, 부득이하게 흙에 접하거나 부분적으로 지표면 이하로 매설될 경우에는 반드시 표면처리제 등으로 방수마감하여야 한다.

다. 화학적으로 유해한 영향을 받을 수 있는 장소에 블록을 사용할 경우에는 필요한 방호처리를 한다.

라. 공사자는 전용공구를 사용하여 공사의 효율성을 높인다.

마. 작업부위는 작업 전에 청소를 하고 바닥이 균일하지 않은 곳은 시멘트 모르타르로 수평을 맞춘다.

바. 블록나누기를 하여 먹매김하고, 개구부 및 설비용 배관 등이 위치한 곳에는 블록 쌓기에 필요한 준비를 한다.

2.2.3 유의사항

가. 쌓기

(1) 쌓기 일반

1) 방습층 위에 고름모르타르는 두께 10~20mm 정도로 깔아 수평을 잡는다.

2) 줄눈의 두께는 1~3mm로 하며, 요철블록의 경우에는 도면 또는 특기에 따른다.

3) 수직줄눈은 통줄눈이 되지 않도록 하며, 블록 상하단의 겹침길이는 블록길이의 1/3~1/2을 표준으로 하여 최소 100mm 이상으로 한다.

4) 블록은 각 부분을 균등한 높이로 쌓아가며, 하루 쌓기 높이는 1.8m를 표준으로 최대 2.4m까지로 한다.

5) 연속되는 벽면에서 일부를 나중 쌓기로 할 경우, 그 부분은 층단 떼어 쌓기로 한다.

6) 블록의 외벽이 측벽 또는 모서리벽과 접하는 부위는 충전재로 충전하고 외부 측에 코킹처리한다.

7) 모서리 및 교차부 쌓기는 끼워쌓기를 원칙으로 하며, 통줄눈이 생기지 않도록 한다.

8) 공사면의 수직 · 수평을 철저히 맞추어 평활한 면이 되도록 하며, 평활하지 못할 경우 담당원의 지시에 따라 재공사한다.

(2) 공간 쌓기(생략)

(3) 신축줄눈

1) 벽체의 길이가 10m 이상인 때는 신축줄눈을 설치한다.

------------------- (이하 생략) -----------

나. 창호 및 인방보

(1) 창호(생략)

(2) 인방보(Lintel)

1) ALC 인방보는 벽체와 같은 두께로 설치하는 것을 원칙으로 한다.

2) 인방보는 토막이 아닌 600mm 온장 블록으로 지지하는 것을 원칙으로 하며, 그렇지 못한 경우에는 인방보 끝에서 최소 100mm 이상 더 긴 블록에 지지받도록 한다.

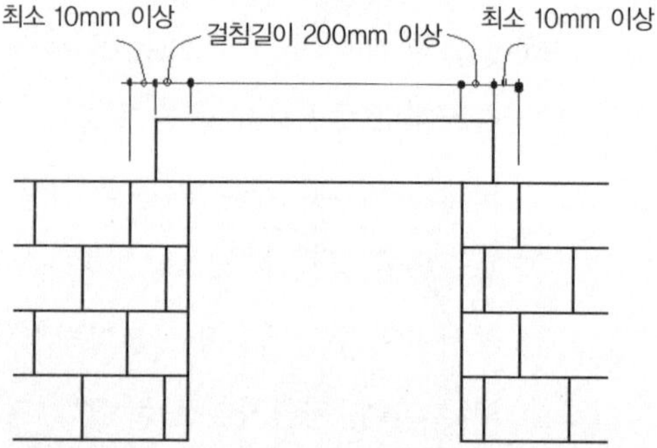

인방보의 길이(mm)	2,000 이하	2,000~3,000	3,000 이상
최소 걸침길이(mm)	200	300	400

3) 인방보의 좌우 걸침길이는 200mm 이상을 원칙으로 다음 표와 같이 한다. 두 개의 개구부가 인접하여 각각의 인방보를 설치하기 어려운 경우에는 한 개의 인방을 두 개의 개구부에 동시에 걸치게 하며, 이때 인방보의 길이는 두 개의 개구부와 그 사이 간격을 합산하여 산정한다.

다. 보(Beam)

(1) 보의 단부와 벽이 만나는 곳은 하중분산을 위하여 두께 2.3mm 이상의 철판을 보폭과 같은 너비로 보 밑에 설치하고, 보와 벽 사이는 10mm 정도의 간격을 띄워 신축변화에 대비한다.

(2) 보의 최소 걸침길이는 다음과 같다.

1) 벽과 보의 방향이 동일한 경우

보의 최소 걸침길이는 걸쳐지지 않는 길이의 1/10 이상 또한 200mm 이상이 되어야 하며, 철판은 보에서 300mm 이상 연장하여 설치한다.

2) 벽과 보가 직각인 경우

보는 벽의 전 두께에 걸치도록 하며, 철판은 길이가 400mm 이상이어야 하고 철판의 중앙에 보가 위치하도록 설치한다.

3) 벽체 끝에 보가 걸쳐질 경우

보에서 벽체 끝까지의 길이는 200mm 이상 확보되어야 하며, 철판은 보의 양옆으로 200mm 이상 연장되어야 한다.(다음 페이지 상단 그림 참조)

(3) 벽체와 보의 고정을 위한 앵커의 묻힘 깊이는 100mm 이상으로 하며, 앵커는 목재 보의 경우 보의 끝에서 100mm 이상, 철제 보의 경우 50mm 이상 안쪽에 위치하도록 한다.(다음 페이지 하단 그림 참조)

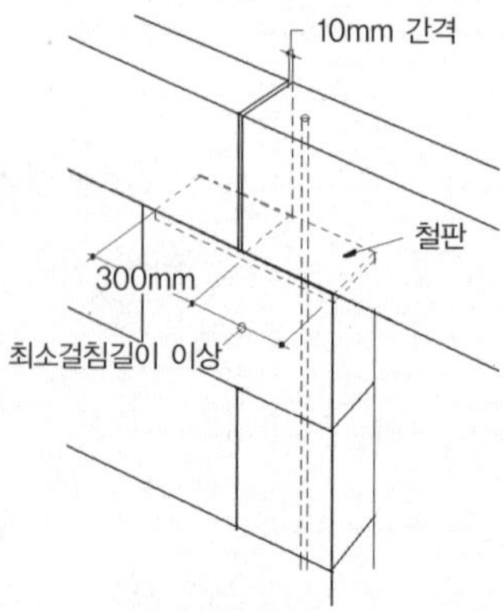

벽체에 걸친 보

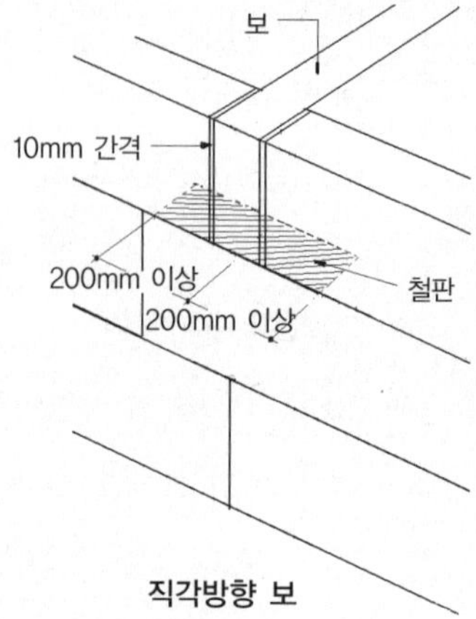

직각방향 보

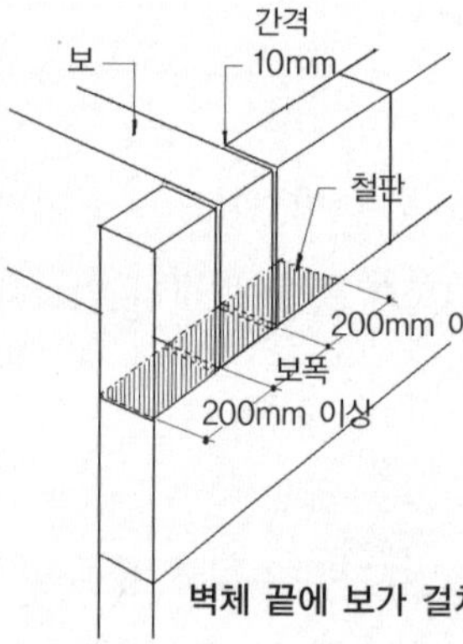

벽체 끝에 보가 걸쳐질 경우

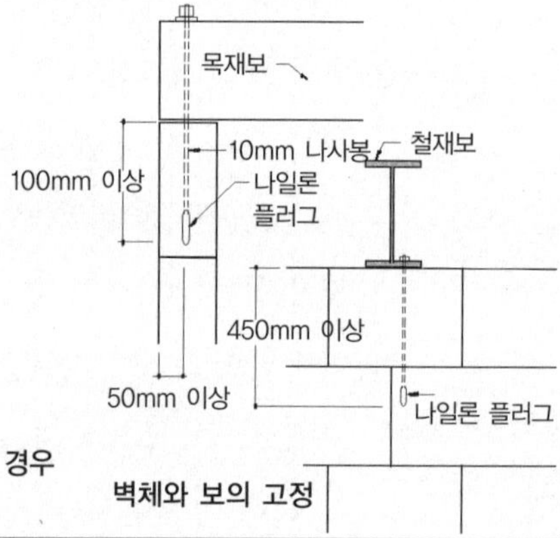

벽체와 보의 고정

라. 방수 및 방습

(1) 블록을 쌓기 전, 벽을 쌓을 경계선을 따라 바닥슬래브 또는 기초 콘크리트 위에 아스팔트 펠트 등과 같이 방수성이 우수하고 모르타르와 접착력이 좋은 재료를 사용하여 벽두께와 같은 폭으로 방습층을 설치한다.

(2) 지표면 이하에서 사용된 재료와 블록이 맞닿는 부분에는 방습층을 설치한다.

(3) 외부와 접하는 부분 또는 물과 접하는 부분에는 콘크리트 방수턱을 설치한다.

(4) 시멘트 액체방수를 사용할 경우 취약 부위 또는 균열 발생의 우려가 있는 부위에는 부분적으로 도막방수를 추가 공사하도록 한다.

(5) 창호의 방수는 다음 방법 중 현장 여건에 따라 담당원과 협의하여 선정 · 적용한다.

1) 창문틀은 외부 벽면과 동일선상 또는 외부로 돌출되게 공사하고, 접합부는 실런트로 마무리한다.

2) 창문틀은 외부 벽면에서 들여 설치할 경우에는 창대석 또는 플래싱을 설치하고, 접합부는 실런트로 마무리 한다.

마. 절단 및 구멍 뚫기

(1) 전기톱 또는 수동톱을 사용하여 정확하게 절단하며, 접착면이나 노출면은 평활하게 한다.

(2) 블록의 곡선절단은 절단 부분의 블록을 절단기로 제단한 후 접착모르다르와 고정철물을 이용하는 방법과 소석 후 먹체에 아치틀, 그리고 절단하는 방법이 있으나 현장여건을 감안하여 선택 · 적용한다.

(3) 구멍은 목재용 세날 오우거 비트(auger bit) 등을 이용하여 정확하게 뚫는다.

바. 홈파기 및 충전

(1) 홈파기

1) 전기 및 설비용 배관에 필요한 홈파기 폭이 300mm 이하인 경우에는 블록쌓기가 완료된 후에 전용공구를 이용하여 시공한다.

2) 전기 및 설비용 배관에 필요한 홈파기 폭이 300mm 이상인 경우에는 블록을 쌓을 때 보강철물을 설치하여야 한다.

3) 전기 및 설비용 배관은 흔들리지 않도록 전용 고정핀 또는 못과 철선 등으로 견고하게 고정시킨다.

(2) 충전

1) 충전은 블록 간의 고정부를 충분히 양생한 후에 실시하며, 충전용 모르타르를 채운 후 흙손으로 면처리한다.

2) 사춤 표면 두께는 최소 10mm 이상 되도록 한다.

3) 충전 부위는 유리 섬유망으로 보강하는 것을 원칙으로 한다.

사. 보수 및 보강

(1) 보수

1) 보수작업은 쌓기 작업 후 24시간 이상 경과된 후에 시행한다.

2) 파손된 부위는 거친 솔로 문지르고, 보수 부위의 블록 표면이 건조할 경우에는 소량의 물을 뿌려 습윤케 한다.

3) 깊게 파손된 부위는 블록 전용 못을 박아 보강한 후 보

수용 모르타르를 바른다.

4) 파손된 양보다 조금 많은 양의 보수 모르타르를 바르고 흙손으로 마무리한다.

(2) 보강

1) 방습층 줄눈을 따라 균열이 발생할 우려가 있으므로 방습층이 깔린 선을 따라 수평으로 별도의 신축줄눈을 만든 후 실링하거나 300mm 폭의 유리섬유망 보강매트 등을 미장마감 전에 설치한다. 이 매트는 줄눈의 상하 각 150mm씩 덮히도록 설치한다.

2) 보의 단부와 벽체의 접합부는 신축에 따른 균열방지를 위하여 유리 섬유망을 접합부에서 4면으로 150mm 이상 내밀어 보강한다.(그림 2.12, 2.13 참조)

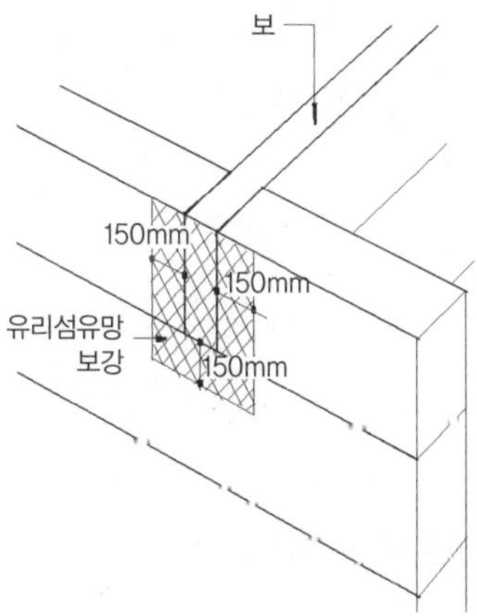

그림 2.12 보와 벽의 접합부 보강(1)

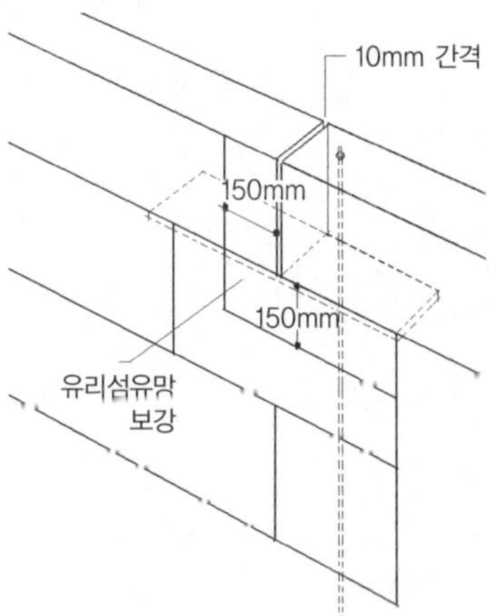

그림 2.13 보와 벽의 접합부 보강(2)

3) 블록벽이 상호 만나는 부분에서는 접합철물을 사용하여 보강하는 것을 원칙으로 한다.

4) 콘크리트 구조체와 블록벽이 만나는 부분 등과 같은 이질재료 간의 접합부에는 보강철물을 설치한다.

5) 통행이 빈번한 벽체의 모서리 부위는 원형 또는 45° 각도로 가공하거나 코너비드 등의 보강재를 설치한다.

아. 마감

(1) 마감은 벽체의 보수를 완료하고 담당원의 확인을 받은 후 실시한다.

(2) 벽면이 고르지 않을 때는 블록조각, 나무손, 면갈기 대패, 거친 샌드페이퍼 등으로 평활하게 한 후 마감한다.

(3) 내부 벽지 마감

1) 도배공사는 벽면을 충분히 건조시킨 후 실시한다.

2) 샌드페이퍼로 벽면을 평활하게 한 후, 롤러 및 스프레이 장비를 이용하여 프라이머를 담당원의 지시에 따라 일정 두께 이상 고르게 바른다.

3) 프라이머 도포 후 도배마감은 조속히 실시한다.(실크벽지 사용 금지)

(4) 수지 모르타르 마감(수용성 수지)

1) 블록 표면을 물로 적시고 수지 모르타르를 바른다.

2) 수지 모르타르는 1회 바름 두께 3mm를 표준으로 평활하게 바르며, 배합된 모르타르는 1시간 이내에 사용하는 것을 원칙으로 한다.

3) 문틀 주위의 미장은 문틀 안쪽으로 마감한다.

자. 기구 부착

기구 부착은 다음 방법 중 기구의 중량 등을 감안하여 선택 적용한다.

(1) 구조체에 지지시키는 방법 : 기구를 용접 또는 볼트로 구조체에 직접 지지시키는 방법

(2) 볼트 고정방법 : 블록에 볼트를 관통시키고 구멍을 뚫은 후 플러그 또는 앵커를 고정시키고 기구를 부착시키는 방법으로서, 구멍은 블록 가장자리에서 100mm 이상 안쪽으로 들어간 곳에 위치하게 한다.

(3) 플러그 고정방법 : 드릴로 블록에 구멍을 뚫은 후 플러그 또는 앵커를 고정시키고 기구를 부착시키는 방법으로서, 구멍은 블록 가장자리에서 100mm 이상 안쪽으로 들어간 곳에 위치하게 한다.

(4) 컷네일 방법 : 컷네일로 기구를 부착시키는 방법으로서, 접착제를 병용하는 것이 바람직하다.

(5) 접착제 사용방법 : 접착면에 이물질이 없도록 깨끗이 청소하고 건조시킨 후 접착제를 바르고 기구를 부착시키는 방법

2.3 비내력벽 공법(생략)

2.4 내력벽 공법

2.4.1 일반사항(생략)

2.4.2. 유의사항

가. 내력벽에 블록을 사용하는 경우에는 ALC 블록구조 설계규준에 따라 구조적 안전성을 확보해야 한다.

나. 벽체 상부와 슬래브의 접합부는 틈이 없도록 하며, 미세한 틈새는 충전재로 채운다. 시공 부위의 폭에 관계 없이 막힌 줄눈쌓기로 한다.

다. 하중이 수직으로 전달될 수 있도록 상부벽체를 하부 벽체 또는 보의 직상부에 위치시킨다.

마. 블록이 서로 맞닿는 부분은 보강철물로 블록 매 2단마다 고정한다.

라. 모든 개구부에는 인방 보를 설치하는 것을 원칙으로 한다,

------------- (이하 생략) -----------

[2] : #별표, ALC 외벽패널공사 주요 점검 사항

감리 종목	범위	주요 점검 사항	
		처리방법	(검토) → 승인
1. 공사도		처리내용	**1-1. 납기의 검토(수주계약 후 보통 1개월로 봄)** **1-2. 공사범위를 명확하게 파악** (1) 확인할 공사범위 1) 패널받이 철물공사 2) 개구부 보강철물 3) 설비용 구멍뚫기 등 별도 공사 부분을 명확하게 한다. **1-3. 외벽 패널설치용 철근콘크리트 기초세우기 높이는 G.L로부터 30cm 이상일 것.** (50cm 정도로 잡은 것이 바람직함) **1-4. 패널나누기(세로형일 때) 치수 확인** (1) 나누기 치수 = 패널의 실제 길이(또는 패널 실길이)+10~20mm) (2) 폭나누기 치수는 600mm가 원칙. 좁은 패널인 경우 주문제작 (3) 300mm에서 600mm까지(10mm 간격) (4) 절단 최소폭은 260mm(절단하고 남은 잔재를 배근상태에 따라 사용하는 경우도 있지만, 검토되지 않은 것은 사용하지 않음) (5) 패널폭이 260~380mm의 경우는 상부측에 사용하고, 380mm 이상이면 저측면에 사용한다. **1-5. 패널 두께 확인** (1) 75~175mm(25mm 간격) (2) 외벽패널의 두께는 스팬 1/35 이상으로 75mm 이상 **1-6. 길이 점검** (1) 1,000mm에서 10mm 간격, 최대길이는 패널의 두께에 따라 다르다.(현재 6mm까지 생산 가능) (2) 패널은 원칙적으로 길이를 잘라 줄여서 사용할 수 없다. (박공부분이나 변형건물에서 경사로 절단될 수 없는) (3) 간막이 패널에서는 절단 길이가 380mm 이하라도 구조상 문제가 없다. **1-7. 내화시간 확인(벽패널 두께 75mm 이상은 2시간 내화임)** **1-8. ALC 외벽면에 걸리는 면내 전단력은, ALC 이외의 구조부분에 부담(brace 등을 검토)**

1. 공사도		처리내용	**1-9. 외벽패널의 휨량은 스팬의 1/200 이하 임** **1-10. 결점, 구멍, 설비용 개구부 등을 점검** (1) 원칙적으로 패널 설치 후 먹놓기를 하고, 보강철근을 절단하지 않는 범위에서 패널에 진동이나 더 이상 파손이 생기지 않도록 드릴, 톱을 이용하여 현장 가공한다. (2) 개구부의 클리어런스는 가능한 적게 한다. **1-11. 창호 등의 개구부 보강은 보강철물 및 위치를 공사도에 명시해 두어야 한다.**
2. 제품확인		**처리방법**	**(검토) → 확인**
		처리내용	**2-1. 제반 물성을 확인한다.** **2-2. 하중조건에 의한 강도시험을 한다.** (1) 일반패널의 하중은 단순보 형식에서 사용했을 때의 하중을 나타낸다. 벽패널의 경우에는 풍압력 ($0.8\times60\sqrt{x}$)을 나타낸다. (2) 허용하중은 120kg/m^2에서 450kg/m^2까지 20kg/m^2 간격으로 한다. **2-3. 치수 형상을 확인한다.** **2-4. 패널의 철근을 검사한다.** **2-5. 외관 육안검사를 실시한다.**
3. 먹줄놓기		**처리방법**	**(검사) → 확인**
			3-1. 각 층마다 먹놓기를 실시, 높이에 대한 기준먹을 확인한다. (기준먹은 G.C에서 함) * G.C=General Contract **3-2. 공사 먹놓기(ALC 공사자가 놓음) 확인.** (공사 먹놓기 시점에 개구부의 위치를 재확인하고, 또 사전에 준비한 매입앵커, 하지조정, 철물공사는 이 시점까지 실시되어 있어야 함)
4. 운반, 보관, 양생		**처리방법**	**(입회) → 확인**
			4-1. 5~10매를 1묶음으로 겹쳐서 포장 없이 실은 경우가 많아 바로 수평으로 적치할 수 있도록 준비한다. (부득이 임시로 적치할 경우에는 가능한 소운반이 적도록 계획함) **4-2. 임시 적치시, 패널이 지면에 직접 닿지 않도록 하고, 반드시 휨, 뒤틀림, 균열이 생기지 않도록 받침목을 수평으로 놓고 보관한다.**

4. 운반, 보관, 양생		처리내용	4-3. 비나 눈을 피하기 위해, 헛간에 넣어 두거나, 시트(sheet)로 덮어 양생한다. (흙탕물이 튈우려가 있으면 바닥에 비닐시트를 깔고 그 위에 적치함)
5. 취부설치, 공사		처리방법	(입회) → 확인
		처리내용	5-1. 외벽일 때 벽면 중심과 벽마감면과의 거리는 최소 60cm이상 필요. (건물 외벽에 비계발판이 있는 경우에는 ALC취부시 철거가 최소가 되도록 할 것) 5-2. 공사도중 비나 눈이 올 경우는 양생시켜 동결방지 조치를 한다. 5-3. 벽패널 양단이 걸리는 길이는 두께에 관계 없이 3cm 이상, 지지폭은 걸침의 2배+줄눈폭 조정치수로 한다. (일반적인 지지철물은 L-65×65×6으로 별도로 계산함) 5-4. 수직벽 패널이 패러핏까지 내밀 경우 보강이 없으면 패널 두께의 6배까지로 하고, 이것을 초과할 때는 앵글 등의 받침철물이 필요하다. 5-5. 수직패널의 취부철물 확인 (1) 줄눈근 D10, ℓ=500,1,000 @600 (2) 수직벽용 plate (3) 소요부속철물 (4) 슬라이드철물 등 5-6. 개구부 주위는 풍압력 때문에 가로, 세로로 보강철물(앵글)을 취부한다. 5-7. 부득이한 경우 철근을 절단할 때는 방청도료를 칠한다. 5-8. 외벽패널 내부측에 배선, 배관 등의 홈을 파서는 안 된다. 특히 단변방향으로 홈을 파는 것은 더욱 좋지 않다.
6. 취부 철물의 방청처리		처리방법	(검사) → 확인
			6-1. ALC에 접하는 하지철물에는 반드시 방청처리를 해야 한다. 6-2. ALC패널에 철물을 매입시킬 경우에는 알루미늄 또는 스테인리스 제품처럼 녹이 쓸지 않는 제품을 사용해야 한다. 6-3. 매입용 앵커는 발청하여 ALC에 균열·박리가 생기기 때문에 철물류는 반드시 방청처리가 된 것을 사용한다.

7. 설치완료	처리방법	(검사) → 확인
	처리내용	**7-1. 지붕, 바닥이 불량한 곳이 없는지 확인한다.(벽패널과의 수직도가 맞지 않은 곳이 없는지 점검)** **7-2. 패널이 규정 내의 파손된 부분은 ALC모르타르(시멘트에 보수용 파우더가 혼합된 것)로 보수한다.** **7-3. 패널 상호 홈이 있는 부분에는 줄눈모르타르로 충전시켜 접합한다.(ALC 상호접합 외에 삽입철근의 방청 효과도 갖게 됨)** (1) 접합모르타르는 시멘트:가는모래=1:2.5~3(용적비)홈에 물을 적당히 뿌려준 다음 충전시킨다.(가는 철선으로 찔러서 홈에 충분히 모르타르가 충전되도록 함) (2) 최소한 24시간(동절기에는 48시간) 이상 유해한 진동을 받지 않도록 할 것. (3) 한랭기 기온이 5℃ 이하에서는 작업을 중지한다.(충전 후 저온이 우려될 때는 양생해야 함) **7-4. 패널에 과도한 강우 등으로 습윤하게 되면 패널면의 방수 등의 마감공사에 지장을 초래하므로 패널 설치 후 신속히조치해야 한다.** **7-5. 재료 반입시, 손상이 우려되는 개구부, 출입구 부분은 판자를 붙이는 등의 양생을 하도록 한다.** **7-6. 미장 및 마감도장공사를 위한 바탕(하지) 처리가 적절한가를 점검한다.**
8. 줄눈실링 공사	처리방법	(검사) → 확인
	처리내용	**8-1. 실링 전에 푸라이머 공사를 확인한다.** (1) 사전에 줄눈에 있는 먼지, 분진 등을 제거한다.(바람에 의해 먼지, 분진 등이 부착되어 있으므로 주의가 필요함) (2) ALC패널에는 가루 같은 것이 묻어 있기 때문에 푸라이머를 생략해서는 안 된다. **8-2. 저모듈러스(低modulus)의 탄성 실런트를 검토한다. 철골조에 사용되는 ALC외벽 패널의 줄눈은 어느 정도 변위가 예상되므로 내후성이 우수한 탄성실런트를 사용해야 한다.** (1) ALC패널은 함습한 경우 건조 때까지 시간이 걸린다. 그러나 보통의 습윤상태에서는 접착이 잘 된다. (2) 외벽 마감재로 합성수지에멀션계 뿜칠재를 사용하면 합성수지에멀션 실런트에 잘 부착된다.

참고문헌

1. 강병두, 건축시공학, 구민서관
2. 건설교통부, 건축공사 표준시방서, 대한건축학회, 1994.
3. 김종원, 건축재료와 구법, 기문당
4. 김종원, 건축외장의 이해와 시공, 기문당
5. 고은광순, 해월의 딸, 용담 할매, 도서출판 모시는 사람들
6. 도종환, 정순철 기념사업회, 정순철 편전, 도서출판 고두미
7. 대한건축학회, 건축재료, 기문당, 2000.
8. 대한건축학회, ALC구조설계 규준 및 표준공법 제정에 관한연구, 1996.
9. 문성호, 현대건축시공, 기문당
10. 서치호, 경량콘크리트의 성상에 관한 연구, 한양대학교 박사학위논문, 1986.
11. 손순채, 송창영, 장철인, 건축재료학, 형설출판사
12. 정병산, ALC의 하자원인 및 대책에 관한연구, 건국대학교 석사학위논문, 1995.
13. 최현기, 목조주택시공실무, 기문당
14. 建築施工管理チェックリスト, (株)彰國社, 日本
15. 松永修岳, 建築醫學, 技文堂, 韓國
16. シーリンク防水施工法, 日本シーリンク工事業團體聯合會, 日本
17. 小宮信夫, 犯罪は この場所で起こる, 光文社, 日本
18. ハロド・サクストン・バー, 生命場の 科學, 教文社, 日本
19. ブレア・ジャスティス, 病氣になる理由, ならない理由, PHP研究所, 日本
20. ALC기술자료집, 쌍용ALC
21. Andrew Short, Lightweight Concrete, Applied Science Publishees, KTD1978.
22. JASS(Japanese Architectural Standard Specification) 規定
23. 한국패시브건축협회, www.Phiko.kr
24. (주)alcmate, www.alcmate.com
25. blog.naver.com/strawbaler
26. http://www.ensumsystem.com/index.php
27. http://stk.co.kr
28. www.tccc.kr
29. http://www.oc.go.kr
30. www.stokorea.net

살아 갈수록 맛이 나는

친환경 집 이야기

2017년 1월 10일 1판 1쇄 인쇄
2017년 1월 15일 1판 1쇄 발행

저 자 김종원
발행인 강해작
발행처 기문당
주 소 서울시 성동구 무학봉28길 4-1
전 화 02)2295-6171(代)~5
팩 스 02)2296-8188
출판등록 1976. 10. 7(1-44)
홈페이지 http://기문당
http://www.kimoondang.com
ISBN 978-89-6225-749-6 03540

정 가 20,000원

이 도서의 국립중앙도서관 출판시도서목록(CIP)은 서지정보유통지원시스템 홈페이지(http://seoji.nl.go.kr)와 국가자료공동목록시스템(http://www.nl.go.kr/kolisnet)에서 이용하실 수 있습니다.(CIP제어번호: CIP2016031544)